高等职业教育系列丛书·信息安全专业技术教材

网络协议安全与实操

李　涛　王立华　周家豪◎主　编
王凌敏　倪　敏　谢春梅　康　凯◎副主编

中国铁道出版社有限公司
CHINA RAILWAY PUBLISHING HOUSE CO., LTD.

内 容 简 介

本书围绕网络协议的安全与实操展开，系统介绍网络协议的相关原理、应用和相关实验。全书共分为10章，包括计算机网络概述、网络协议安全概述、网络协议分析工具、数据链路层与网络层协议、数据链路层和网络层协议攻击与防御、传输层协议、传输层协议攻击与防御、应用层协议、应用层协议攻击与防御、交换及路由协议。

本书内容新颖，覆盖全面，突出"理论+实操"的特色。本书以网络协议的安全为主线，以网络协议的实操为目的，案例经过精心挑选，极具应用价值。

本书适合作为高职院校"网络协议分析"课程的教材，也可作为相关领域工程技术人员的参考用书。

图书在版编目（CIP）数据

网络协议安全与实操 / 李涛，王立华，周家豪主编．—北京：中国铁道出版社有限公司，2021.11（2024.7重印）
（高等职业教育系列丛书）
信息安全专业技术教材
ISBN 978-7-113-28573-9

Ⅰ.①网… Ⅱ.①李… ②王… ③周… Ⅲ.①计算机－网络－通信协议－高等职业教育－教材 Ⅳ.① TN915.04

中国版本图书馆CIP数据核字（2021）第241166号

书　　名：	网络协议安全与实操
作　　者：	李　涛　王立华　周家豪

策　　划：	翟玉峰	编辑部电话：	（010）51873135
责任编辑：	翟玉峰　徐盼欣		
封面设计：	尚明龙		
责任校对：	孙　玫		
责任印制：	樊启鹏		

出版发行：中国铁道出版社有限公司（100054，北京市西城区右安门西街8号）
网　　址：https://www.tdpress.com/51eds/
印　　刷：三河市宏盛印务有限公司
版　　次：2021年11月第1版　2024年7月第3次印刷
开　　本：787 mm×1 092 mm　1/16　印张：17.75　字数：451千
书　　号：ISBN 978-7-113-28573-9
定　　价：49.80元

版权所有　侵权必究

凡购买铁道版图书，如有印制质量问题，请与本社教材图书营销部联系调换。电话：（010）63550836
打击盗版举报电话：（010）63549461

网络协议安全与实操

编审委员会

主　编：
　　　　李　涛　　　（九江学院）
　　　　王立华　　　（九江学院）
　　　　周家豪　　　（360安全人才能力发展中心）

副主编：
　　　　王凌敏　　　（九江学院）
　　　　倪　敏　　　（九江学院）
　　　　谢春梅　　　（九江学院）
　　　　康　凯　　　（360安全人才能力发展中心）

委　员：（按姓氏笔画排序）
　　　　万红运　　　（中山职业技术学院）
　　　　尹智帅　　　（武汉理工大学汽车学院）
　　　　朱雄军　　　（武汉职业技术学院）
　　　　李　满　　　（广州工商学院）
　　　　张　炼　　　（湖北水利水电职业技术学院）
　　　　陈志涛　　　（顺德职业技术学院）
　　　　陈海峥　　　（宁波建设工程学校）
　　　　林海平　　　（杭州职业技术学院）
　　　　周文彬　　　（扬州高等职业技术学校）
　　　　胡光武　　　（深圳信息职业技术学院）
　　　　翁　彧　　　（中央民族大学）
　　　　蔡小勇　　　（湖北省经济和信息化厅）

序

网络安全人才是网络安全的基石。只有构建了具有全球竞争力的网络安全人才培育体系,才能源源不断地培养网络安全人才。高校是专业人才培养的摇篮,是国家科技进步和创新创业人才的主要供给渠道。产学研的结合不仅是时代的需要,更是科教兴国战略实施的重要举措。

2019年2月,国务院印发《国家职业教育改革实施方案》,明确提出从2019年开始,在职业院校、应用型本科高校启动"学历证书+若干职业技能等级证书"(即"1+X"证书)制度试点工作。在"1+X"证书制度下,应用型人才培养计划再次被提到重要的位置上。为了贯彻落实这一政策,培养大批应用型网络安全人才就成为亟待解决的重大问题。2020年4月,北京鸿腾智能科技有限公司(360安全科技股份有限公司旗下全资公司)来九江学院计算机与大数据科学学院进行了"1+X"证书网络安全相关交流。在交流过程中,一致认为培养网络安全人才,首先应有优秀的网络安全教材。九江学院计算机与大数据科学学院拥有"网络安全"教学团队,教学与实践经验丰富,多次指导学生参与国家级、省级竞赛,成绩显著。经双方交流沟通,于2020年6月正式成立教材主编团队,开始启动"1+X"网络安全教材编写工作。

本书是以李涛博士为首的"网络安全"教学团队,整合了多年来理论教学、实践教学和指导学生竞赛的经验一起磨合出来的。相对于纯技术类书籍而言,本书更加注重网络安全体系的架构与原理;相对于纯学术类书籍而言,本书强调了网络安全的实践能力。

认真阅读本书,一定会让你在网络安全方面有所思,有所得。

九江学院计算机与大数据科学学院
邓安远

前　言

网络技术的发展日新月异，网络协议本身的基础架构基本未产生变化。当前，网络安全事件频发，需要综合考虑网络协议的安全性，传统的"网络协议分析"课程内容也亟待更新。本书可以为保障计算机系统安全、维护网络安全做参考。

2020年4月，360安全人才能力发展中心与九江学院计算机与大数据科学学院"网络安全"教学团队进行多次沟通交流，提出应从网络协议安全的角度，编写"网络协议安全"相关教材。2020年6月，双方正式成立教材编写团队，启动"网络协议安全与实操"教材的编写工作。团队成员参阅了大量的最新文献（IETF的RFC原文）以及国家信息安全漏洞库（CNNVD）的最新漏洞，通过系统梳理网络协议安全的技术脉络，将网络协议安全的实操内容融入教材中。

教材编写团队成员一直从事网络安全方面的教学、竞赛和前沿研究工作，积累了大量的理论教学经验和实践经验。在本书中，教材编写团队将自己多年来的经验与硕果，与读者分享，使读者可以在"网络协议安全"领域快速入门。

本书由浅入深，由理论到实践，首先阐述网络协议的基本原理，之后结合案例详细分析网络协议存在的典型漏洞。本书共10章，第1章介绍计算机网络概述，第2章介绍网络协议安全概述，第3章介绍网络协议分析工具，第4章介绍数据链路层与网络层协议，第5章介绍数据链路层与网络层协议攻击与防御，第6章介绍传输层协议，第7章介绍传输层协议攻击与防御，第8章介绍应用层协议，第9章介绍应用层协议攻击与防御，第10章介绍交换及路由协议。不论是初学者还是具有一定工作经验的从业者，都能通过学习本书了解网络协议安全的全貌，理解和熟悉各种网络协议漏洞的形成原理、如何利用以及如何修复，为从事网络安全工作打下坚实基础。

本书教学资源系统全面，配套PPT教学课件、习题答案等电子资源，与教材完全同步，读者可自行下载，网址：http://www.tdpress.com/51eds/。本书中的实验环境，已部署在https://university.360.cn/，属于收费内容，如需购买，请咨询360安全人才能力发展中心。服务专线：4000-555-360；电子邮箱：university@360.cn。

本书教学内容可满足72课时的教学安排，理论课建议48~56课时，实验课建议16~24课时。本书适合作为高职院校"网络协议分析"及相关专业课程的教材，也可作为相关领域工程技术人员的参考用书。

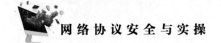

本书涉及内容繁多，作者查阅了大量参考文献，受益匪浅，书后的参考文献未必一一列举，不周之处还望谅解，在此向这些参考文献的作者致谢。读者可查阅源文献，进一步深入学习。

本书在编写过程中，得到了九江学院计算机与大数据科学学院院领导的大力支持，提供网络安全专业机房以供上机实验。本书由九江学院李涛、王立华和360安全人才能力发展中心周家豪任主编，九江学院王凌敏、倪敏、谢春梅和360安全人才能力发展中心康凯任副主编，本书编审委员会的委员在编写过程中提出了宝贵的意见和建议。此外，本书部分实验内容由九江学院计算机与大数据科学学院2018级网络工程专业（网络安全方向）学生李军、贺述明、沈华华、曹翔、陈梦晖利用课余时间做了验证，以确保实验的正确性。在此深表谢意。

本书的研究得到了2020年国家自然科学基金项目（ICN密文汇聚与访问的权限控制，编号：62062045）、2019年江西省高等学校教学改革研究课题（基于"政产学研训赛"协同育人模式下的网络空间安全人才培育体系创新与实践，编号：JXJG-19-17-1）、九江学院2019年度校级教学改革研究课题（编号：XJJGZD-19-06）和2019年九江学院线上线下混合式"网络攻防"金课项目（编号：PX-42148）的支持，在此深表谢意。

随着网络技术的不断发展，攻击与防御始终处于不断博弈的状态，教材编写团队今后将不断更新本书的内容，紧跟网络安全技术发展的节奏。

由于时间仓促，书中难免存在疏漏和不妥之处，欢迎读者批评指正。

特别声明：攻击者和防御者的对抗是信息时代一场长久的拉锯战。更多新的技术需要读者自行发现学习、运用。了解一些常见的攻击方式，是为了更好地预防可能到来的攻击。本书针对部分攻击方式给出了相应的防御措施。本书中所讲解的相关技术，仅是为了维护网络安全，不能用于其他用途。

"网络协议安全与实操"教材编写团队
2021年8月

目 录

第1章 计算机网络概述 1
1.1 计算机网络简介 1
1.1.1 计算机网络的定义 1
1.1.2 计算机网络的功能 1
1.1.3 计算机网络的分类 2
1.2 计算机网络体系结构 4
1.2.1 计算机网络体系结构的形成 4
1.2.2 协议与划分层次 4
1.2.3 开放系统互连参考模型 5
1.2.4 TCP/IP体系结构 6
1.3 数据包的封装与解封 7
1.3.1 封装与解封过程 7
1.3.2 数据在网络中的传输过程 8
1.4 传输媒体和常用网络设备 9
1.4.1 传输媒体 9
1.4.2 常用网络设备 9
小结 11
习题 11

第2章 网络协议安全概述 13
2.1 网络安全概述 13
2.1.1 网络安全的概念 13
2.1.2 网络安全的属性 14
2.1.3 OSI安全体系 15
2.2 网络协议安全性概述 16
2.2.1 网络层协议 16
2.2.2 传输层协议 16
2.2.3 应用层协议 16

2.3 基于TCP/IP的网络安全体系 18
2.3.1 网络接口层安全 18
2.3.2 网络层安全 19
2.3.3 传输层安全 19
2.3.4 应用层安全 19
2.4 IPSec协议 20
2.4.1 IPSec简介 21
2.4.2 IPSec框架结构 21
2.5 SSL及TLS协议 25
2.5.1 SSL概述 25
2.5.2 SSL的体系结构 26
2.5.3 SSL协议的应用 27
2.5.4 TLS协议 27
2.6 HTTPS协议 28
2.6.1 HTTPS概述 28
2.6.2 HTTPS通信过程 29
2.6.3 HTTPS通信过程实例 29
小结 33
习题 33

第3章 网络协议分析工具 35
3.1 Wireshark 35
3.1.1 Wireshark简介 35
3.1.2 Wireshark应用领域 37
3.1.3 Wireshark主要窗口及功能 37
3.1.4 Wireshark常见过滤规则 39
3.1.5 Wireshark使用实例 41
3.2 Tcpdump 44

I

3.2.1 Tcpdump简介 44
3.2.2 Tcpdump原理 44
3.2.3 Tcpdump基本命令与使用 45
3.2.4 Tcpdump使用实例 48
小结 52
习题 52

第4章 数据链路层与网络层协议 55

4.1 TCP/IP分层结构 55
4.2 数据链路层 56
 4.2.1 数据链路和帧 56
 4.2.2 以太网的帧格式 57
 4.2.3 点对点协议（PPP） 60
 4.2.4 PPPoE协议 65
 4.2.5 PPP协议与PPPoE协议分析 ... 66
4.3 IP协议 70
 4.3.1 分类的IP地址 70
 4.3.2 划分子网和构成超网 71
 4.3.3 IP数据报的格式 75
 4.3.4 IP报文分析 77
4.4 地址解析协议（ARP）和逆地址
  解析协议（RARP） 80
 4.4.1 ARP地址解析的工作原理 80
 4.4.2 ARP报文格式 82
 4.4.3 ARP命令 83
 4.4.4 代理ARP 85
 4.4.5 RARP 85
 4.4.6 ARP报文分析 86
4.5 网络地址转换（NAT） 88
 4.5.1 NAT的基本概念 88
 4.5.2 NAT的类型 89
 4.5.3 NAT的工作原理 89
 4.5.4 NAT的优缺点 90
4.6 因特网控制报文协议（ICMP） 90
 4.6.1 ICMP报文格式与类型 90
 4.6.2 ICMP报文的封装 91

 4.6.3 ICMP报文分析 92
 4.6.4 ICMP协议的应用 93
4.7 IP组播 95
 4.7.1 IP组播概述 95
 4.7.2 因特网组管理协议
   （IGMP） 97
4.8 下一代因特网协议（IPv6） 97
 4.8.1 IPv4协议存在的问题 97
 4.8.2 IPv6数据报的格式 98
 4.8.3 IPv6地址 99
 4.8.4 从IPv4向IPv6过渡 100
小结 101
习题 101

第5章 数据链路层和网络层协议攻击
　　　与防御 104

5.1 MAC泛洪攻击与防御 104
 5.1.1 MAC泛洪攻击原理 104
 5.1.2 MAC泛洪攻击防御 108
5.2 ARP协议攻击与防御 109
 5.2.1 ARP欺骗原理 109
 5.2.2 ARP欺骗攻击的检测
   与防御 112
5.3 IP源地址欺骗攻击与防御ʼ 114
 5.3.1 IP欺骗的原理 115
 5.3.2 IP源地址欺骗攻击的防护
   措施 117
5.4 ICMP相关攻击与防御................. 118
 5.4.1 ICMP重定向攻击与防御 118
 5.4.2 ICMP隧道攻击与防御 119
 5.4.3 ICMP Flood攻击与防御 120
小结 120
习题 121

第6章 传输层协议 123

6.1 传输层协议概述 123

- 6.1.1 进程间的通信 123
- 6.1.2 传输层的主要协议 124
- 6.1.3 传输层的端口 124
- 6.2 传输控制协议（TCP）..................... 125
  - 6.2.1 TCP报文段的格式 125
  - 6.2.2 TCP可靠传输的实现 127
  - 6.2.3 TCP连接的建立与释放 128
  - 6.2.4 TCP报文分析 130
- 6.3 用户数据报协议（UDP）................. 134
  - 6.3.1 UDP数据报的格式 135
  - 6.3.2 伪首部 135
  - 6.3.3 UDP报文分析 136
- 6.4 Nmap扫描端口信息 136
- 小结 137
- 习题 138

第7章 传输层协议攻击与防御 140

- 7.1 TCP协议相关攻击与防御 140
  - 7.1.1 SYN泛洪攻击与防御 140
  - 7.1.2 TCP RST攻击与防御 144
  - 7.1.3 TCP会话劫持与防御 146
- 7.2 UDP协议相关攻击与防御 148
  - 7.2.1 UDP泛洪攻击 148
  - 7.2.2 UDP泛洪攻击防御 150
  - 7.2.3 UDP反射放大攻击 152
  - 7.2.4 UDP反射放大攻击防御 154
- 小结 155
- 习题 155

第8章 应用层协议 158

- 8.1 域名系统（DNS）............................. 158
  - 8.1.1 域名系统概述 158
  - 8.1.2 因特网的域名结构 159
  - 8.1.3 域名服务器 160
  - 8.1.4 域名解析 161
  - 8.1.5 DNS报文格式 162
  - 8.1.6 DNS报文分析 165
- 8.2 超文本传输协议（HTTP）........... 169
  - 8.2.1 统一资源定位符 169
  - 8.2.2 HTTP概述 169
  - 8.2.3 HTTP报文结构 170
  - 8.2.4 HTTP报文分析 174
- 8.3 远程终端协议（Telnet）............... 176
  - 8.3.1 远程登录工作原理 176
  - 8.3.2 Telnet命令 177
  - 8.3.3 Telnet报文分析 177
- 8.4 文件传输协议（FTP）................... 179
  - 8.4.1 FTP工作过程 179
  - 8.4.2 FTP命令与响应 180
  - 8.4.3 匿名FTP 182
  - 8.4.4 FTP报文分析 182
- 8.5 邮件传输协议 187
  - 8.5.1 电子邮件的发送和接收过程 187
  - 8.5.2 电子邮件信息的格式 188
  - 8.5.3 简单邮件传输协议（SMTP）............................ 188
  - 8.5.4 邮件读取协议POP3和IMAP 190
  - 8.5.5 MIME 191
- 8.6 动态主机配置协议（DHCP）...... 193
  - 8.6.1 DHCP报文种类 193
  - 8.6.2 DHCP报文格式 194
  - 8.6.3 DHCP报文分析 195
- 8.7 简单网络管理协议（SNMP）...... 198
  - 8.7.1 SNMP协议概述 198
  - 8.7.2 管理信息库MIB 200
  - 8.7.3 SNMP报文格式 204
- 小结 211
- 习题 211

第9章　应用层协议攻击与防御 214

9.1　DNS欺骗攻击与防御 214
9.1.1　DNS欺骗攻击 214
9.1.2　DNS欺骗攻击防御 216
9.2　HTTP协议安全 218
9.2.1　Cookie和Session 218
9.2.2　会话劫持 219
9.2.3　会话固定 221
9.3　邮件传输协议安全 222
9.3.1　SMTP安全问题 222
9.3.2　POP3安全问题 225
9.4　DHCP协议攻击与防御 227
9.4.1　DHCP协议攻击 227
9.4.2　DHCP协议攻击防御 230
小结 232
习题 232

第10章　交换及路由协议 235

10.1　交换协议概述 235
10.1.1　STP协议 235
10.1.2　LLDP协议 241
10.2　IP路由概述 243
10.2.1　路由器及路由基本原理 243
10.2.2　路由信息的来源 243
10.2.3　路由协议的优先级 244
10.2.4　路由的开销 244
10.2.5　默认路由 245
10.3　静态路由 245
10.3.1　静态路由概述 245
10.3.2　静态路由配置实例 245
10.4　动态路由 248
10.4.1　路由信息协议（RIP） 248
10.4.2　开放最短路径优先（OSPF） 254
10.4.3　边界网关协议（BGP） 260
10.5　路由协议配置实例 261
10.5.1　RIP的配置 261
10.5.2　OSPF的配置 263
10.5.3　OSPF路由项欺骗攻击防御实例 265
小结 269
习题 269

参考文献 272

第 1 章 计算机网络概述

随着科技高速发展,人们对计算机网络的依赖和需求日益增加,计算机网络通信安全越来越被人们所重视。本章介绍计算机网络的相关知识。

学习目标

通过对本章内容的学习,学生应该能够做到:

(1) 了解:计算机网络的定义、体系结构、协议与层次的划分。
(2) 理解:数据包的封装与解封原理。
(3) 应用:在网络操作系统,网络管理软件及网络通信协议的管理和协调下,实现资源共享和信息传递。

1.1 计算机网络简介

1.1.1 计算机网络的定义

计算机网络最简单的定义是:一些相互连接的、以共享资源为目的的、自治的计算机的集合。按此定义,早期的面向终端的网络都不能算是计算机网络,只能称为联机系统,因为那时的许多终端不能算是自治的计算机。但随着硬件价格的下降,许多终端都具有一定的智能,因而"终端"和"自治的计算机"逐渐失去了严格的界限。若用微型计算机作为终端使用,按上述定义,早期的那种面向终端的网络也可称为计算机网络。

从逻辑功能上看,计算机网络是以传输信息为目的,用通信线路将多个计算机连接起来的计算机系统的集合,一个计算机网络由传输介质和通信设备组成。

1.1.2 计算机网络的功能

计算机网络的功能主要有以下几方面:

1. 信息交换和通信

计算机网络最基本的功能是信息交换和通信。

2. 资源共享

计算机资源包括硬件资源、软件资源和数据资源。硬件资源的共享可以提高设备的利用率，避免设备的重复投资，如利用计算机网络建立网络打印机；软件资源和数据资源的共享可以充分利用已有的信息资源，减少软件开发过程中的劳动，避免大型数据库的重复建设。

3. 分布式处理

计算机网络技术的发展，使得分布式计算成为可能。当计算机网络中的某个计算机系统负荷过重时，可以将其处理的某个复杂任务分配给网络中的其他计算机系统，由不同的计算机分别完成，然后再集中起来，从而利用空闲计算机资源以提高整个系统的利用率。

4. 集中管理

计算机网络技术的发展和应用，已使得现代的办公手段、经营管理等发生了变化。目前，已经有许多管理信息系统、办公自动化系统等，通过各种管理系统，实现日常工作的管理，以及信息的整理存储，降低了管理难度和管理成本。

5. 负荷均衡

负荷均衡是指工作被均匀地分配给网络上的各计算机系统。网络控制中心负责分配和检测，当某台计算机负荷过重时，系统会自动转移负荷到较轻的计算机系统去处理。

1.1.3 计算机网络的分类

网络类型的划分标准各种各样，按地理范围划分是一种被广泛认可的通用网络划分标准。下面简要介绍几种计算机网络的分类。

1. 按网络覆盖范围划分

（1）广域网（Wide Area Network，WAN），也称远程网，它的作用范围最大，一般可以从几十千米到几千千米。其任务是通过长距离（如跨越不同的国家）运送主机所发送的数据。连接广域网各节点交换机的链路一般都是高速链路，具有较大的通信容量。

（2）城域网（Metropolitan Area Network，MAN），又称都会网络，它的作用范围一般是一个城市，可跨越几个街区甚至整个城市，其作用距离为5～50 km。城域网可以为一个或几个单位所拥有，也可以是一种公用设施，用来将多个局域网进行互连。

（3）局域网（Local Area Network，LAN）是指在某一区域内由多台计算机互连成的计算机组。通常是分布在一个有限的地理范围内的网络系统，一般涉及的地理范围为几千米。局域网可以实现文件管理、应用软件共享、打印机共享、工作组内的日程安排、电子邮件和传真通信服务等功能。局域网是封闭型的，可以由办公室内的两台计算机组成，也可以由一个公司内的上千台计算机组成。

（4）个人区域网（Personal Area Network，PAN）是指在个人工作的地方把个人使用的电子设备（如便携式计算机等）用无线技术连接起来的网络。其覆盖范围一般在10 m以内。PAN的优点在于，它能够以一种无缝和透明的方式自动发现落在通信区域内的任何设备，并与其建立连接。PAN的范围通常只有几米，但是可以有效地满足个人需求。

2. 按网络功能划分

（1）资源子网是指用户端系统，包括用户的各种应用资源，如服务器、故障收集计算机、外围设备、系统软件和应用软件。资源子网负责全网数据处理和向网络用户提供资源及网络服务，包括网络的数据处理资源和数据存储资源，为网络用户提供网络服务和资源共享功能等。

（2）通信子网是指网络中实现网络通信功能的设备及其软件的集合，通信设备、网络通信协议、通信控制软件等属于通信子网。通信子网是网络的内层，负责信息的传输，主要为用户提供数据的传输、转接、加工、变换等。通信子网的任务是在端节点之间传送报文，主要由中转节点和通信链路组成，包括中继器、集线器、网桥、交换机、路由器、网关等硬件设备。

资源子网和通信子网的拓扑关系如图1-1所示。

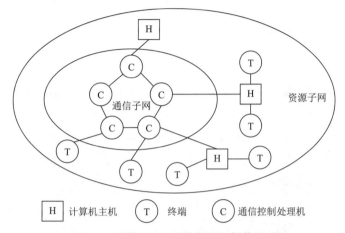

图1-1 资源子网与通信子网的拓扑关系

3. 按拓扑结构划分

（1）星状结构，是最古老的一种连接方式，电话就属于这种结构。星状结构是广泛而又首选使用的网络拓扑设计之一，各工作站以星状方式连接成网，如图1-2所示。

（2）环状结构，如图1-3所示，这种结构中的传输媒体从一个端用户到另一个端用户，直到将所有的端用户连成环状。数据在环路中沿着一个方向在各个节点间传输，信息从一个节点传到另一个节点。这种结构显而易见消除了端用户通信时对中心系统的依赖性。

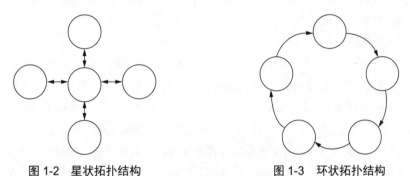

图1-2 星状拓扑结构　　　　　图1-3 环状拓扑结构

（3）总线结构，如图1-4所示，各站直接连接在总线上。每个节点上的网络接口板硬件均具有收、发功能，接收器负责接收总线上的串行信息，并转换成并行信息送到PC工作站；发送器将并行信息转换成串行信息后广播发送到总线上，总线上发送信息的目的地址与某节点的接口地址相符合时，该节点的接收器便接收信息。由于所有节点共享一条公用的传输链路，所以一次只能由一个设备传输。

（4）树状结构，如图1-5所示，是分级的集中控制式网络。与星状结构相比，它的通信线路总长度短，成本较低，节点易于扩充，寻找路径比较方便，但除了叶节点及其相连的线路外，任一节点或其相连的线路故障都会使系统受到影响。

（5）网状拓扑结构，主要指各节点通过通信链路互连起来，并且每个节点至少与其他两个节点相连。网状拓扑结构具有较高的可靠性，但其结构复杂，实现起来费用较高，不易管理和维护，不常用于局域网。

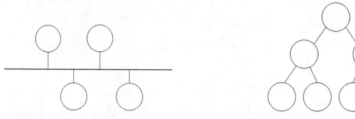

图 1-4　总线拓扑结构　　　　　　图 1-5　树状拓扑结构

4. 按网络提供的服务划分

按网络提供的服务划分，计算机网络可分为通用网（也称公共网）和专用网。通用网就是公共的网络，任何主机都可以接入。专用网是某个机构或者个人办理了专线的业务，或者建立了虚拟专用网，成为专有的网络。

1.2　计算机网络体系结构

1.2.1　计算机网络体系结构的形成

1974 年，美国 IBM 公司按照分层的方法制定了系统网络体系结构（System Network Architecture，SNA）。现在 SNA 已成为世界上较广泛使用的一种网络体系结构。不久后，其他一些公司也相继推出自己公司的具有不同名称的体系结构。由于网络体系结构的不同，不同公司的设备很难互相连通。

为了使不同体系结构的计算机网络都能互连，国际标准化组织（International Organization for Standardization，ISO）于 1977 年成立了专门机构研究该问题。不久，他们就提出了一个试图使各种计算机在世界范围内互连成网的标准框架，即著名的开放系统互连参考模型（Open Systems Interconnection Reference Model，OSI/RM），简称 OSI。只要遵循 OSI 标准，一个系统就可以和位于世界上任何地方的、也遵循这同一标准的其他任何系统进行通信。

OSI 试图达到一种理想境界，即全世界的计算机网络都遵循这个统一的标准，因而全世界的计算机将能够很方便地进行互连和交换数据。虽然整套的 OSI 国际标准都制定出来了，但是由于采用 TCP/IP 标准的因特网已抢先在全世界覆盖了相当大的范围，而与此同时却几乎找不到有什么厂家生产出符合 OSI 标准的商用产品。因此人们得出这样的结论：OSI 只获得了一些理论的研究成果，但市场化方面就事与愿违地失败了。现今规模最大的、覆盖全世界的因特网并未使用 OSI 标准。TCP/IP 常被称为事实上的国际标准。

1.2.2　协议与划分层次

在计算机网络中要做到有条不紊地交换数据，就必须遵守一些事先约定好的规则。这些规则明确规定了所交换的数据的格式以及有关的同步问题。这些为进行网络中的数据交换而建立的规则、标准或约定称为网络协议，简称协议。网络协议主要由以下三个要素组成：

（1）语法。语法即数据与控制信息的结构或格式。

（2）语义。语义即需要发出何种控制信息，完成何种动作，以及做出何种响应。

（3）同步。同步即事件实现顺序的详细说明。

由此可见，网络协议是计算机网络不可缺少的组成部分。协议通常有两种不同的形式。一种形式使用便于人阅读和理解的文字描述；另一种形式使用让计算机能够理解的程序代码。这两种不同形式的协议都必须能够对网络上信息交换过程做出精确的解释。

ARPANET 的研制经验表明，对于非常复杂的计算机网络协议，其结构应该是层次式的。划分层次可以带来很多好处。例如：

（1）各层之间是独立的。某一层并不需要知道它的下一层是如何实现的，而仅仅需要知道该层通过层间的接口所提供的服务。

（2）灵活性好。当任何一层发生变化时（例如由于技术的变化），只要层间接口关系保持不变，则在这层以上或以下各层均不受影响。

（3）结构上可分割开。各层都可以采用最合适的技术来实现。

（4）易于实现和维护。这种结构使得实现和调试一个庞大而复杂的系统变得易于处理，因为整个系统已被分解为若干相对独立的子系统。

（5）能促进标准化工作。这是因为每一层的功能及其所提供的服务都已有了精确的说明。

计算机网络的各层及其协议的集合称为网络的体系结构。换种说法，计算机网络的体系结构就是这个计算机网络及其部件所应完成的功能的精确定义。实现是遵循这种体系结构的前提下，用何种硬件或软件完成这些功能。体系结构是抽象的，而实现则是具体的，是真正在运行的计算机硬件和软件。

1.2.3 开放系统互连参考模型

ISO 发布的标准是 ISO/IEC 7498，又称 X.200 建议。该体系定义了网络互连的七层框架结构。在这一框架下，ISO 进一步详细规定了每一层的功能，以实现开放系统环境中的互连性、互操作性和应用的可移植性。

OSI 七层模型如图 1-6 所示。模型对等层之间不能相互直接通信，各层之间是严格单向依赖，下层向上层提供服务，上层使用下一层提供的服务实现该层功能。

1. 应用层

应用层（Application Layer）是计算机用户以及各种应用程序和网络之间的接口，其功能是直接向用户提供服务，完成用户希望在网络上完成的各种工作。它负责完成网络中应用程序与网络操作系统之间的联系，建立与使用者之间的联系，并完成网络用户提出的各种网络服务及应用所需的监督、管理和服务等各种协议。

2. 表示层

表示层（Presentation Layer）对来自应用层的命令和数据进行解释，对各种语法赋予相应的含义，并按照一定的格式传送给会话层。其主要功能是处理用户信息的表示问题，如编码、数据格式转换和加密解密等。

3. 会话层

会话层（Session Layer）是用户应用程序和网络之间的接口，主要任

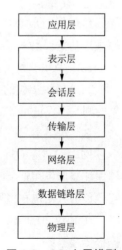

图 1-6　OSI 七层模型

务是向两个实体的表示层提供建立和使用连接的方法。不同实体之间的表示层的连接称为会话。因此，会话层的任务就是组织和协调两个会话进程之间的通信，并对数据交换进行管理。

4. 传输层

传输层（Transport Layer）负责将报文准确、可靠、顺序地进行源端到目的端的传输。传输层的基本功能是提供端到端的可靠通信，即向高层用户屏蔽通信子网的细节，提供通用的传输接口。

5. 网络层

网络层（Network Layer）负责将分组从源端传送到目的端，这可能要跨越多个网络，网络层协议的设计就是要保证发送端传输层所传下来的数据分组能准确无误地传输到目的站的传输层。

6. 数据链路层

数据链路层（Data Link Layer）负责把从网络层接收到的数据分割成可以被物理层传输的帧，直接控制着网络层与物理层的通信。

7. 物理层

物理层（Physical Layer）的主要功能是利用传输介质为数据链路层提供物理连接，实现比特流的透明传输。物理层的作用是实现相邻计算机节点之间比特流的透明传送，尽可能屏蔽具体传输介质和物理设备的差异。

在七层模型中，每一层都提供一个特殊的网络功能。从网络功能的角度观察，下面四层（物理层、数据链路层、网络层和传输层）主要提供数据传输和交换功能，即以节点到节点之间的通信为主；第四层作为上下两部分的桥梁，是整个网络体系结构中最关键的部分；而上三层（会话层、表示层和应用层）则以提供用户与应用程序之间的信息和数据处理功能为主。简言之，下四层主要完成通信子网的功能，上三层主要完成资源子网的功能。

1.2.4　TCP/IP体系结构

因特网采用的TCP/IP体系结构比较简单，它只有四层，如图1-7所示。

1. 应用层

应用层对应OSI七层模型的高三层，为用户提供所需要的各种服务。因特网中的应用层协议很多，常用的有超文本传输协议HTTP、远程登录协议Telnet、文件传输协议FTP、简单邮件传输协议SMTP等。

2. 传输层

传输层对应OSI七层模型的传输层，为应用层实体提供端到端的通信功能，保证数据包的顺序传送及数据的完整性。传输层主要使用两个协议：传输控制协议（Transmission Control Protocol，TCP）和用户数据报协议（User Datagram Protocol，UDP）。

TCP协议提供的是一种可靠的、通过"三次握手"来连接的数据传输服务；而UDP协议提供的则是不保证可靠的（并不是不可靠）、无连接的数据传输服务。

3. 网络层

网络层对应OSI七层模型的网络层，主要解决主机到主机的通信问题。它所包含的协议设计保证数据包在整个网络上的逻辑传输。网络层重新赋予主机一个IP地址来完成对主机的寻址，它还负责数据包在多种网络中的路由。

IP协议（Internet Protocol，IP）是网络层最重要的协议，它提供的是一个可靠、无连接的数据报传递服务。

4. 网络接口层

网络接口层与 OSI 七层模型中的物理层和数据链路层相对应。它负责监视数据在主机和网络之间的交换。事实上，TCP/IP 本身并未定义该层的协议，因为最下面的网络接口层并没有什么具体内容，而由参与互连的各网络使用自己的物理层和数据链路层协议，然后与 TCP/IP 的网络接口层进行连接。因而本书在逐层分析时，采用一种只有五层协议的体系结构，如图 1-8 所示。

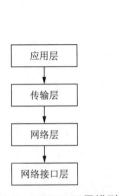

图 1-7 TCP/IP 四层模型

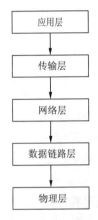

图 1-8 五层协议模型

1.3 数据包的封装与解封

1.3.1 封装与解封过程

当主机跨越网络向其他设备传输数据时，就要进行数据封装，即隐藏对象的属性和实现细节，仅对外公开接口，将抽象得到的数据和行为（或功能）相结合，每一层加上协议信息，每一层只与接收设备上相应的对等层进行通信。

应用进程的数据在各层之间的传递过程中所经历的变化如图 1-9 所示。这里为简单起见，假定两个主机是直接相连的。H2～H5 分别表示各层的首部，T2 表示第二层尾部。

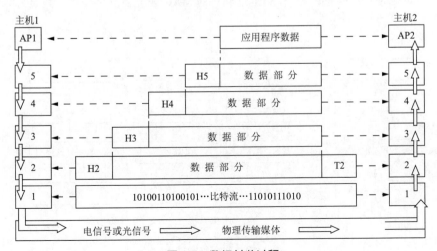

图 1-9 数据封装过程

假设主机 1 的应用进程 AP1 向主机 2 的应用进程 AP2 传送数据，数据封装和解封的过程如下：

1. 封装过程

（1）应用层。主机 1 的应用进程 AP1 先将数据交给本主机的应用层，应用层将数据加上应用层首部，变成下一层的数据单元。

（2）传输层。传输层收到这个数据单元后，分割成小的数据段，并封装传输层首部，交给网络层。

（3）网络层。网络层把收到的数据单元封装上 IP 首部，变成下一层的数据单元，交给数据链路层。

（4）数据链路层。数据链路层把收到的数据部分封装帧的首部和尾部，变成下一层的数据单元。

（5）物理层。物理层把收到的数据比特流转化为光/电信号在网络中传输。

2. 解封过程

主机 2 接收数据的时候，每一层根据控制信息进行必要的操作，然后将本层的控制信息（首部、尾部）一层一层剥去，将该层剩下的数据单元上交给更高的一层，此过程称为解封。可以理解为封装过程是从上而下，而解封过程则是从下而上。

1.3.2 数据在网络中的传输过程

数据在网络中的传输是一个极其复杂的过程，发送数据时，数据从高层下到低层，从上到下分别为应用层、传输层、网络层、数据链路层和物理层。其中数据链路层又可分为逻辑链路控制层（Logic Link Control，LLC）和介质访问控制层（Media Access Control，MAC）。LLC 对两个节点中的链路进行初始化，防止连接中断，保持可靠的通信。MAC 层用来检验包含在每个帧中的地址信息。

网络层使用的是 IP 地址，但在实际网络的链路上传送数据帧时，必须使用该网络的硬件地址。IP 地址放在 IP 数据报的首部，而硬件地址放在 MAC 帧的首部。

主机 A、主机 B 通过路由器 1 和路由器 2 进行通信，数据在网络中的传输过程如图 1-10 所示，图中，MAC 表示硬件地址，IP 表示 IP 地址。虽然 IP 数据报要经过路由器 1 和路由器 2 的两次转发，但在它的首部中，源 IP 和目的 IP 始终不变。IP 数据报被封装在 MAC 帧中。MAC 帧在不同的网络中传送时，帧首部的源 MAC 地址和目的 MAC 地址要发生变化，其值为两个相邻节

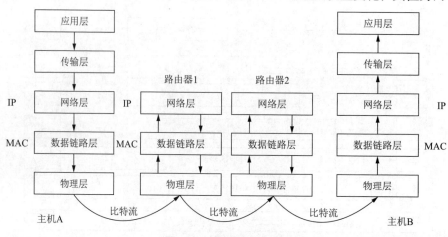

图 1-10　数据传输过程

点的 MAC 地址。

在实际应用中，已经知道了一个机器（主机或路由器）的 IP 地址，MAC 帧首部的目的地址是根据主机的 IP 地址得来的，这个转换过程通过地址解析协议（Address Resolution Protocol，ARP）实现。ARP 的工作原理在后面章节详细介绍。

1.4 传输媒体和常用网络设备

1.4.1 传输媒体

传输媒体（Transmission Medium）也称传输介质或传输媒介，它是数据传输系统中在发送器和接收器之间的物理通路。传输媒体可分为两大类，即导向传输媒体和非导向传输媒体。在导向传输媒体中，电磁波被导向沿着固体媒体，如铜线或光纤传播，而非导向传输媒体就是指自由空间，在非导向传输媒体中电磁波的传输常称为无线传播。传输介质质量的好坏会影响数据传输的质量，包括速率、数据丢包率等。常见的传输媒体有双绞线、同轴电缆、光导纤维和无线电微波。

1. 双绞线

双绞线分屏蔽双绞线和无屏蔽双绞线，是由两根相互绝缘的铜导线通过规则的方法绞合而成的。双绞线可以传输模拟信号，也可以传输数字信号，有效带宽达 250 kHz，通常距离为几千米到十几千米。导线越粗其通信距离越远。在数字传输时，若传输速率为几兆比特每秒，则传输距离可达几千米。虽然双绞线容易受到外部高频电磁波的干扰，误码率高，但因其价格便宜，且安装方便，既适用于点到点连接，又适用于多点连接，故仍被广泛应用。

2. 同轴电缆

同轴电缆分基带同轴电缆和宽带同轴电缆，其结构是在一个包有绝缘的实心导线外，再套上一层外面也有一层绝缘的空心圆形导线。同轴电缆的最大传输距离随电缆型号和传输信号的不同而不同。由于易受低频干扰，在使用时多将信号调制在高频载波上。

3. 光导纤维

光导纤维以光纤为载体，利用光的全反射原理传播光信号。其优点是直径小、质量小；传播频带宽、通信容量大；抗雷电和电磁干扰性能好，无串音干扰、保密性好、误码率低。但光电接口的价格较昂贵。光纤被广泛用于电信系统铺设主干线。

4. 无线电微波

无线电微波通信分为地面微波接力通信和卫星通信。其主要优点是频率高、频带范围宽、通信信道的容量大；信号所受工业干扰较小、传播质量高、通信比较稳定；不受地理环境的影响，建设投资少、见效快。缺点是地面微波接力通信在空间中是直线传播，而且传输距离受到限制，一般只有 50 km，隐蔽性和保密性较差；卫星通信虽然通信距离远且通信费用与通信距离无关，但传播时延较大，技术较复杂，价格较贵。

1.4.2 常用网络设备

不论是局域网、城域网还是广域网，在物理上通常都是由"网桥""交换机""路由器"等网络连接设备和传输介质组成。网络设备及部件是连接到网络中的物理实体,常见的网络设备种类繁多,本节对交换机、路由器、防火墙进行介绍。

1. 交换机

交换机是一种用于电/光信号转发的网络设备。它可以为接入交换机的任意两个网络节点提供独享的电信号通路。从功能上来看,交换机包括二层交换机和三层交换机。

二层交换技术发展比较成熟,属于数据链路层设备,可以识别数据包中的 MAC 地址信息,根据帧的目的 MAC 地址进行转发,并将帧的源 MAC 地址与对应的端口记录在自己内部的一个地址表中。

三层交换(也称多层交换技术,或 IP 交换技术)是相对于传统交换概念而提出的。传统的交换技术是在网络模型中的第二层即数据链路层进行操作,而三层交换技术是在网络模型中的第三层即网络层实现数据包的高速转发。三层交换机的最重要目的是加快大型局域网内部的数据交换,所具有的路由功能也是为这一目的服务的,能够做到一次路由,多次转发。对于数据包转发等规律性的过程由硬件高速实现,而路由信息更新、路由表维护、路由计算、路由确定等功能由软件实现。三层交换技术就是二层交换技术加三层转发技术。

三层交换技术的出现,解决了局域网中网段划分之后,网段中子网必须依赖路由器进行管理的局面,解决了传统路由器低速、复杂所造成的网络瓶颈问题。

2. 路由器

路由器工作在网络层,主要作用是为经过路由器的每个 IP 数据包寻找一条最佳传输路径,并将该数据有效地传送到目的站点。

路由器使用专门的软件协议从逻辑上对整个网络进行划分。例如,一台支持 IP 协议的路由器可以把网络划分成多个子网段,只有指向特殊 IP 地址的网络流量才可以通过路由器。当 IP 子网中的一台主机发送 IP 分组给同一 IP 子网的另一台主机时,它将直接把 IP 分组送到网络上,对方就能收到。而要送给不同 IP 子网上的主机时,它要根据目的 IP,选择一个能到达目的子网上的路由器,把 IP 分组送给该路由器,由该路由器负责把 IP 分组送到目的地。如果没有找到这样的路由器,主机就把 IP 分组送给一个称为"默认网关"的路由器。对于每一个接收到的数据包,路由器都会重新计算其校验值,并写入新的物理地址。目前 TCP/IP 网络全部是通过路由器互连起来的,Internet 就是成千上万个 IP 子网通过路由器互连起来的国际性网络。

路由器用于连接多个逻辑上分开的网络,如几个使用不同协议和体系结构的网络。路由器利用网络层定义的 IP 地址来区别不同的网络,实现网络的互连和隔离,保持各个网络的独立性。它具有判断网络地址和选择路径的功能,能够过滤和分隔网络信息流。一方面能够跨越不同的物理网络类型,如 DDN、FDDI、以太网等;另一方面在逻辑上将整个互连网络分割成逻辑上独立的网络单位,使网络具有一定的逻辑结构。

3. 防火墙

本节介绍的防火墙是指网络设备中的硬件防火墙。硬件防火墙是指把防火墙程序做到芯片里面,由硬件执行这些功能,能减少 CPU 的负担,使路由更稳定,硬件防火墙是保障内部网络安全的一道重要屏障。

防火墙位于内部与外部网络之间,能够有效地防护外部的侵扰与影响。通过防火墙可以实现内部与外部资源的有效流通,及时处理各种安全隐患问题,进而提升信息数据资料的安全性。随着网络技术的发展,防火墙的功能也在不断地完善,可以实现对信息的过滤,保障信息的安全性。

小 结

本章首先从定义、功能、分类三个方面介绍了计算机网络,着重介绍了计算机网络的分类,按网络覆盖范围可以分为广域网、城域网、局域网和个人区域网;按网络功能可以分为资源子网和通信子网;按拓扑结构可以分为星状网络、环状网络、总线网络、树状网络、网状网络;按网络提供的服务可以分为通用网和专用网;然后介绍了计算机网络体系结构中理论标准的 OSI 七层体系结构和应用标准的 TCP/IP 四层体系结构,并进行了对比;接下来详细介绍了数据在网络中的传输过程,介绍了常见的传输媒体和常用网络设备,如交换机、路由器和防火墙。计算机网络基础知识是网络安全的入门基础,掌握本章的知识点,能够为后续网络安全内容的学习打下坚实的基础。

习 题

一、选择题

1. 若网络的拓扑是由站点和连接站点的链路组成的一个闭合环,则这种拓扑结构为(　　)。
   A. 星状拓扑　　　　B. 总线拓扑　　　　C. 环状拓扑　　　　D. 树状拓扑
2. 下列(　　)范围内的计算机网络可称为局域网。
   A. 在一个楼宇　　　B. 在一个城市　　　C. 在一个国家　　　D. 在全世界
3. 常用的传输介质中,带宽最宽、信号传输衰减最小、抗干扰能力最强的一类传输介质是(　　)。
   A. 光纤　　　　　　B. 双绞线　　　　　C. 同轴电缆　　　　D. 无线信道
4. 在 OSI 七层模型中,处于数据链路层与传输层之间的是(　　)。
   A. 物理层　　　　　B. 网络层　　　　　C. 会话层　　　　　D. 表示层
5. 完成路径选择功能是在 OSI 模型的(　　)。
   A. 物理层　　　　　B. 数据链路层　　　C. 网络层　　　　　D. 传输层
6. 在 OSI 中,(　　)负责将报文准确、可靠、顺序地进行源端到目的端的传输。
   A. 物理层　　　　　B. 数据链路层　　　C. 网络层　　　　　D. 传输层
7. 在 OSI 七层模型中,处于应用层与会话层之间的是(　　)。
   A. 表示层　　　　　B. 物理层　　　　　C. 传输层　　　　　D. 网络层
8. 下面说法不正确的是(　　)。
   A. 计算机网络的体系结构就是这个计算机网络及其部件所应完成的功能的精确定义
   B. 实现是遵循这种体系结构的前提下用何种硬件或软件完成这些功能
   C. 体系结构是抽象的,而实现则是具体的
   D. 以上说法都不对
9. 几种典型的拓扑结构中,一般不含(　　)。
   A. 星状　　　　　　B. 环状　　　　　　C. 总线状　　　　　D. 全连接型
10. 在 OSI 的七层参考模型中,工作在第三层的网间连接设备是(　　)。
    A. 集线器　　　　　B. 路由器　　　　　C. 网桥　　　　　　D. 中继器

二、填空题

1. 一座大楼内的一个计算机网络系统，属于_____。
2. 计算机网络中常用的三种有线传输介质是_____、_____、_____。
3. 局域网与Internet主机的连接方法有两种，一种是通过_____，另一种是通过_____与Internet主机相连。
4. 计算机网络按网络提供的服务分为_____和_____。
5. 协议的三要素分别是_____、_____、_____。
6. 计算机网络的各层及其协议的集合称为_____。
7. 在计算机网络中，所有的主机构成了网络的_____子网。
8. 数据链路层又可分为_____和_____。
9. 传输媒体可分为两大类，即_____和_____。
10. 传输层定义了两个主要的协议，即_____和_____。
11. _____用于连接多个逻辑上分开的网络。
12. 计算机网络按覆盖范围可分为_____、_____、_____和_____。

三、简答题

1. 什么是计算机网络？
2. 计算机网络的功能有哪些？
3. OSI模型共有几层，分别是什么？
4. 计算机网络按拓扑结构可以分为哪几类？
5. 简述城域网和广域网的区别。
6. 什么是协议？协议的三要素是什么？
7. 什么是通信子网和资源子网？它们各有什么作用？
8. 为什么要划分层次？有什么好处？

第 2 章

网络协议安全概述

网络协议安全是网络安全的关键所在。本章讨论与网络安全密切相关的一些网络协议及其安全风险。

学习目标

通过对本章内容的学习，学生应该能够做到：

（1）了解：网络安全的概念及属性、常见的网络协议及其安全风险、TCP/IP 网络安全体系。

（2）理解：IPSec 协议、SSL 协议、TLS 协议及 HTTPS 协议。

（3）应用：对本章所介绍的几种安全协议的报文进行分析，加深对协议的理解。

2.1 网络安全概述

随着计算机技术的飞速发展，信息网络已经成为社会发展的重要保证。网络上各种新业务（如电子商务、网络银行等）的兴起以及各种专用网络（如金融网）的建设，对网络的安全性提出了更高的要求，如何保障网络安全成为目前亟待解决的一个问题。

2.1.1 网络安全的概念

计算机网络是地理上分散的多台自主计算机互连的集合，这些计算机遵循约定的通信协议，与通信设备、通信链路及网络软件共同实现信息交互、资源共享、协同工作及在线处理等功能。所以，从广义上说，网络安全包括网络硬件资源及信息资源的安全性。硬件资源包括通信线路、通信设备（交换机、路由器等）、主机等，要实现信息快速、安全的交换，一个可靠的物理网络是必不可少的。信息资源包括维持网络服务运行的系统软件和应用软件，以及在网络中存储和传输的用户信息数据等。

网络安全的内容十分广泛，不同的人群对其有不同的理解。

从用户角度看，网络安全主要是保障个人数据或企业的信息在网络中的保密性、完整性、不可抵赖性，防止信息的泄露和破坏，防止信息资源的非授权访问；对于网络管理者来说，网络安全的主要任务是保障合法用户正常使用网络资源，避免病毒、拒绝服务、远程控制、非授权访问等安全威胁，及时发现安全漏洞，制止攻击行为等；从教育和意识形态方面，网络安全主要是保障信息内容的合法与健康，控制含不良内容的信息在网络中的传播。

华为对网络安全的定义是：在法律合规下保护产品、解决方案和服务的可用性、完整性、机密性、可追溯性和抗攻击性，及保护其所承载的客户或用户的通信内容、个人数据及隐私、客观信息流动。

思科对网络安全的定义是：网络安全是抵御内部和外部各种形式的网络威胁，以确保网络安全的过程。

本书在此给出网络安全的通用定义：网络安全是指保护网络系统中的软件、硬件及信息资源，使之免受偶然或恶意的破坏、篡改和泄露，保证网络系统的正常运行、网络服务不中断。

2.1.2 网络安全的属性

在美国国家信息基础设施（National Information Infrastructure，NII）的文献中，给出了安全的五个属性：机密性、完整性、可用性、可靠性和不可抵赖性。这五个属性适用于国家信息基础设施的各个领域，如教育、娱乐、医疗、运输、国家安全、通信等。

1. 机密性

机密性是指网络中的信息不被非授权实体（包括用户和进程等）获取与使用。这些信息不仅指国家机密，也包括企业和社会团体的商业秘密和工作秘密、个人的秘密（如银行账号）和个人隐私（如邮件、浏览习惯）等。在网络的不同层次上有不同的机制来保障机密性。在物理层主要采取电磁屏蔽技术、干扰及跳频技术来防止电磁辐射造成的信息外泄；在网络层、传输层及应用层主要采取加密、路由控制、访问控制、审计等方法来保证信息的机密性。

2. 完整性

完整性是指网络信息的真实可信性，即网络中的信息不会被偶然或者蓄意地进行删除、修改、伪造、插入等破坏，保证授权用户得到的信息是真实的。只有具有修改权限的实体才能修改信息，如果信息被未经授权的实体修改了或在传输过程中出现了错误，信息的使用者应能够通过一定的方式判断出信息是否真实可靠。

3. 可用性

可用性是指得到授权的实体在需要时可以使用所需要的网络资源和服务。由于网络最基本的功能就是为用户提供信息和通信服务，而用户对信息和通信需求是随机的（内容的随机性和时间的随机性）、多方面的（文字、语音、图像等），有的用户还对服务的实时性有较高的要求。网络必须能够保证所有用户的通信需要，一个授权用户无论何时提出要求，网络必须是可用的，不能拒绝用户要求。攻击者常会采用一些手段来占用或破坏系统的资源，以阻止合法用户使用网络资源，这就是对网络可用性的攻击。对于针对网络可用性的攻击，一方面要采取物理加固技术，保障物理设备安全、可靠地工作；另一方面要通过访问控制机制，阻止非法访问进入网络。

4. 可靠性

可靠性是指系统在规定的条件下和规定的时间内，完成规定功能的概率。可靠性是网络安全最基本的要求之一。目前对于网络可靠性的研究主要偏重于硬件可靠性的研究，主要采用硬件冗余、提高质量和精确度等方法。实际上，软件的可靠性、人员的可靠性和环境的可靠性在保证系统可靠性方面也非常重要。

5. 不可抵赖性

不可抵赖性是指通信的双方在通信过程中，对于自己所发送或接收的消息不可抵赖，即发送者不能抵赖他发送过消息的事实和消息内容，而接收者也不能抵赖其接收到消息的事实和内容。

2.1.3 OSI 安全体系

国际标准化组织 ISO 于 1989 年在原有网络基础通信协议七层模型基础之上扩充了 OSI 参考模型，确立了信息安全体系结构，并于 1995 年再次在技术上进行了修正。OSI 安全体系结构包括五类安全服务和八类安全机制。

1. OSI 模型的安全服务

安全服务是指计算机网络提供的安全防护措施。ISO 定义了五类基本的安全服务：认证（鉴别）服务、访问控制服务、数据机密（保密）性服务、数据完整性服务和抗否认服务。

（1）认证（鉴别）服务，用于提供对通信中对等实体和数据来源的认证（鉴别）。

（2）访问控制服务，用于防止未授权用户非法使用系统资源，包括用户身份认证和用户权限确认。

（3）数据机密（保密）性服务，用于防止网络各系统之间交换的数据被截获或被非法存取而泄密，提供机密保护。同时，对有可能通过观察信息流就能推导出信息的情况进行防范。

（4）数据完整性服务，用于阻止非法实体对交换数据的修改、插入、删除以及在数据交换过程中的数据丢失。

（5）抗否认服务，用于防止发送方在发送数据后否认发送以及接收方在收到数据后否认收到或伪造数据的行为。

2. OSI 模型的安全机制

安全服务是由各种安全机制来实现的。本节列出八类安全机制，包括加密机制、数据签名机制、访问控制机制、数据完整性机制、认证机制、业务流填充机制、路由控制机制、公证机制。安全机制可以设置在 OSI 模型适当的某一层上，以提供某些安全服务。一种安全服务可由一种或多种安全机制来提供，一种安全机制可用于不同的安全服务。

（1）加密机制。加密就是对数据进行密码变换以产生密文。加密机制是确保数据安全性的基本方法，在 OSI 安全体系结构中应根据加密所在的层次及加密对象的不同，而采用不同的加密方法。

（2）数字签名机制。数字签名机制是确保数据真实性的基本方法，利用数字签名技术可进行用户的身份认证和消息认证，它具有解决收发双方纠纷的能力。

（3）访问控制机制。访问控制机制从计算机系统的处理能力方面对信息提供保护。访问控制按照事先确定的规则决定主体（发出访问请求的实体）对客体（被访问的程序、数据等资源）的访问是否合法，当某一主体试图非法使用一个未经授权的资源时，访问控制将拒绝，并将这一事件报告给审计跟踪系统，审计跟踪系统将给出报警并记录日志档案。

（4）数据完整性机制。破坏数据完整性的主要因素有数据在信道中传输时受信道干扰影响而产生错误，数据在传输和存储过程中被非法入侵者篡改，计算机病毒对程序和数据的传染等。纠错编码和差错控制是对付信道干扰的有效方法；对付非法入侵者主动攻击的有效方法是报文认证；对付计算机病毒的有效方法是各种病毒检测、杀毒和免疫方法。

（5）认证机制。在计算机网络中认证主要有用户认证、消息认证、站点认证和进程认证等，可用于认证的方法有已知信息（如口令）、共享密钥、数字签名、生物特征（如指纹）等。

（6）业务流填充机制。业务流填充机制对应数据保密性服务。攻击者可以通过分析网络中某一路径上的信息流量和流向来判断某些事件的发生。为了对付这种攻击，一些关键站点间在无正常信息传送时，持续传送一些随机数据，使攻击者不知道哪些数据是有用的，哪些数据是无用的，从而挫败攻击者的信息流分析。

（7）路由控制机制。在大型计算机网络中，从源点到目的地往往存在多条路径，其中有些路径是安全的，有些路径是不安全的，路由控制机制可根据信息发送者的申请选择安全路径，以确保数据安全。

（8）公证机制。在大型计算机网络中，并不是所有的用户都是诚实可信的，同时也可能由于设备故障等技术原因造成信息丢失、延迟等，用户之间很可能引起责任纠纷。为了解决这个问题，就需要有一个各方都信任的第三方以提供公证仲裁，由第三方来确保数据的完整性、数据源、时间及目的地的正确性。仲裁数字签名技术是这种公证机制的一种技术支持。

2.2 网络协议安全性概述

网络协议安全是网络安全的关键所在。本节在 TCP/IP 体系结构的基础上，讨论一些常见的网络协议及其安全风险。

2.2.1 网络层协议

1. 网际协议（IP）

TCP/IP 常用的两种 IP 版本是 IPv4 和 IPv6。IPv4 在设计之初根本没有考虑到网络安全问题，IP 数据包本身不具有任何安全特性，从而导致在网络上传输的数据包很容易泄露或受到攻击，如伪造数据包的 IP 地址、拦截、窃取、篡改、重播 IP 数据包等，通信双方无法保证收到的 IP 数据包的真实性。数据包有可能被路由器发往错误的地方，服务可能被局部或全部拒绝。

2. 地址解析协议（ARP）

ARP 是一个用来将 IP 地址解析为 MAC 地址的协议，是建立在局域网内各主机之间相互信任基础之上的，其最大的安全风险就是应答数据包和请求数据包之间没有关系，任何计算机都可以发送虚假的 ARP 数据包。如果主机收到一个 ARP 应答包，无法知道是否真的发送过对应的 ARP 请求包，因此攻击者可以伪造 ARP 应答包进行欺骗。

3. 因特网控制报文协议（ICMP）

攻击者可以利用 ICMP 重定向报文对消息进行重定向，使得目标机器遭受连接劫持和拒绝服务等攻击。在进行路由发现时，ICMP 并不对应答方进行认证，使得它可能遭受严重的中间人攻击。

2.2.2 传输层协议

传输层广泛使用的两个协议是传输控制协议（TCP）和用户数据报协议（UDP）。传输层的威胁主要来自于端口和 TCP/UDP 报文的首部信息，大部分远程网络攻击都是以特定端口的特定服务展开的。

另外，传输层对传输的数据一般不进行加密，不对数据提供保护，很容易造成信息泄露。

针对传输层的攻击比较多，如端口扫描、针对 TCP 连接建立阶段的三次握手过程的 SYN Flood 攻击、针对 TCP 协议不对数据包加密和认证的漏洞的 TCP 会话劫持、针对 UDP 协议的 UDP Flood 攻击等。

2.2.3 应用层协议

1. 域名系统（DNS）

DNS 负责提供域名与 IP 地址之间的转换。由于 DNS 的开放、庞大、复杂的特性以及设计之初对于安全性的考虑不足，再加上人为的攻击和破坏，DNS系统面临非常严重的安全威胁。

DNS协议缺乏必要的认证机制，而且DNS的绝大部分通信使用不可靠的UDP协议，数据报文容易丢失，也容易受到劫持和欺骗。例如，攻击者可以拦截DNS服务器对客户端域名查询的响应数据包，修改其内容，再返回给客户端，假冒域名服务器进行DNS欺骗。攻击者如果将DNS查询重定向到恶意的DNS服务器上，域名解析就会被劫持，完全处在攻击者的控制之下。

一些DNS服务器被错误地配置，只要客户发出请求，就会向对方提供一个区域文件。这时，黑客就可以通过区域传输来窃取区域文件，导致内部网络的拓扑结构泄露。

对于DNS服务器来说，遭到拒绝服务攻击是更严重的问题。由于整个因特网都依赖域名系统，如果没有域名系统就无法完成域名解析，网络用户也就无法通过域名访问公共服务器。如果域名服务器出现故障，还可能影响那些依赖域名进行数据流过滤的防火墙或者代理服务器的正常工作。

2．超文本传输协议（HTTP）

HTTP是互联网上应用最为广泛的协议，默认使用服务器的80端口，在客户端和服务器之间建立连接。其客户端使用浏览器访问并接收从服务器返回的Web网页。

HTTP协议的设计目标是灵活、实时地传送文件，没有考虑安全因素。HTTP协议中的数据是直接通过明文进行传输的，不提供任何方式的数据加密，因此存在较大的安全隐患。攻击者可以通过网络嗅探工具获得明文传输的数据，从而分析出特定的敏感信息，如用户的登录账号、口令、手机号、信用卡号等重要资料。

HTTP是一种无状态的协议，在传输客户端请求和服务器响应时，唯一的完整性检验是报文首部的数据长度字段（Content-Length），而未对传输内容进行消息完整性检测，攻击者可以轻易篡改传输数据，发动中间人攻击。

3．远程登录协议（Telnet）

Telnet实现了远程终端登录访问，其主要安全问题也是允许远程用户登录。另外，Telnet以明文方式发送数据，也给攻击者以可乘之机，攻击者可以利用网络嗅探工具记录用户名和密码，或者记录整个会话。

4．文件传输协议（FTP）

FTP协议的主动模式下，PORT命令带有IP地址和端口号，应用层的协议命令理论上不应该包含网络地址信息，这打破了协议层的原则并可能导致协同性和安全性方面的问题。FTP反弹攻击就是利用FTP协议的PORT命令，攻击者向服务器发送虚假的PORT命令，将数据发送到第三方（受害者），攻击者可利用FTP服务器对其他机器进行端口扫描和发送数据。

另外，FTP客户端和服务器之间的消息是以明文方式传输的，只要在网络中合适的位置，利用网络嗅探工具捕获数据包，就可以获取FTP的用户名和口令。事实上，很多用户把相同的用户名和口令用在不同的应用中，这样的问题更为严重，如果攻击者收集到FTP口令，就可能得到用户其他的在线账号或者机密数据的口令。

5．邮件传输协议

简单邮件传输协议（SMTP）自身是完全无害的，但它可能成为拒绝服务攻击的发源地，攻击者可以利用拒绝服务攻击，阻止合法用户使用该邮件服务器。SMTP协议不提供加密服务，整个通信过程都是明文的，攻击者可在邮件传输过程中截获数据，造成电子邮件数据泄露或身份仿冒。截获或篡改邮件、病毒邮件、垃圾邮件、邮件炸弹等都严重危及电子邮件的正常使用。

邮局协议POP是一个邮件协议，它的第三个版本称为POP3。POP3协议也是以明文形式传输数据，使用 Sniffer 等网络嗅探工具可以很容易捕获用户名、口令等敏感信息。

6. 动态主机配置协议（DHCP）

DHCP 在设计上未充分考虑到安全因素，从而留下许多安全漏洞。DHCP 服务器与客户端之间相互确认身份的主要凭证就是双方数据包中的 MAC 地址，通常没有对信息进行认证，所以容易受到中间人攻击和拒绝服务攻击。此外，攻击者可用仿冒的 DHCP 服务器压制合法的服务器，对请求提供响应并导致各种类型的攻击。

7. 简单网络管理协议（SNMP）

最初的 SNMP 中存在不可靠的认证和接入控制等安全问题。1993 年发布的 SNMPv2 中对这些问题进行了部分改进。但是，SNMPv2 中增加的安全功能过于复杂，SNMPv2 的安全特性因此未得到广泛使用。

SNMPv1 和 SNMPv2 中都存在一些安全问题。SNMPv1 和 SNMPv2 中代理可被多个管理站管理，管理站合法性认证依靠团体名和源地址检查。团体名为固定长度字符串，容易被穷举攻击。SNMP 数据被封装在 UDP 中传输，攻击者通过嗅探监听，捕获管理站和被管设备之间的交互信息，即可获得 SNMP 消息中的明文团体名。攻击者通过嗅探监听，截获管理站发往被管系统的管理消息后，通过对消息数据的恶意重组、延迟和重放，即可实现对被管设备的攻击。

目前的 SNMPv3 在 2002 年 3 月被定为一项互联网标准，它充分更正了以前的安全问题，提供了增强的、对管理网络至关重要的安全功能。

2.3 基于 TCP/IP 的网络安全体系

Internet 安全体系结构是基于 TCP/IP 模型的网络安全体系结构。TCP/IP 是一种分层模型的协议集，基于 TCP/IP 模型的网络安全服务也是分层的，相应的不同层次的网络服务也是不同的，需要分层进行配置。TCP/IP 安全体系包括网络接口层安全、网络层安全、传输层安全和应用层安全，下面进行简单说明。

2.3.1 网络接口层安全

TCP/IP 模型的网络接口层对应着 OSI 模型的物理层和数据链路层。

物理层的安全问题主要指由网络环境、网络设备、线路的物理特性引起的网络系统安全风险，如设备问题、意外故障、信息探测与窃听等。

以太网上存在交换设备并采用广播方式，可能在某个广播域中侦听、窃取并分析信息，因此，保护物理链路上的设施安全极为重要。

在无线通信的信息传播过程中，信息会被第三方截获以及窃听，并且容易出现信息泄密等诸多问题。目前多是利用通信系统物理层本身的特性，通过人工噪声、协作干扰等物理层安全技术来加强系统的安全性。

数据链路层存在着身份认证、篡改 MAC 地址、网络嗅探等安全性威胁。只有在各个节点间安装或租用了专门的通信设施，才能对 TCP/IP 网络进行链路层保护。链路层保护不能提供真正的终端用户认证，虽然可以通过加密方式确保数据不被窃听，但是，不能在合理成本下为被保护网络内的用户提供用户间的保密性。如果没有其他附加的安全机制，所有的交换路由设备都是不安全的。

数据链路层系统设计较为简单，与其他层相比，更容易达到预期目标。用户知道现有各种通信技术的限制，所以数据链路层解决方案将成为最容易被接受的解决方案。

2.3.2 网络层安全

TCP/IP 体系结构的网络层主要解决网络主机之间的互联互通问题，负责数据包的网络传输。网络层的核心协议 IP 是整个 TCP/IP 体系结构的重要基础，TCP/IP 中所有协议的数据都是以 IP 数据包的形式进行传输的。网络层安全就是确保 IP 数据包能够顺利到达指定的目的地。

动态路由机制确保 IP 数据包能够在网络中高效传输，路由信息和路由表的正确性相当关键，因此，要确保路由表免受攻击。路由器间的更新信息必须使用完整性机制，这将确保路由更新信息在网络上传送时不会被修改。路由器的内部也需要完整性机制。路由表必须防止非授权用户的非法修改，以确保路由信息的准确性。另外，还需要认证机制，以确保非授权资源不会将路由更新信息插入网络。

IPv6 简化了 IPv4 中的 IP 头结构，并增加了对安全性的设计。IPv6 实现了 IP 级的安全。IP 安全协议（Internet Protocol Security，IPSec）产生于 IPv6 的制定之中，用于提供 IP 层的安全性，兼容 IPv4 和 IPv6。

网络层非常适合提供基于主机的安全服务。相应的安全协议可以用来在 Internet 上建立安全的 IP 通道和虚拟专网。

2.3.3 传输层安全

由于 TCP/IP 协议本身非常简单，没有加密、身份认证等安全特性，因此，要向上层应用提供安全通信的机制，就必须在 TCP 之上建立一个安全通信层次。传输层网关在两个通信节点之间代为传递 TCP 连接并进行控制，这个层次一般称为传输层安全。常见的传输层安全技术有安全套接层（Secure Socket Layer，SSL）、SOCKS 等。

SSL 是为网络通信提供安全及数据完整性的一种安全协议。SSL 位于 TCP 层之上，应用层之下，目前版本为 3.0。安全传输层协议（Transport Layer Security，TLS）是因特网工程任务组（Internet Engineering Task Force，IETF）制定的一种新的协议，TLS 1.0 建立在 SSL 3.0 协议规范之上，是 SSL 3.0 的后续版本。TLS 与 SSL 在传输层对网络连接进行加密，用于保障网络数据传输安全，利用数据加密技术，确保数据在网络传输过程中不会被截取及窃听。

传输层安全机制的主要优点是它提供基于进程对进程（而不是主机对主机）的安全服务和加密传输信道，利用公钥体系进行身份认证，安全强度高，支持用户选择的加密算法。

2.3.4 应用层安全

网络层安全协议能够为网络连接建立安全的通信信道，传输层安全协议允许为进程之间的数据通道增加安全性，但它们都无法根据所传送的不同内容的安全要求予以区别对待。本质上，这意味着真正的数据通道还是建立在主机（或进程）之间，但不可能区分在同一通道上传输的具体文件的安全性要求。如果确实要区分具体文件的不同的安全性要求，就必须在应用层采用安全机制。

一般来说，在应用层提供安全服务的做法是对每个应用及应用协议分别进行修改和扩展，加入新的安全功能，一些重要的 TCP/IP 应用已经这样做了。

安全超文本传输协议（Secure Hypertext Transfer Protocol，SHTTP）是 HTTP 协议的安全增强版本。SHTTP 提供了文件级的安全机制，因此每个文件都可以设置成保密/签字状态。SHTTP 提供了完整且灵活的加密算法、模态及相关参数，可提供通信保密、身份识别、可信赖的信息传输服务及数字签名等。SHTTP 比 SSL 更灵活，功能更强大，但是实现较困难，使用更困难，因此现在普遍使用基于 SSL 的 HTTPS。

安全外壳协议（Secure Shell，SSH）为建立在应用层基础上的安全协议，是目前较可靠、专为远程登录会话和其他网络服务提供安全性的协议。利用 SSH 协议可以有效防止远程管理过程中的信息泄露问题。FTP、POP 和 Telnet 等传统的网络服务程序在网络上用明文传送口令和数据，通过使用 SSH，可以把所有传输的数据进行加密，防止中间人攻击，也能够防止 DNS 欺骗和 IP 欺骗。使用 SSH，传输的数据是经过压缩的，所以可以加快传输的速度。SSH 既可以代替 Telnet，又可以为 FTP、POP、甚至为 PPP 提供一个安全的通道。

优良保密协议（Pretty Good Privacy，PGP）和安全多用途互联网邮件扩展协议（Secure/Multipurpose Internet Mail Extensions，S/MIME）被用于电子邮件加密和验证。PGP 是常用的安全电子邮件标准之一，可以用它对邮件加密以防止非授权者阅读，它还能对邮件加上数字签名从而使收信人可以确认邮件的发送者，并能确信邮件没有被篡改。它可以提供一种安全的通信方式，而事先并不需要任何保密的渠道来传递密钥。S/MIME 是采用公开密钥基础设施（Public Key Infrastructure，PKI）技术的用数字证书给邮件主体签名和加密的国际标准协议。S/MIME 和 PGP 都是用于通过互联网对消息进行身份验证和加密保护的协议，都使用公钥加密技术进行电子邮件签名和加密。总体来说，S/MIME 标准的适用性更广泛，在安全电子邮件领域已经占主导地位，在商务电子邮件领域被广泛应用，权威证书颁发机构遵循 S/MIME 标准签发证书，更加全面地管理并提升电子邮件安全和可信的生态环境。

目前网络应用的模式正在从传统的客户/服务器模式转向浏览器-Web-数据库（Browser-Web-Database，BWD）方式，以浏览器作为通用的客户端软件。转向 BWD 模式后，安全重点将放在浏览器与 Web 服务器之间以及 Web 服务器与数据库之间的安全上，因此应用层安全，特别是 WWW 的安全将成为至关重要的环节。

2.4　IPSec 协议

协议是网络的同一层次实体之间、为了相互配合完成本层的功能而作的约定，对于网络安全体系结构而言，它的基本构成和最终体现形式就是网络安全协议。安全协议（Security Protocol），又称密码协议（Cryptographic Protocol），是以密码学为基础的消息交换协议，其目的是在网络环境中提供各种安全服务。安全协议是网络安全的一个重要组成部分，需要通过安全协议进行实体之间的认证、在实体之间安全地分配密钥或其他各种秘密、确认发送和接收的消息的非否认性等。

TCP/IP 架构下具有代表性且应用较为广泛的安全协议（或协议套件）包括链路层扩展 L2TP（Layer 2 Tunneling Protocol，二层隧道协议）、IP 层安全 IPSec、传输层安全 SSL 和 TLS、会话安全 SSH、网管安全 SNMPv3 和认证协议 Kerberos，以及应用安全 DNSSec 和 S-HTTP 等。本节介绍网络层的安全协议 IPSec。

2.4.1 IPSec 简介

IPSec 是应用于 IP 层上网络数据安全的一整套体系结构,包括认证头(Authentication Header,AH)、封装安全负荷(Encapsulating Security Payload,ESP)、因特网密钥交换(Internet Key Exchange,IKE)和用于网络认证及加密的一些算法等。

IPSec 提供了两种安全机制:认证和加密。其中,认证采用 IPSec 的 AH,加密采用 IPSec 的 ESP。认证机制使 IP 通信的数据接收方能够确认数据发送方的真实身份,以及数据在传输过程中是否遭到篡改。加密机制通过对数据进行加密来保证数据的机密性,以防数据在传输过程中被窃听。

1. 传输模式和隧道模式

IPSec 工作模式有传输模式和隧道模式两种。AH 或 ESP 都可用于这两种模式。

传输模式用于实现主机之间端到端的安全通信。传输模式下,在 IP 首部和数据之间插入 IPSec 首部,将 IP 首部中协议字段改成 IPSec 的协议号 50(ESP 协议)或 51(AH 协议),重新计算 IP 首部校验和。AH 的完整性验证范围是整个 IP 分组;ESP 协议的完整性验证范围包括 ESP 首部、传输层首部、数据部分和 ESP 尾部,但不包括 IP 首部,因此 ESP 协议无法保证 IP 首部的安全,ESP 的加密范围包括传输层首部、数据和 ESP 尾部。

隧道模式用于实现网络之间的安全通信,建立安全 VPN 通道。隧道模式下,原始 IP 分组被封装成一个新的 IP 分组,在原始 IP 首部和新的 IP 首部之间插入 IPSec 首部。AH 的完整性验证范围是整个 IP 分组,包括新增的 IP 首部在内;ESP 协议的完整性验证范围包括 ESP 首部、原 IP 首部、传输层首部、数据部分和 ESP 尾部,但不包括新 IP 首部,因此 ESP 协议无法保证新 IP 首部的安全,ESP 的加密范围包括原 IP 首部、传输层首部、数据和 ESP 尾部。

2. 安全关联

安全关联(Security Association,SA)是两个或多个通信实体经协商建立起来的约定,包括加密算法、密钥及密钥的有效存在时间等。SA 由安全参数索引 SPI、目的 IP 地址和安全协议标识符 SPID 三个参数标识,SPI 唯一标识 SA,仅本地可用;目的 IP 地址是安全关联的终端地址;SPID 标识使用的安全协议是 AH 或 ESP。

2.4.2 IPSec 框架结构

IPSec 框架提供 IP 层安全,协议族由 AH、ESP 和 IKE 三个主要协议组成。

1. AH

AH 向 IP 层通信提供数据完整性和数据源认证,同时提供防重放服务,但是 AH 不加密数据分组。AH 协议的完整性验证范围是整个 IP 分组。AH 协议可以保护通信免受篡改,但是不能防止窃听,所以 AH 协议适合于传输非机密数据。AH 对包含 IP 地址在内的数据进行 Hash 计算,而 NAT 会改变 IP 地址,因此 AH 不能和 NAT 一起运行。AH 支持 HMAC-MD5 和 HMAC-SHA-1 算法。AH 可以独立使用,也可以与 ESP 协议组合使用。

(1) AH 概述。

AH 在每一个 IP 分组上添加一个认证首部,该首部中包含一个带密钥的散列值,该散列值通过对整个 IP 分组应用一个使用密钥的单向散列函数来创建,散列与文本合在一起传输。接收方对收到的分组运用同样的单向散列函数并将结果与发送方提供的消息摘要的值比较,从而检测分组在传输过程中是否有部分发生变化,对数据的任何更改将使散列无效。

AH 传输模式在 IP 首部和数据之间插入 AH 首部。AH 隧道模式使用新的 IP 首部和 AH 首部来封装 IP 数据包。

AH 数据封装举例说明如下：

原始 IP 分组：IP 首部 +TCP 首部 + 数据。

传输模式：IP 首部 +AH 首部 +TCP 首部 + 数据。

隧道模式：新的 IP 首部 +AH 首部 +IP 首部，TCP 首部 + 数据。

（2）AH 首部格式。

AH 首部格式如图 2-1 所示。

图 2-1　AH 首部格式

① 下一个首部，占 8 位，表示紧接着 AH 首部的下一个首部的类型。

在传输模式下，该字段是处于保护中的传输层协议的值。例如：下一个首部的值为 6，表示紧接其后的是 TCP 首部；下一个首部的值为 17，表示紧接其后的是 UDP 首部；下一个首部的值为 50，表示紧接其后的是 ESP 首部。

在隧道模式下，AH 保护整个 IP 包，下一个首部的值为 4，表示是 IP-in-IP 协议；下一个首部的值为 41，表示封装的是 IPv6 数据包。

② 有效载荷长度，占 8 位，其值是以 32 位（4 字节）为单位的整个 AH 首部（包括变长的认证数据）的长度再减 2。例如，AH 首部长度为 24 字节，24/4-2=4，即有效载荷长度的值是 4。

③ 保留，占 16 位，保留将来使用，默认值为 0。

④ 安全参数索引 SPI，占 32 位，用于唯一标识 IPSec 安全联盟，是一个伪随机值，若为 0，则表示没有安全关联存在。

⑤ 序列号，占 32 位，是一个从 1 开始的 32 位单项递增的计数器，不允许重复，唯一地标识每一个分组，为安全关联提供防重放服务。

⑥ 认证数据，长度可变，包含数据完整性校验值（Integrity Check Value，ICV），用于接收方进行完整性校验，生成算法由 SA 指定。

（3）AH 工作过程。

① 将 AH 首部加到有效荷载上，但认证数据字段此时要置为 0。

② 可能需要在 IP 数据部分加入填充，以使总长度为 4 字节的整数倍，便于特定散列函数处理。

③ 基于总的分组长度计算散列值，在 IP 首部中只有在传输中不发生变化的那些字段才包含在报文摘要的计算中。

④ 将认证数据插入 AH 首部。

⑤ 将 IP 首部的协议字段值改为 51，重新计算校验和，然后再加上 IP 首部。

2．ESP

ESP 提供 IP 层加密功能、数据完整性校验、数据源认证和防重放服务。

（1）ESP 概述。

ESP 将需要保护的用户数据进行加密后再封装到 IP 包中，IP 首部协议字段值为 50。ESP 保证数据的机密性，使用 DES、3DES、AES 等实现数据加密，默认加密算法为 DES-CBC 算法；使用 HMAC-MD5、HMAC-SHA-1 算法保证数据完整性和真实性。

传输模式下，ESP 首部位于 IP 首部和数据之间。隧道模式下，使用 ESP 来封装原始 IP 分组，再用新的外部 IP 首部封装这个 ESP 数据包。

ESP 数据封装举例说明如下：

原始 IP 分组：IP 首部 +TCP 首部 + 数据。
传输模式：IP 首部 +ESP 首部 +TCP 首部 + 数据 +ESP 尾部 +ESP 认证数据。
隧道模式：新的 IP 首部 +ESP 首部 +IP 首部 +TCP 首部 + 数据 +ESP 尾部 +ESP 认证数据。

（2）ESP 报文格式。

ESP 首部包括安全参数索引 SPI 和序列号字段，ESP 尾部包括填充字段、填充长度和下一个首部字段。ESP 报文格式如图 2-2 所示。

① 安全参数索引 SPI，占 32 位，用于唯一标识安全关联。

② 序列号，占 32 位，是一个从 1 开始的 32 位单项递增的计数器，不允许重复，唯一标识每一个发送的分组，为安全关联提

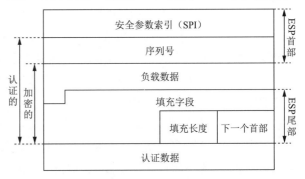

图 2-2　ESP 报文格式

供防重放服务。接收端校验序列号字段值的分组是否已经被接收，若是，则拒收该分组。

③ 负载数据，字段长度可变，如果 SA 采用加密，该部分是加密后的密文；如果没有加密，该部分就是明文。

④ 填充字段，长度可变，主要用于加密算法要求明文是某个字节数的倍数，保证填充长度字段和下一个首部字段排列在 32 位字的右边、提供部分通信流量机密性。

⑤ 填充长度，以字节为单位指示填充项长度，范围为 0～255。

⑥ 下一个首部，占 8 位，表示紧接着 ESP 首部的下一个首部的类型。

在传输模式下，该字段是处于保护中的传输层协议的值。例如，下一个首部的值为 6，表示紧接其后的是 TCP 首部；下一个首部的值为 17，表示紧接其后的是 UDP 首部。

在隧道模式下，如果下一个首部的值为 4，表示是 IP-in-IP 协议；如果下一个首部的值为 41，表示封装的是 IPv6 数据包。

⑦ 认证数据，字段长度可变，但为 32 位的整数倍。认证数据包含完整性校验值 ICV，用于接收方进行完整性校验，生成算法由 SA 指定。ESP 的验证功能是可选的，如果启动了数据包验证，会在加密数据的尾部添加一个 ICV 数值。

（3）ESP 工作过程。

① 给有效荷载增加 ESP 尾部。

② 对有效荷载和 ESP 尾部进行加密。

③ 增加 ESP 首部。

④ 利用 ESP 首部、有效荷载和 ESP 首部生成认证数据。

⑤ 将认证数据加到 ESP 尾部之后。

⑥ 将 IP 首部的协议字段值改为 50，重新计算校验和，然后再加上 IP 首部。

3．IKE

IPSec 协商建立 SA 的方式有手工方式和 IKE 自动协商。在小型静态环境中，可以使用手工方式；对于中、大型的动态网络环境中，推荐使用 IKE 自动协商建立 SA。

IKE 为 IPSec 提供自动协商交换密钥，建立安全联盟服务，简化 IPSec 的维护和配置。

IKE 是 UDP 协议上端口号 500 的一个应用层协议，是 IPSec 的信令协议，为 IPSec 协商建立 SA，并把建立的参数及生成的密钥交给 IPSec，IPSec 使用 IKE 建立的 SA 对 IP 分组加密或

认证处理。IKE通过交换数据计算双方共享的密钥。SA是单向的，在两个对等实体之间双向通信，最少需要两个SA分别对两个方向的数据流进行安全保护。

IKE 协商有两个阶段：第一阶段创建 IKE SA，第二阶段创建 IPSec SA。

第一阶段有主模式和积极模式两种模式。

主模式包含六条消息头两条消息协商策略，下两条消息交换 Diffie-Hellman 的公共值和必要的辅助数据，最后两条消息验证 Diffie-Hellman 交换。协议发起方首先提供一个建议，包含一个或多个加密算法，响应方选择其中某个加密算法，然后进行 Diffie-Hellman 密钥交换，最后根据具体的认证方法交换消息和身份验证。

积极模式包含三条消息。协议发起方发送的第一条消息由 SA、Nonce（随机数字）和身份信息组成，第二条消息是在验证发起方并接收 SA 后，应答方发送 Nonce 和身份信息给发起方，第三条消息是发起方验证应答方的身份以及进行被提议的信息的交换。

第二阶段采用快速模式，包含三条消息：协商发起方发送本端的安全参数和身份认证信息；协商响应方发送确认的安全参数和身份认证信息并生成新的密钥；发送方发送确认信息，确认与响应方可以通信。

IKE 协商阶段如图 2-3 所示。其中 85 ～ 90 为第一阶段主模式，91 ～ 93 为第二阶段。

No.	Time	Source	Destination	Protocol	Length	Info
85	2210.955000	202.101.224.1	202.101.225.1	ISAKMP	170	Identity Protection (Main Mode)
86	2211.111000	202.101.225.1	202.101.224.1	ISAKMP	170	Identity Protection (Main Mode)
87	2211.173000	202.101.224.1	202.101.225.1	ISAKMP	190	Identity Protection (Main Mode)
88	2211.283000	202.101.225.1	202.101.224.1	ISAKMP	190	Identity Protection (Main Mode)
89	2211.329000	202.101.224.1	202.101.225.1	ISAKMP	118	Identity Protection (Main Mode)
90	2211.423000	202.101.225.1	202.101.224.1	ISAKMP	118	Identity Protection (Main Mode)
91	2211.485000	202.101.224.1	202.101.225.1	ISAKMP	214	Quick Mode
92	2211.563000	202.101.225.1	202.101.224.1	ISAKMP	214	Quick Mode
93	2211.595000	202.101.224.1	202.101.225.1	ISAKMP	102	Quick Mode

图 2-3　IKE 协商

4. IPSec 报文分析

在实际 IPSec 网络环境中捕获的报文如图 2-4 所示。

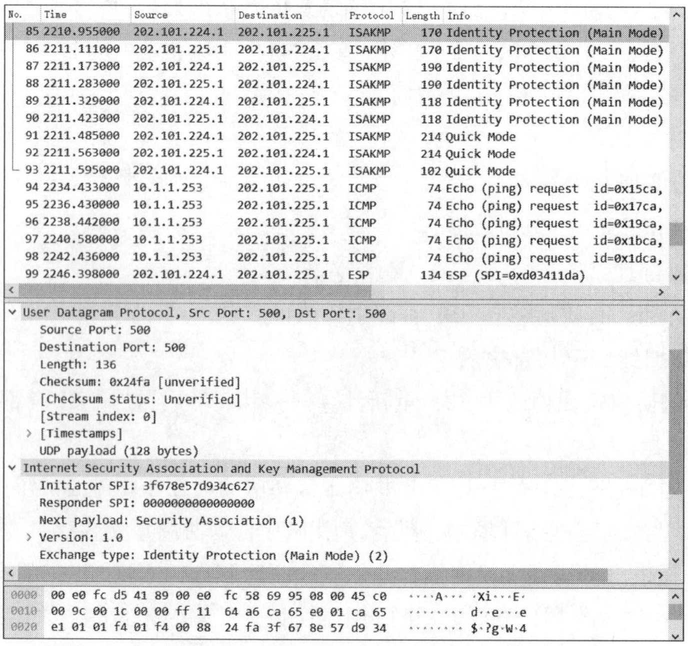

图 2-4　Wireshark 查看捕获到的数据

查看 99 号帧，IP 首部中协议字段值为 50，说明 IP 数据报中封装的是 ESP 数据，ESP SPI 为十六进制数 d03411da，ESP 序列号为 16777216，如图 2-5 所示。

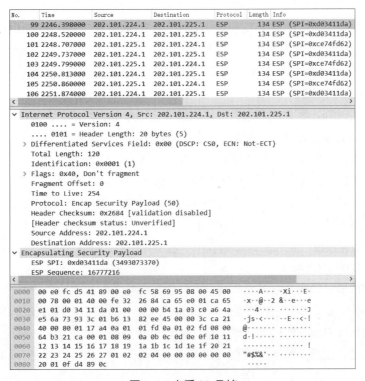

图 2-5　查看 99 号帧

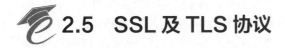

2.5　SSL 及 TLS 协议

2.5.1　SSL 概述

安全套接层（SSL）是位于可靠的面向连接的网络层协议和应用层协议之间的一种协议。SSL 通过互相认证、使用数字签名确保完整性、使用加密确保私密性，以实现客户端和服务器之间的安全通信。SSL 提供认证服务、数据加密服务和维护数据完整性服务。

1. 服务器认证阶段

（1）客户端向服务器发送一个"Hello"信息，要和服务器建立安全 SSL 连接。

（2）服务器根据客户端信息，确定是否需要生成新的主密钥，如需要，则服务器在响应客户的"Hello"信息时将包含生成主密钥所需的信息。

（3）客户根据收到的服务器响应信息，产生一个主密钥，并用服务器的公开密钥加密后传给服务器。

（4）服务器回复该主密钥，并返回给客户一个用主密钥认证的信息，以此让客户认证服务器。

2. 用户认证阶段

在此之前，服务器已经通过了客户认证，这一阶段主要完成对客户的认证。经认证的服务器发送一个提问给客户，客户则返回数字签名后的提问和其公开密钥，从而向服务器提供认证。

SSL 协议的工作流程分为服务器认证阶段和用户认证阶段。

2.5.2 SSL 的体系结构

SSL 协议由 SSL 记录协议和 SSL 握手协议两层组成。SSL 记录协议建立在可靠的传输协议，如 TCP 之上，为高层协议提供数据封装、压缩、加密等基本功能的支持。SSL 握手协议建立在 SSL 记录协议之上，会话层之下，用于在实际的数据传输开始前，通信双方进行身份认证、协商加密算法、交换加密密钥等。

SSL 通过握手过程在客户端和服务器之间协商会话参数，并建立会话。一次会话过程通常会发起多个 SSL 连接来完成任务，例如一次网站的访问可能需要多个 HTTP/SSL/TCP 连接来下载其中的多个页面，这些连接共享会话定义的安全参数。这种共享方式可以避免为每个 SSL 连接单独进行安全参数的协商，而只需在会话建立时进行一次协商，提高了效率。

每一个会话或连接都存在一组与之相对应的状态，会话或连接的状态表现为一组与其相关的参数集合，最主要的内容是与会话或连接相关的安全参数的集合，用会话或连接中的加密解密、认证等安全功能实现。在 SSL 通信过程中，通信算法的状态通过 SSL 握手协议实现同步。

1. 握手协议的工作过程

（1）客户端的浏览器向服务器发起请求，包含客户端 SSL 协议的版本号，加密套件候选列表，压缩算法候选列表，产生的随机数，以及其他服务器和客户端之间通信所需要的各种信息。

（2）服务器向客户端返回协商结果信息，包含 SSL 协议的版本号，选择的加密套件，选择的压缩算法，随机数以及其他相关信息，其中随机数用于后续的密钥协商。同时服务器还将向客户端传送自己的证书。

（3）客户端利用服务器传过来的信息验证服务器的合法性，服务器的合法性包括：证书是否过期，发行服务器证书的证书颁发机构（Certificate Authority，CA）是否可靠，发行者证书的公钥能否正确解开服务器证书的"发行者的数字签名"，服务器证书上的域名是否和服务器的实际域名相匹配。如果合法性验证没有通过，通信将断开；如果合法性验证通过，将继续进行步骤（4）。

（4）用户端随机产生一个用于后面通信的"对称密钥"，然后用服务器的公钥对其进行加密，服务器的公钥从步骤（2）中的服务器的证书中获得，然后将加密后的"预主密钥"传给服务器。

（5）如果服务器要求客户端的身份认证，在握手过程中为可选，用户可以建立一个随机数然后对其进行数据签名，将这个含有签名的随机数和客户端自己的证书以及加密过的"预主密钥"一起传给服务器。

（6）如果服务器要求客户的身份认证，服务器必须检验客户证书和签名随机数的合法性，具体的合法性验证过程包括：客户证书的使用日期是否有效，为客户提供证书的 CA 是否可靠，发行 CA 的公钥能否正确解开客户证书的发行 CA 的数字签名，检查客户的证书是否在证书废止列表（Certificate Revocation List，CRL）中。检验如果没有通过，通信立刻中断；如果验证通过，服务器将用自己的私钥解开加密的"预主密钥"，然后执行一系列步骤来产生主通信密钥，客户端也将通过同样的方法产生相同的主通信密钥。

（7）服务器和客户端用相同的主密钥即"通话密钥"，一个对称密钥用于 SSL 协议的安全数据通信的加解密通信。同时在 SSL 通信过程中还要完成数据通信的完整性，防止数据通信中的任何变化。

（8）客户端向服务器发出信息，指明后面的数据通信将使用的步骤（7）中的主密钥为对称密钥，同时通知服务器客户端的握手过程结束。

（9）服务器向客户端发出信息，指明后面的数据通信将使用的步骤（7）中的主密钥为对称密钥，同时通知客户端服务器的握手过程结束。

（10）SSL 的握手部分结束，SSL 安全通道的数据通信开始，客户和服务器开始使用相同的对称密钥进行数据通信，同时进行通信完整性的检验。

2．SSL 记录协议的工作过程

SSL 记录协议在客户端和服务器握手成功后使用，进入 SSL 记录协议。

（1）发送方的工作过程。

① 从上层接收要发送的数据。

② 对信息进行分段，分成若干记录。

③ 使用指定的压缩算法进行数据压缩，该步骤为可选步骤。

④ 使用指定的消息认证码（Message Authentication Code，MAC）算法生成 MAC。

⑤ 使用指定的加密算法进行数据加密。

⑥ 添加 SSL 记录协议的头，发送数据。

（2）接收方的工作过程。

① 接收数据，从 SSL 记录协议的头中获取相关信息。

② 使用指定的解密算法解密数据。

③ 使用指定的 MAC 算法校验 MAC。

④ 使用压缩算法对数据解压缩。

⑤ 将记录进行数据重组。

⑥ 将数据发送给高层。

2.5.3 SSL 协议的应用

扩展验证（Extended Validation，EV）SSL 证书，该证书经过最彻底的身份验证，确保证书持有组织的真实性。独有的绿色地址栏技术将循环显示组织名称和作为 CA 的全球标志名称，从而最大限度上确保网站的安全性，树立网站可信形象，不给欺诈钓鱼网站以可乘之机。

对线上购物者来说，绿色地址栏是验证网站身份及安全性的最简便可靠的方式。在 Windows 10 自带的 Microsoft Edge、IE 11、Firefox v88.0、Opera v76.0 等新一代高安全浏览器下，使用 EV SSL 证书网站的浏览器地址栏会自动呈现绿色，从而清晰地告诉用户正在访问的网站是经过严格认证的。此外，绿色地址栏邻近的区域还会显示网站所有者的名称和颁发证书机构名称，这些均向客户传递同一信息，该网站身份可信，信息传递安全可靠，而非钓鱼网站。

2.5.4 TLS 协议

TLS 协议的前身是 SSL 协议，用于两个应用程序之间提供保密性和数据完整性，防止在交换数据时被窃听或篡改。TLS 是可选协议，必须配置客户端和服务器才能使用。TLS 运行于 TCP 基础之上。

客户端与服务器在通过 TLS 交换数据之前，必须协商建立加密信道。TCP 连接建立后，客户端发送一些协商信息，如 TLS 协议版本，支持的密码套件列表等。

服务器挑选 TLS 协议版本，在加密套件列表中挑选一个密码套件，附带自己的证书，并将响应返回给客户端。服务器也可以发送对客户端的证书认证请求和其他 TLS 扩展参数。

双方协商好一个共同的 TLS 版本和加密算法，客户端使用服务器提供的证书，生成新的对称密钥，用服务器的公钥进行加密，并告诉服务器切换到加密通信流程。切换到加密通信前，除了采用服务器公钥加密的对称密钥外，其他被交换的数据都是以明文方式传输。

服务器用自己的私钥解密客户端发过来的对称密钥，通过验证 MAC 检查消息的完整性，并返回给客户端一个加密的 Finished 的消息。

客户端采用对称密钥解密消息，并验证 MAC，建立好加密隧道，应用程序即可发送数据。

完整的 TLS 握手需要额外延迟和计算，为所有需要安全通信的应用带来了严重的性能损耗。为了减少一些性能损耗，TLS 提供恢复机制，即多个连接之间共享相同的协商密钥数据。

为确保通信的对方是可信任的，在实际应用中借助 CA 来颁发证书，在浏览器中指定可信任的 CA，CA 负责验证访问的每个网站，并进行审核，以确认这些证书没有被滥用或受损害。如果任何网站违反了 CA 的证书安全性规定，那么 CA 有责任撤销其证书。每个证书颁发机构维护并定期发布一份吊销证书序列号列表。

TLS 握手成功后，进入 TLS 记录协议，接收应用数据，对数据进行分块、压缩、添加 MAC 或哈希消息认证码（Hash-based Message Authentication Code，HMAC），使用协商的加密算法加密数据，加密的数据向下传递到 TCP 进行传输。

2.6　HTTPS 协议

HTTPS（HyperText Transfer Protocol over Secure Socket Layer，超文本传输安全协议）是以安全为目标的 HTTP 通道，在 HTTP 下加入了 SSL 层。HTTPS 提供了身份验证与加密通信的方法，协议的主要作用有两种；一种是建立一个信息安全通道，来保证数据传输的安全；另一种是确认网站的真实性。现在，它被广泛应用于万维网上安全敏感的通信。

2.6.1　HTTPS 概述

HTTPS 是 HTTP 协议和 SSL/TLS 的组合，用以加密 HTTP 的通信内容和对网站服务器的身份认证。

HTTP 协议传输数据时是明文传输，在数据被捕获后就能看到传输的数据，这不能为敏感信息提供保护。在采用 SSL/TLS 后，HTTP 就拥有了 HTTPS 的加密、证书和完整性保护功能。SSL/TLS 介于应用层和传输层之间，应用层数据不再直接传递给传输层，而是传递给 SSL/TLS 层，SSL/TLS 层对从应用层收到的数据进行加密，利用数据加密、身份验证和消息完整性验证机制，为网络上数据的传输提供安全性保证。HTTPS 经常用于 Web 登录页面、交易支付和企业信息系统中敏感信息的传输。

1994 年，网景公司 Netscape 创建 SSL 并应用到其浏览器中，IETF 接手该协议后更名为 TLS。2014 年起，谷歌开始计划在 Chrome 浏览器上针对 HTTP 协议的不安全性对用户发出警告，并逐步升级警告范围，最终目标是将所有 HTTP 网站标记红色"不安全"警告，推动网站迁移至更安全的 HTTPS 加密协议，Firefox、Safari 等主流浏览器纷纷加入行列。最新版 Chrome 浏览器已经对所有 HTTP 网站标记"不安全"，并对需要输入字段的 HTTP 页面标记红色"不安全"警告。

HTTP 和 HTTPS 的区别如表 2-1 所示。

表 2-1　HTTP 和 HTTPS 的区别

协议	是否加密	端口	访问网站地址头	安全性	响应速度	建 立 连 接	耗费资源
HTTP	明文传输	80	http://	较差	快	TCP 三次握手	少
HTTPS	加密传输	443	https://	较好	慢	TCP 三次握手 +SSL 九次握手	多

2.6.2　HTTPS 通信过程

SSL 一次握手：用户在浏览器里面输入一个 HTTPS 网址，按【Enter】键，连接服务器的 443 端口，客户端通过 Client Hello 报文开始 SSL 通信，报文中包含客户端发送给服务器的随机数、客户端支持的 SSL 版本、支持的加密算法和密钥长度等。

SSL 二次握手：服务器回复 Server Hello，可进行 SSL 通信，报文中包含服务器发送给客户端的随机数、服务器支持的 SSL 版本、使用的加密算法和密钥长度等，服务器使用的加密算法是从客户端的加密算法中筛选出来的。

SSL 三次握手：服务器发送 Server Certificate 报文，报文中包含公开密钥证书。

SSL 四次握手：服务器发送 Server Hello Done 报文通知客户端,结束 SSL 握手的最初阶段。此阶段结束后客户端进行证书校验，产生随机数字 Pre-master。

SSL 五次握手：客户端回复 Client Key Exchange 报文，报文中包含已用公钥加密的随机密码串。

客户端和服务器用自己的随机数、对端的随机数和 Pre-master 一起计算对称密钥。

SSL 六次握手：客户端继续发送 Change Cipher Spec 报文，提示服务器通信采用 Pre-master secret 密钥加密。

SSL 七次握手：客户端发送 Finished 报文，加密传输所有协商好的参数。若服务器正常解密 Finished 报文则握手成功。

SSL 八次握手：服务器同样发送 Change Cipher Spec 报文。

SSL 九次握手：服务器同样发送 Finished 报文，建立 SSL 连接，保护此后的通信。

TCP 一次握手：客户端发送 HTTP 请求。

TCP 二次握手：服务器发送 HTTP 响应。

TCP 三次握手：客户端发送 Close_notify 报文断开连接，发送 TCP FIN 报文关闭与 TCP 的通信。

2.6.3　HTTPS 通信过程实例

本实例首先使用 Wireshark 捕获 HTTPS 数据流，利用缓存中的扩展名为 .log 的文件，获取浏览器缓存的密钥，之后再次捕获 HTTPS 数据流，得到 HTTP 数据流。

本例中需使用 Wireshark 软件，Wireshark 软件的具体应用见本书 3.1 节。

运行 Wireshark，选择无线网卡，开始捕获。打开 Chrome 浏览器，在浏览器地址栏输入 https://www.baidu.com,停止捕获，退出浏览器,设置过滤条件为 ssl。捕获的数据流如图 2-6 所示，查看数据，可以看出在握手完成之后，协议都是 TLS，数据流都是加密的。退出 Wireshark，不保存捕获的文件。

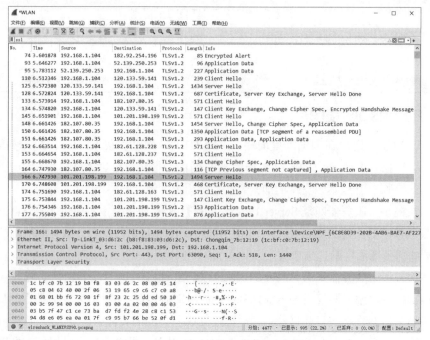

图 2-6　Wireshark 捕获的 ssl 数据流

通过浏览器缓存的 TLS 会话中使用的对称密钥来转换数据流。浏览器通过安全的通信信道接收到加密的数据，部分浏览器会存储密钥，获取了浏览器存储的密钥后即可将新捕获的 HTTPS 数据流转换成 HTTP 数据流。

以 Windows 10 系统上运行 Chrome 浏览器为例，导出浏览器缓存的密钥。打开"此电脑"窗口，右击空白处，在弹出的快捷菜单中选择"属性"命令，单击"高级系统设置"，打开"系统属性"对话框，单击"环境变量"按钮，单击"新建"按钮，输入变量名 SSLKEYLOGFILE，单击"变量值"文本框，单击"浏览文件"按钮，选择"此电脑"，选择 D: 盘，选择 test 文件夹，在打开对话框的"文件名"文本框中输入 sslkey.log，单击"打开"按钮，如图 2-7 所示。

注意：在指定 SSLKEYLOGFILE 变量值的过程中，如果本地计算机上不存在相应的文件夹和文件，只需在相应文件夹中新建文件夹和文件即可。

单击图 2-8 所示对话框中的"确定"按钮。

图 2-7　导出浏览器存储的密钥 1

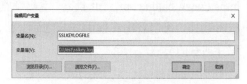

图 2-8　导出浏览器存储的密钥 2

单击图 2-9 所示对话框中的"确定"按钮。

单击图 2-10 所示对话框中的"确定"按钮。

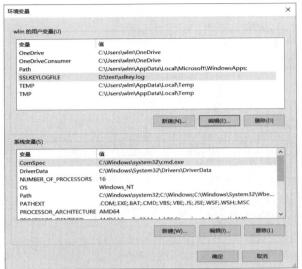
图 2-9 导出浏览器存储的密钥 3

图 2-10 导出浏览器存储的密钥 4

再次运行 Chrome 浏览器，打开百度网站，退出浏览器，打开 D 盘中的 test 文件夹，查看生成的 sslkey.log 文件。

再次运行 Wireshark 软件，单击"编辑"菜单→"首选项"命令，Protocols 项→ TLS，单击 (Pre)-Master-Secret log filename 项后的"浏览"按钮，找到导出的密钥，如图 2-11 所示，单击"打开"按钮。

指定图 2-12 所示浏览器存储的密钥，单击"OK"按钮，退出 Wireshark 软件。

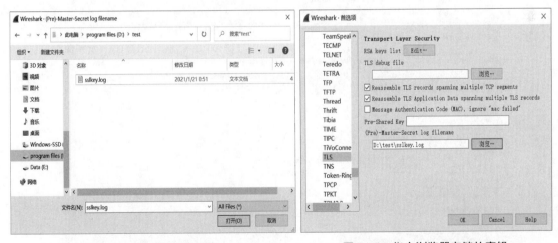

图 2-11 找到导出的密钥　　　　　　　图 2-12 指定浏览器存储的密钥

再次运行 Wireshark 软件并开始捕获分组，再次运行 Chrome 浏览器，输入百度的网址 https://www.baidu.com，当百度首页在浏览器中显示后停止捕获分组，应用 http 过滤器，如图 2-13 所示。

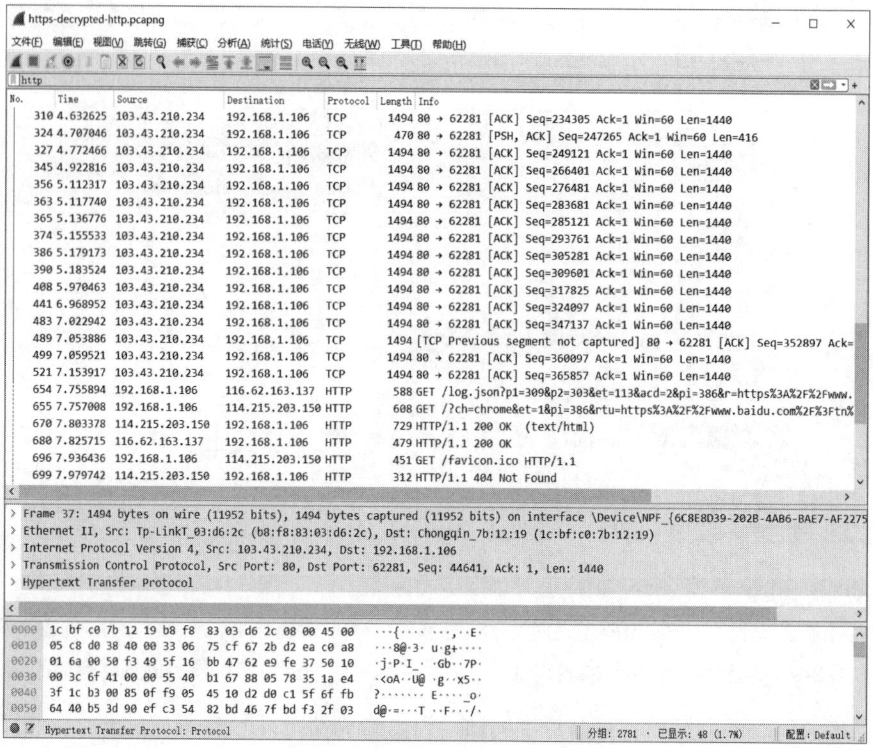

图 2-13 捕获的 HTTP 数据

从图 2-13 中可以看出在握手完成之后，协议 Protocol 字段的值都是 HTTP。HTTPS 数据流已转换成 HTTP 数据流。右击图 2-13 中序号为 670 的分组，选择追踪流→HTTP 流，单击 Show data as 项，选择 UTF-8，即可查看网页 HTML 代码，如图 2-14 所示。

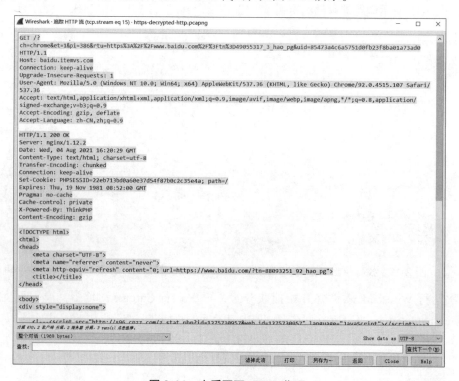

图 2-14 查看网页 HTML 代码

小　结

本章首先介绍了网络安全的概念和属性、网络安全协议、TCP/IP 网络安全体系，以及什么是 IPSec，讨论了 IPSec 框架结构、工作模式，以华为路由器为例说明了采用默认配置通过 IKE 协商方式建立 IPSec 隧道组网的配置步骤，抓包讲解了 IKE 协商的过程和 ESP 数据格式；然后介绍了什么是 HTTPS，比较了 HTTP 和 HTTPS 的区别，举例说明了使用 Wireshark 捕获 HTTPS 数据，查看 HTTPS 通信过程，并将 HTTPS 数据转换成 HTTP 数据。通过对本章内容的学习，读者能够加深对网络协议安全的理解，为后续学习打下良好基础。

习　题

一、单选题

1. IPSec 协议中，双向身份认证由（　　）协议执行。
   A. AH　　　　　　B. IKE　　　　　　C. ESP　　　　　　D. IP
2. 关于 AH 协议，叙述错误的是（　　）。
   A. 只提供数据完整性保护　　　　　B. 可以检测出被篡改的 MAC 地址
   C. 可以检测出被篡改的源 IP 地址　　D. 可以检测出被篡改的 IP 荷载
3. 关于 ESP 协议，以下叙述错误的是（　　）。
   A. 能对 IP 分组荷载和 ESP 尾部提供保密性保护
   B. 能检测出对 ESP 首部的篡改
   C. 能检测对源 IP 地址的篡改
   D. 能检测出对 IP 荷载的篡改
4. 以下（　　）不是 IPsec 的安全功能。
   A. 端到端可靠传输　B. 双向身份鉴别　C. 数据完整性检测　D. 数据加密
5. IPSec 属于（　　）上的安全机制。
   A. 传输层　　　　　B. 应用层　　　　　C. 数据链路层　　　D. 网络层
6. SSL 不提供的服务是（　　）。
   A. 认证服务　　　　B. 数据加密　　　　C. 数据解密　　　　D. 维护数据完整性
7. （　　）经常用于 Web 登录页面、交易支付和企业信息系统中敏感信息的传输。
   A. HTTP　　　　　B. FTP　　　　　　C. SMTP　　　　　D. HTTPS
8. 以下选项不是物理层安全问题的是（　　）。
   A. ARP 欺骗　　　　B. 设备被盗　　　　C. 设备损坏　　　　D. 信息窃听
9. 以下不是针对传输层攻击的是（　　）。
   A. 端口扫描　　　　　　　　　　　　B. 伪造数据包 IP 地址
   C. 会话劫持　　　　　　　　　　　　D. TCP SYN Flood 攻击
10. TLS 运行于（　　）基础之上，应用层之下。
    A. 物理层　　　　　B. 传输层　　　　　C. 数据链路层　　　D. 网络层

二、填空题

1. ESP 协议的传输模式下加密的范围是_____和_____，认证的范围是_____、_____和_____。
2. ESP 协议的传隧道模式下加密的范围是_____和_____，认证的范围是_____、_____和_____。
3. IPSec 协议的工作模式包括_____和_____。
4. ESP 使用 DES、3DES、AES 等实现数据加密，默认加密算法为_____算法，使用_____、_____算法保证数据完整性和真实性。
5. ARP 是一个用来将_____地址解析为_____地址的协议。
6. ARP 最大的安全风险是_____。
7. HTTPS 是_____协议和_____的组合用以加密 HTTP 的通信内容和对网站服务器的身份认证。
8. 用户在浏览器里面输入一个 HTTPS 网址，按【Enter】键，连接服务器的_____端口。
9. IPSec 提供了两种安全机制：_____和_____。
10. DNS 的绝大部分通信使用不可靠的_____协议，数据报文容易丢失，也容易受到劫持和欺骗。
11. 客户端与服务器在通过 TLS 交换数据之前，必须协商建立_____。
12. IPSec 将 IP 首部中协议字段改成 IPSec 的协议号_____。

三、判断题

1. 独有的红色地址栏技术将循环显示组织名称和作为 CA 的全球标志名称，从而最大限度地确保网站的安全性。（   ）
2. HTTPS 协议传输数据时明文传输。（   ）
3. HTTP 协议耗费资源少。（   ）
4. 切换到加密通信前，除了采用服务器的公钥加密的对称密钥外，所有被交换的数据都是以明文方式传输。（   ）
5. 数据链路层存在着明文发送用户名和密码、身份认证、篡改 MAC 地址、网络嗅探等安全性威胁。（   ）
6. 防范电子邮件安全风险，可对电子邮件进行解密，采用防火墙技术，及时升级病毒库，识别邮件病毒等。（   ）
7. SSL 认证阶段客户端向服务器发送一个 Hello 信息，要和服务器建立安全 SSL 连接。（   ）

四、简答题

1. 简述网络安全的属性。
2. 简述 HTTP 和 HTTPS 的区别。

第 3 章

网络协议分析工具

网络协议分析工具是学习网络协议的重要工具，本章将就常见的网络协议分析工具 Wireshark 和 Tcpdump 进行讲解。

学习目标

通过对本章内容的学习，学生应该能够做到：

（1）了解：Wireshark 和 Tcpdump 的原理和应用领域。

（2）理解：Wireshark 常见过滤规则和 Tcpdump 基本命令。

（3）应用：掌握本章所介绍的 Wireshark 和 Tcpdump，并能够在协议分析中灵活应用。

3.1 Wireshark

3.1.1 Wireshark 简介

Wireshark 是一款广泛使用的数据包捕获和分析软件。它可以从微观层面看到网络上正在发生的事情，如了解网络通信的内容、分析网络协议、分析网络故障、分析程序功能、分析病毒木马等，是许多商业机构和非营利性企业、政府和教育机构事实上的标准。利用它可将捕获到的各种网络协议的二进制数据流解码成待分析数据，将待分析数据进行分析后展示成人们容易读懂和理解的文字和图表等形式。

1. Wireshark 的发展历史

Wireshark 的前称是 Ethereal，1998 年 7 月 GeraldCombs 发布第一个版本 V0.2.0，是一款开源工具软件，任何人都可以自由下载，也可以参与共同开发，至今已有 100 多位网络专家和软件开发人员参与软件的升级完善和维护。2006 年 6 月，Ethereal 更名为 Wireshark。2008 年，Wireshark 实现了 V1.0，该版本实现了最低功能，被视为完整版本。2015 年，发布 Wireshark V2.0，形成了新的用户界面。2019 年，发布 Wireshark V3.0，添加 IP 地图功能。截至 2021 年 5 月，最新版本为 Wireshark V3.4。

2. Wireshark 的特点

（1）深入检查数百个协议，并不断增加更多协议。

（2）实时捕获、离线分析。

（3）标准三窗格数据浏览器。

（4）支持多平台运行，如 Windows、Linux、macOS、FreeBSD、Solaris、NetBSD 等平台。

（5）通过 GUI 或通过 TTY 模式 TShark 实用程序浏览捕获的网络数据。

（6）最强大的显示过滤器。

（7）丰富的 VoIP 分析。

（8）读/写许多不同格式的捕获文件，如 tcpdump、Pcap NG、Catapult DCT2000 trace、InfoVista 5View capture、Microsoft Network Monitor、Endace ERF capture、Sniffer、Cinco NetXray、Network Instruments Observer、EyeSDN USB S0/E1 ISDN trace、Novell LANalyzer、HP-UX nettl trace、Colasoft Capsa、Micropross mplog、TamoSoft Commview、Symbian OS btsnoop 等。

（9）快速解压缩使用 gzip 压缩的捕获文件。

（10）可从以太网、IEEE 802.11、PPP/HDLC、ATM、蓝牙、USB、令牌环、帧中继、FDDI 等读取实时数据，具体取决于软件的运行平台。

（11）支持对许多协议的解密，包括 IPsec、ISAKMP、Kerberos、SNMPv3、SSL/TLS、WEP 和 WPA/WPA2。

（12）对数据包列表应用着色规则以进行快速、直观的分析。

（13）可以将捕获的文件导出为 XML、PostScript、CSV 或纯文本文件。

Wireshark 使用 WinPCAP 作为接口，直接与网卡进行数据报文交换。可以打开 Sniffer、Tcpdump 等软件抓取的包进行分析。

3. 系统需求

Wireshark 对系统的需求取决于系统环境和待分析的捕获文件的大小。

（1）Windows。Wireshark 支持 Windows 10/8.1、Server 2019、Server 2016、Server 2012 R2 和 Server 2012。安装运行 Wireshark 需要的条件如表 3-1 所示。

表 3-1　安装运行 Wireshark 需要的条件

种　类	需　求
处理器	64 位 AMD64/x86-64 或 32 位 x86 处理器
内存	500 MB 及以上
磁盘空间	500 MB 及以上
显示器	1 024×1 280 像素或更高分辨率
网卡	以太网、802.11 及其他

（2）UNIX、Linux 和 BSD。Wireshark 可以运行于大部分 UNIX 和类 UNIX 平台，包括 Linux 和大多数 BSD。二进制包可用于大多数 UNIX 和 Linux，包括 Alpine Linux、Arch Linux、Canonical Ubuntu、Debian GNU/Linux、FreeBSD、Gentoo Linux、HP-UX、NetBSD、OpenPKG、Oracle Solaris、Red Hat Enterprise Linux/CentOS/Fedora。

4. 在 Windows 下安装 Wireshark

Windows 安装程序名称包含平台和版本，例如，Wireshark-win64-3.4.2.exe 的安装平台为 64 位 Windows，软件版本为 Wireshark 3.4.2。Wireshark 安装程序包括数据包捕获所需的 Npcap。Windows 安装程序需通过 Wireshark 官方网站 https://www.wireshark.org/download.html 下载，软件由 Wireshark

基金会签署。安装时可以选择安装多个可选组件，并选择安装位置，建议使用默认设置安装。

在安装程序"选择组件"页上，可以选择以下内容：

（1）Wireshark 网络协议分析软件。

（2）TShark 命令行网络协议分析软件。

（3）插件和扩展（解剖插件、树统计插件、配合 - 元分析和跟踪引擎、SNMP MIBs）。

（4）工具（Editcap、Text2Pcap、重新排序帽、合并帽、Capinfos、Rawshark）。

（5）用户指南。

3.1.2 Wireshark 应用领域

使用 Wireshark 的人员大致分为五类，各类人员使用 Wireshark 的目的如下：

（1）网络管理员用它来检测网络问题，如检测网络活动、监测网络用户的行为、测试网络性能参数、排除网络故障。

（2）网络安全工程师用它来检查安全相关内容，如监测网络日常安全、捕获分析网络恶意代码、追踪黑客的活动。

（3）质量管理工程师用它来验证网络应用程序。

（4）开发人员用它来为新的通信协议排错。

（5）普通使用者用它来学习网络协议的知识，如教师用它进行教学、实验，学生用它学习、实验、科研等。

3.1.3 Wireshark 主要窗口及功能

Wireshark 安装好后即可运行，运行界面如图 3-1 所示。

图 3-1 Wireshark 运行界面

捕获无线网卡的流量后界面如图 3-2 所示。

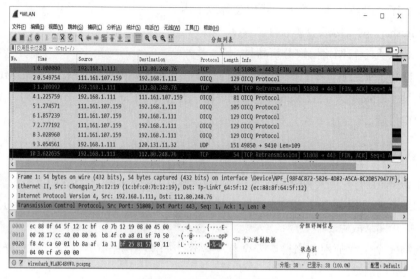

图 3-2　捕获无线网卡流量

1. 菜单栏

菜单栏实现了 Wireshark 软件的全部功能，各菜单具体功能如下：

（1）文件：打开、保存和导出捕获的文件。

（2）编辑：复制、查找或标记分组。

（3）视图：设置 Wireshark 视图。

（4）跳转：跳转到捕获的分组。

（5）捕获：设置捕获过滤器并开始捕获。

（6）分析：设置分析选项。

（7）统计：查看统计信息。

（8）电话：显示与电话有关流量的统计信息。

（9）无线：显示蓝牙和 IEEE 802.11 无线统计信息。

（10）工具：提供各种工具。

（11）帮助：提供用户帮助信息。

主工具栏提供了从菜单栏中快速访问常用项的功能。该栏目用户无法自定义，但可以通过"查看"菜单隐藏。主工具栏工具功能如表 3-2 所示。

表 3-2　主工具栏工具功能

工具栏图标	功　　能	对应菜单项
	开始捕获分组	捕获→开始
	停止捕获分组	捕获→停止
	重新开始捕获分组	捕获→重新开始
	捕获选项	捕获→选型
	打开已保存的捕获文件	文件→打开
	保存捕获文件	文件→保存（另存为）

续表

工具栏图标	功　　能	对应菜单项
	关闭捕获文件	文件→关闭
	重新加载文件	视图→重新加载
	查找分组	编辑→查找
	转到前一个分组	跳转→前一个分组
	转到下一个分组	跳转→下一个分组
	转到特定分组	跳转→转至分组
	转到首个分组	跳转→首个分组
	转到最新分组	跳转→最新分组
	在实时捕获时，自动滚动屏幕到最新的分组	跳转→实时捕获时自动滚动
	使用着色规则来绘制分组	视图→着色分组列表
	放大主窗口文本	视图→缩放→放大
	收缩主窗口文本	视图→缩放→缩小
	使主窗口文本返回正常大小	视图→缩放→普通大小
	调整分组列表以适应内容	视图→调整列宽

2．过滤器工具栏

过滤器工具栏提供了快速编辑和应用显示过滤器的接口。

（1）书签：管理或选择已保存的过滤器。

（2）应用显示过滤器 … <Ctrl-/>显示过滤器输入文本框：输入或编辑显示的过滤器字符串。在输入过滤字符串时，Wireshark 要进行语法检查，如果输入的字符串无效，背景将变为红色；如果输入的字符串有效，背景将变为绿色。若更改了某些内容，要单击 Apply 按钮，将更改应用于显示。注意：显示过滤器输入之后要按【Enter】键才会生效。在大文件里应用过滤显示器会有延迟。

（3）清除：清除编辑区域或者重置当前显示过滤器。

（4）应用：将当前值应用到编辑区域作为新的显示过滤器。

（5）：从以前使用的过滤器中选择。

（6）：添加一个显示过滤器按钮。

3．分组列表

显示已经捕获的分组。

4．分组详细信息

显示在分组列表中选中项目的详细信息。

5．十六进制数据

与"分组详细信息"相似，显示为十六进制格式。

6．状态栏

显示捕获文件名、当前分组数目、选定的配置文件。

3.1.4　Wireshark 常见过滤规则

Wireshark 提供了一种显示过滤语言，能够精确地控制显示哪些分组，用于检查是否存在协议或字段、字段的值，可以比较两个字段，可以与逻辑运算符（如 and 和 or）以及圆括号组合成复杂的表达式。最简单的显示过滤器是显示单个协议的过滤器。要仅显示包含特定协议的分组，在 Wireshark 的显示过滤器工具栏编辑区域中输入协议。例如，要仅显示 HTTP 分组，在 Wireshark 的显示过滤器工具栏编辑区域中输入 http。

Wireshark 常见过滤规则包括条件匹配规则、IP 地址、协议等。

1. 条件匹配规则

（1）比较操作符：

① ==/eq：等于。

② !=/ne：不等于。

③ </lt：小于。

④ >/gt：大于。

⑤ >=/ge：大于等于。

⑥ <=/le：小于等于。

⑦ contains：包含。

⑧ matches/ ~：正则匹配。

⑨ bitwise_and/&：位与且非 0。

（2）逻辑操作符：

① and/&&：逻辑与。

② or/||：逻辑或。

③ not/!：逻辑非。

④ xor/^^：逻辑异或。

⑤ in：集合成员。

2. IP 地址

（1）ip.addr：来源 IP 地址或者目标 IP 地址。

（2）ip.src：来源 IP 地址。

（3）ip.dst：目标 IP 地址。

3. 协议

ARP、IP、ICMP、UDP、TCP、BOOTP、DNS、HTTP、SMTP、FTP 等。

注意：过滤器分为显示过滤器和捕获过滤器，捕捉过滤器是 Wireshark 的第一层过滤器，确定了捕获哪些分组，舍弃哪些分组；显示过滤器是 Wireshark 的第二层过滤器，是在捕捉过滤器的基础上只显示符合规则的分组信息。

以下举例说明如何设置显示过滤器的过滤规则。

（1）显示 IP 地址为 193.168.0.1 的分组：

```
ip.add==193.168.0.1
```

（2）显示 HTTP 或 Telnet 的分组：

```
http or telnet
```

（3）显示高于 2048 的端口的 UDP 分组：

```
udp.port>=2048
```

（4）显示请求的 URI 中包含 user 关键字的分组：

```
http.request.uri matches "user"
```

（5）显示 HTTP、过滤掉 JPG/PNG/ZIP 的分组：

```
http.request and !((http.request.full_uri matches "http://.*\.jpg.*") or
(http.request.full_uri matches "http://.*\.png.*") or (http.request.full_uri
matches "http://.*\.zip.*"))
```

3.1.5 Wireshark 使用实例

本节以捕获 360 安全人才能力发展中心网站的 HTTP 流量为例，介绍 Wireshark 软件的使用。捕获数据包，查看 HTTP 请求和响应包的 HTML 代码和数据等，操作步骤如下：

由于访问该网站使用的是 HTTPS 协议，数据均加密，如要查看 HTML 代码，要捕获到 HTTP 数据流。浏览 HTTPS 网站，捕获 HTTP 数据流的方法参考第 2 章。运行 Wireshark，选择网卡，单击捕获选项 ◉，打开图 3-3 所示的对话框。当前计算机使用无线网卡接入 Internet，单击选择接口 WLAN，单击"开始"按钮开始捕获。

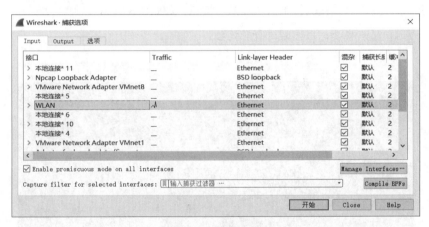

图 3-3 捕获选项

打开浏览器，在地址栏输入 https://university.360.cn/，访问该网站，如图 3-4 所示。

图 3-4 浏览 360 安全人才能力发展中心

单击"登录"按钮，如图 3-5 所示。

图 3-5　准备登录

输入用户名、密码、验证码，单击"登录"按钮，如图 3-6 所示。

注意：为保证用户安全，用户名进行了遮挡。

图 3-6　登录后

打开 Wireshark 软件，单击"停止"按钮停止捕获，捕获结果如图 3-7 所示。结果表明，总计捕获了 1 158 个分组。

要在捕获结果中查看访问该网站的 HTTP 流量，首先需要知道该网站的 IP 地址，以其 IP 地址作为部分过滤条件。查看 IP 地址的方法为：在 Windows 的命令提示符窗口中，运行 nslookup university.360.cn，运行结果如图 3-8 所示。由地址解析结果可知，该网站的 IP 地址为 36.110.236.51。

应用"ip.addr==36.110.236.51 and http"过滤器，筛选 university.360.cn 的 HTTP 流量。应用过滤器后，筛选出两个 HTTP 分组，如图 3-9 所示。

从图 3-9 中可以看出，序号为 746 的分组为 HTTP 请求包，序号为 751 的分组为 HTTP 响应包。右击序号为 746 的分组，选择追踪流→HTTP 流，单击 Show data as，选择 UTF-8，查看网页 HTML 代码，如图 3-10 所示。

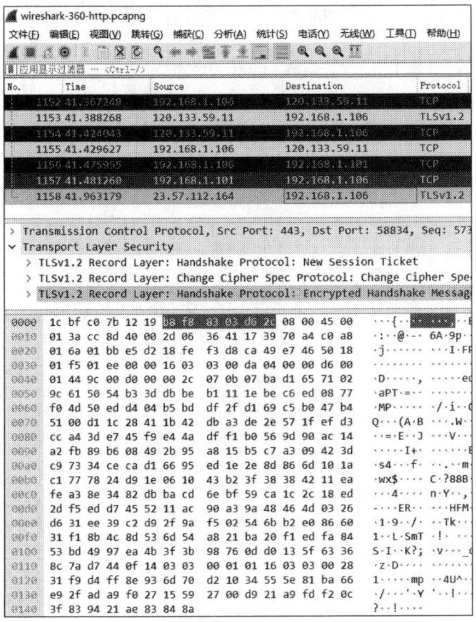

第 3 章　网络协议分析工具

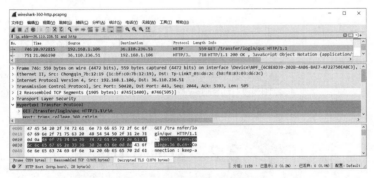

图 3-7　捕获结果

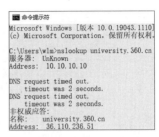

图 3-8　IP 地址解析

图 3-9　捕获的 HTTP 数据

图 3-10　查看 HTML 代码

单击展开序号为 751 的分组，查看分组详细信息和十六进制数据，如图 3-11 所示。由图可知 JSON 数据包作为数据部分封装在 HTTP 数据包中，其中包含 userinfo 信息。

注意：为保证用户数据安全，对敏感数据已进行模糊处理。

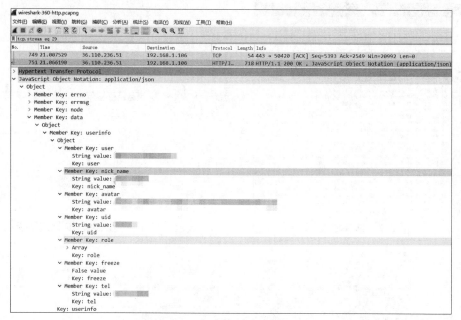

图 3-11　解封装 HTTP 数据分组

3.2　Tcpdump

3.2.1　Tcpdump 简介

Tcpdump 全称为 Dump The Traffic On a Network，相较于 Wireshark 来说，Tcpdump 是 Linux 中强大的数据采集分析工具。熟练掌握 Tcpdump 可以方便用户跟踪解决网络丢包、重传、数据库链路调用等问题，是网络运维人员必备的工作利器。

Tcpdump 提供源代码，公开接口，因此具备很强的可扩展性，对于网络维护人员和入侵者来说都是非常有用的工具。使用 Tcpdump 工具需要将网络接口置于混杂模式，普通用户不能正常执行，root 用户可以直接执行它来获取网络上的信息。

Tcpdump 可以将网络中传送的数据包的首部完全截获下来提供分析。它支持针对网络层、协议、主机、网络或端口的过滤，并提供 and、or、not 等逻辑语句来帮助用户过滤掉无用的信息。

3.2.2　Tcpdump 原理

由于 Tcpdump 是将网络中传送的数据包的首部信息完全截获下来，因此，使用 Tcpdump 工具需要对 TCP 首部和原理有一定的理解。

Tcpdump 是通过调用 Libpcap 的 API 函数，由 Libpcap 进入到内核态到链路层来抓包，如图 3-12 所示。图中的 BPF 是过滤器，可以根据用户定义的规则，决定是否接收数据包以及需要复制数据包的哪些内容，减少应用程序的数据包的包数和字节数，从而提高性能。BufferQ 缓存供应用程序读取的数据包。可以说，Tcpdump 底层原理其实就是 Libpcap 的实现原理。

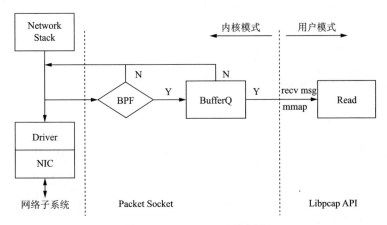

图 3-12　Tcpdump 工作原理

3.2.3　Tcpdump 基本命令与使用

1.Tcpdump 的语法格式

在 Linux 系统中，以 root 用户身份执行 tcpdump 指令。Tcpdump 的使用语法如下：

```
tcpdump [ -aAbdDefhHIJKlLnNOpqStuUvxX# ] [ -B size ] [ -c count ] [ -C file_size ]
    [ -E algo:secret ] [ -F file ] [ -G seconds ] [ -i interface ] [ -j tstamptype ]
    [ -M secret ] [ --number ] [ -Q|-P in|out|inout ] [ -r file ] [ -s snaplen ]
    [ --time-stamp-precision precision ] [ --immediate-mode ] [ -T type ] [ --version ]
    [ -V file ] [ -w file ] [ -W filecount ] [ -y datalinktype ] [ -z postrotate-command ]
    [ -Z user ] [ expression ]
```

tcpdump 命令选项与意义对应关系如表 3-3 所示。

表 3-3　tcpdump 命令选项与意义对应关系表

选项	意义	选项	意义
-a	将网络和广播地址转换成名称	-q	快速输出，仅列出少数的传输协议信息
-c<数据包数目>	收到指定数目的数据包后，就停止抓包	-r<数据包文件>	从指定的文件读取数据包数据
-d	将匹配的数据包以人们能够理解的汇编格式显示	-s<数据包大小>	设置从一个数据包中截取的字节数。0 表示不截断，抓取完整的数据包。默认 tcpdump 只显示 68 字节的数据包
-dd	将匹配的数据包编码转换成 C 语言的格式显示	-S	用绝对而非相对数值列出 TCP 序列号
-ddd	将匹配的数据包编码转换成十进制的格式显示	-t	在每行输出不显示时间戳标记
-e	在输出行打印出数据链路层的首部信息，包括源 MAC、目的 MAC 以及网络层的协议	-tt	在每行输出显示未经格式化的时间戳标记

续表

选　项	意　义	选　项	意　义
-f	用数字显示网络地址	-tttt	在每行输出的时间戳之前添加日期
-F<表达文件>	从指定的文件中读取表达式	-T<数据包类型>	强制将监听到的数据包转译成指定类型的数据包
-i<网络接口>	指定监听的网络接口	-v	详细显示指令执行过程
-I	对标准输出进行行缓冲	-vv	更详细显示指令执行过程
-n	不进行 IP 地址到主机名的转换	-x	将匹配的数据包以十六进制显示
-N	不显示域名	-w<数据包文件>	把数据包数据写入指定的文件
-p	不让网络接口进入混杂模式	-X	告诉 tcpdump 命令，需要把协议首部和数据包内容都以原本的形式显示出来

2. Tcpdump 的表达式

Tcpdump 的表达式是一个正则表达式，Tcpdump 利用它作为过滤报文的条件，如果一个报文满足表达式的条件，则这个报文将会被捕获。如果没有给出任何条件，则网络上所有的信息包将会被截获。

在表达式中一般有以下几种类型的关键字：

（1）关于类型的关键字。主要包括 host、net 和 port，例如 host 210.27.48.2，指明 210.27.48.2 是一台主机，net 202.0.0.0 指明 202.0.0.0 是一个网络地址，port 23 指明端口号是 23。如果没有指定类型，则默认的类型是 host。

（2）确定传输方向的关键字。主要包括 src、dst、dst or src 和 dst and src，这些关键字指明了传输的方向。举例说明，src 210.27.48.2，指明 IP 包中源地址是 210.27.48.2，dst net 202.0.0.0 指明目的网络地址是 202.0.0.0。如果没有指明方向关键字，则默认的关键字是 src or dst。

（3）关于协议的关键字。主要包括 fddi、ip、arp、rarp、tcp、udp 等，指明了监听的包的协议类型。例如，fddi 指明是在 FDDI（分布式光纤数据接口网络）上的特定的网络协议，实际上它是 Ether 的别名，FDDI 和 Ether 具有类似的源地址和目的地址，所以可以将 FDDI 协议包当作 Ether 的包进行处理和分析。如果没有指定任何协议，则 Tcpdump 将会监听所有协议的信息包。

（4）其他关键字。除了上述三种类型的关键字之外，其他重要的关键字如下：gateway、broadcast、less、greater，还有三种逻辑运算，取非运算是 not、!；与运算是 and、&&；或运算是 or，这些关键字可以组合起来构成强大的组合条件来满足人们的需要。

3. Tcpdump 的输出格式

Tcpdump 的输出格式与协议有关，下面举例说明一些常用的格式。

（1）数据链路层的首部信息。

此处所用环境说明如下：HAHA 是一台装有 Linux 的主机，它的 MAC 地址是 0:90:27:58: AF:1A；H219 是一台装有 Solaris 的 SUN 工作站，它的 MAC 地址是 8:0:20:79:5B:46。

使用命令：

```
#tcpdump -e host HAHA
```

命令的输出结果如下：

```
21:50:12.847509 eth0 < 8:0:20:79:5b:46 0:90:27:58:af:1a ip 60: h219.33357
> HAHA.telnet 0:0(0) ack 22535 win 8760 (DF)
```

输出结果分析如下:

① 21:50:12 是显示的时间。

② 847509 是 ID 号。

③ "eth0 <" 表示从网络接口 eth0 接收该分组,如果是 "eth0 >",则表示从网络接口设备发送分组。

④ 8:0:20:79:5b:46 是主机 H219 的 MAC 地址,它表明是从源地址 H219 发来的分组。

⑤ 0:90:27:58:af:1a 是主机 ICE 的 MAC 地址,表示该分组的目的地址是 HAHA。

⑥ ip 是表明该分组是 IP 分组,60 是分组的长度。

⑦ h219.33357 > HAHA.telnet 表明该分组是从主机 H219 的 33357 端口发往主机 HAHA 的 Telnet(23)端口。

⑧ ack 22535 表明对序列号为 22535 的包进行响应。

⑨ win 8760 表明发送窗口的大小是 8760。

(2)ARP 包的输出信息。

使用命令:

```
#tcpdump arp
```

命令的输出结果如下:

```
22:32:42.802509 eth0 > arp who-has route tell HAHA (0:90:27:58:af:1a)
22:32:42.802902 eth0 < arp reply route is-at 0:90:27:12:10:66
(0:90:27:58:af:1a)
```

输出结果分析如下:

第一个数据包中,22:32:42 是时间戳;802509 是 ID 号;"eth0 >" 表明从网络接口设备发出该分组;arp 表明是 ARP 包;who-has route tell HAHA 表明是主机 HAHA 请求主机 route 的 MAC 地址,这是一个 ARP 请求包;0:90:27:58:af:1a 是主机 HAHA 的 MAC 地址。

第二个数据包中,"eth0 <" 表明从该接口收到分组;arp reply 表明是 ARP 响应包;route is-at 0:90:27:12:10:66 表明主机 route 的 MAC 地址是 0:90:27:12:10:66;0:90:27:58:af:1a 是发送 ARP 响应的主机的 MAC 地址。

(3)TCP 包的输出信息。

用 Tcpdump 捕获的 TCP 包的一般输出信息如下:

```
src > dst: flags.data-seqno ack window urgent options
```

各部分分析如下:

① src > dst 表明从源地址到目的地址。

② flags 是 TCP 报文中的标志信息。例如,S 是 SYN 标志,F 是 FIN 标志,P 是 PUSH 标志,R 是 RST 标志,"." 表示没有标记。

③ data-seqno 是报文中的数据的顺序号。

④ ack 是下次期望的顺序号。

⑤ window 是接收缓存的窗口大小。

⑥ urgent 表明报文中是否有紧急指针。

⑦ options 是选项。

下面举例说明。如果一个捕获的 TCP 包的输出信息为:

```
route.1023 > ICE.login: S 768512:768512(0) win 4096 <mss 1024>
```

输出结果分析如下：

① route.1023 > ICE.login 表示有一个数据包从主机 route 的 TCP 端口 1023 发送到主机 ICE 的 TCP 端口 login 上。

② S 表示设置了 SYN 标志。

③ 768512:768512(0) 表示包的顺序号是 768512，并且没有包含数据，表示格式为 first:last(n bytes)，其含义是，此包中数据的顺序号从 first 开始直到 last 结束，不包括 last，并且总共包含 n Bytes 的用户数据。

④ 没有捎带应答。

⑤ win 4096 表示可用的接收窗口的大小为 4 096 字节。

⑥ mss 1024 表示请求端（route）的可接收最大报文段长度是 1 024 字节。

（4）UDP 包的输出信息。

捕获的 UDP 包的输出信息比较简单。例如：

```
route.port1 > ICE.port2: udp length
```

表明这个 UDP 报文是从主机 route 的 port1 端口发到主机 ICE 的 port2 端口，类型是 UDP，包的长度是 length。

3.2.4　Tcpdump 使用实例

下面将给出几个使用 Tcpdump 的例子，来说明 tcpdump 命令的具体使用方法。

1. 针对特定网络接口抓包（-i 选项）

当不加任何选项执行 tcpdump 时，tcpdump 将默认抓取第一个网络接口的包；使用 -i 选项，可以在某个指定的接口抓包。

在抓包前首先使用 ifconfig 查看本机的网卡，如图 3-13 所示。

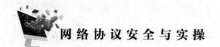

图 3-13　查看本机网卡信息

可见第一块默认的网卡为 virbr0，因此，直接以 root 用户使用 tcpdump 命令，结果如图 3-14 所示。

```
[root@wawa ~]# tcpdump
tcpdump: verbose output suppressed, use -v or -vv for full protocol decode
listening on virbr0, link-type EN10MB (Ethernet), capture size 262144 bytes
```

图 3-14　使用 tcpdump 命令结果

使用 -i 选项只抓取 ens33 口的包，具体命令如图 3-15 所示。

当该接口有 TCP 相关的包在传输的时候，就可以抓取到相应的包，如图 3-16 所示，抓取到在该网络接口传输的 ICMP 包。

```
[root@wawa ~]# tcpdump -i ens33
```

图 3-15　使用 tcpdump -i 命令

```
10:44:31.326871 IP wawa.com > 172.16.10.12: ICMP echo reply, id 12060, seq 78, length 64
10:44:32.327803 IP 172.16.10.12 > wawa.com: ICMP echo request, id 12060, seq 79, length 64
10:44:32.327862 IP wawa.com > 172.16.10.12: ICMP echo reply, id 12060, seq 79, length 64
10:44:33.328022 IP 172.16.10.12 > wawa.com: ICMP echo request, id 12060, seq 80, length 64
10:44:33.328071 IP wawa.com > 172.16.10.12: ICMP echo reply, id 12060, seq 80, length 64
10:44:34.328539 IP 172.16.10.12 > wawa.com: ICMP echo request, id 12060, seq 81, length 64
10:44:34.328586 IP wawa.com > 172.16.10.12: ICMP echo reply, id 12060, seq 81, length 64
```

图 3-16　使用 tcpdump 命令结果

Tcpdump 默认情况下都是一直保持抓取状态，直到按下中止键【Ctrl+C】中止。

2. 抓取指定数目的包（-c 选项）

Tcpdump 默认情况下将一直抓包，这样将大量占用系统的资源，给本机系统带来巨大的负担。因此，建议使用 -c 选项抓取指定数量的包。

例如，想在本机的 ens33 口抓取两个包，具体如图 3-17 所示。

```
[root@wawa ~]# tcpdump -c 2 -i ens33
tcpdump: verbose output suppressed, use -v or -vv for full protocol decode
listening on ens33, link-type EN10MB (Ethernet), capture size 262144 bytes
11:03:56.200523 IP 172.16.10.12 > wawa.com: ICMP echo request, id 12415, seq 40, length 64
11:03:56.200666 IP wawa.com > 172.16.10.12: ICMP echo reply, id 12415, seq 40, length 64
2 packets captured
2 packets received by filter
0 packets dropped by kernel
```

图 3-17　抓取指定接口数据

3. 将抓到的包写入文件中（-w 选项）

使用 Tcpdump 工具后，在命令行下即时显示结果，但是，抓包者经常需要把抓到的包保存下来，便于后续的分析。这时，就可以使用 -w 选项。为了方便抓包者使用 Wireshark 等工具读取分析数据包，应当把数据包保存为以 .pcap 为扩展名的文件，如图 3-18 所示。

```
[root@wawa Desktop]# tcpdump -w 20210112.pcap -i ens33
tcpdump: listening on ens33, link-type EN10MB (Ethernet), capture size 262144 bytes
^C24 packets captured
24 packets received by filter
0 packets dropped by kernel
```

图 3-18　保存抓包数据

4. 读取 tcpdump 保存的文件（-r 选项）

对于刚保存的抓包文件，可以使用 -r 选项来读取，如图 3-19 所示。

```
[root@wawa Desktop]# tcpdump -r 20210112.pcap
reading from file 20210112.pcap, link-type EN10MB (Ethernet)
11:27:52.039215 IP 172.16.10.12 > wawa.com: ICMP echo request, id 12740, seq 300, length 64
11:27:52.039269 IP wawa.com > 172.16.10.12: ICMP echo reply, id 12740, seq 300, length 64
11:27:53.039628 IP 172.16.10.12 > wawa.com: ICMP echo request, id 12740, seq 301, length 64
11:27:53.039706 IP wawa.com > 172.16.10.12: ICMP echo reply, id 12740, seq 301, length 64
11:27:54.041411 IP 172.16.10.12 > wawa.com: ICMP echo request, id 12740, seq 302, length 64
11:27:54.041499 IP wawa.com > 172.16.10.12: ICMP echo reply, id 12740, seq 302, length 64
11:27:55.042283 IP 172.16.10.12 > wawa.com: ICMP echo request, id 12740, seq 303, length 64
11:27:55.042380 IP wawa.com > 172.16.10.12: ICMP echo reply, id 12740, seq 303, length 64
11:27:56.042966 IP 172.16.10.12 > wawa.com: ICMP echo request, id 12740, seq 304, length 64
11:27:56.043136 IP wawa.com > 172.16.10.12: ICMP echo reply, id 12740, seq 304, length 64
11:27:57.042782 ARP, Request who-has wawa.com tell 172.16.10.12, length 46
11:27:57.042805 ARP, Reply wawa.com is-at 00:0c:29:d7:8f:0e (oui Unknown), length 28
11:27:57.043494 IP 172.16.10.12 > wawa.com: ICMP echo request, id 12740, seq 305, length 64
11:27:57.043540 IP wawa.com > 172.16.10.12: ICMP echo reply, id 12740, seq 305, length 64
11:27:58.046630 IP 172.16.10.12 > wawa.com: ICMP echo request, id 12740, seq 306, length 64
11:27:58.046689 IP wawa.com > 172.16.10.12: ICMP echo reply, id 12740, seq 306, length 64
```

图 3-19 读取抓包数据

5. 抓包时不把 IP 地址转化成主机名（-n 选项）

如果不使用 -n 选项，默认情况下，当系统中存在某一主机的主机名时，Tcpdump 会把 IP 地址转换为主机名显示；使用 -n 选项，可以指定显示主机的 IP 地址。

图 3-20 显示的是不使用 -n 选项，默认情况下 Tcpdump 的抓包结果。

```
[root@wawa Desktop]# tcpdump -c 2 -i ens33
tcpdump: verbose output suppressed, use -v or -vv for full protocol decode
listening on ens33, link-type EN10MB (Ethernet), capture size 262144 bytes
12:16:31.809408 IP 172.16.10.12 > wawa.com: ICMP echo request, id 13696, seq 56, length 64
12:16:31.809532 IP wawa.com > 172.16.10.12: ICMP echo reply, id 13696, seq 56, length 64
2 packets captured
2 packets received by filter
0 packets dropped by kernel
```

图 3-20 默认情况使用 tcpdump 抓包结果

图 3-21 显示的是使用 -n 选项，以 IP 地址显示的抓包结果。

```
[root@wawa Desktop]# tcpdump -n -c 2 -i ens33
tcpdump: verbose output suppressed, use -v or -vv for full protocol decode
listening on ens33, link-type EN10MB (Ethernet), capture size 262144 bytes
12:16:16.794799 IP 172.16.10.12 > 172.16.10.11: ICMP echo request, id 13696, seq 41, length 64
12:16:16.794924 IP 172.16.10.11 > 172.16.10.12: ICMP echo reply, id 13696, seq 41, length 64
2 packets captured
2 packets received by filter
0 packets dropped by kernel
```

图 3-21 以 IP 地址显示抓包结果

6. 增加抓包时间戳（-tttt 选项）

使用 -tttt 选项，抓包结果在每行输出的时间戳之前添加日期，如图 3-22 所示。

```
[root@wawa Desktop]# tcpdump -c 2 -i ens33 -tttt
tcpdump: verbose output suppressed, use -v or -vv for full protocol decode
listening on ens33, link-type EN10MB (Ethernet), capture size 262144 bytes
2021-01-12 13:35:21.686726 IP 172.16.10.12 > wawa.com: ICMP echo request, id 14982, seq 7, length 64
2021-01-12 13:35:21.686811 IP wawa.com > 172.16.10.12: ICMP echo reply, id 14982, seq 7, length 64
2 packets captured
2 packets received by filter
0 packets dropped by kernel
```

图 3-22 显示抓包日期的结果

7. 指定抓包的协议类型

Tcpdump 可以只抓某种协议的包，Tcpdump 支持 IP、IPv6、ARP、TCP、UDP、WLAN 等。以只抓取 ARP 协议的包为例，具体命令如图 3-23 所示。

```
[root@wawa Desktop]# tcpdump -i ens33 arp
tcpdump: verbose output suppressed, use -v or -vv for full protocol decode
listening on ens33, link-type EN10MB (Ethernet), capture size 262144 bytes
13:41:26.703422 ARP, Request who-has 172.16.10.12 tell wawa.com, length 28
13:41:26.703714 ARP, Reply 172.16.10.12 is-at 00:0c:29:6b:b8:72 (oui Unknown), length 46
13:41:32.723044 ARP, Request who-has wawa.com tell 172.16.10.12, length 46
13:41:32.723083 ARP, Reply wawa.com is-at 00:0c:29:d7:8f:0e (oui Unknown), length 28
^C
4 packets captured
4 packets received by filter
0 packets dropped by kernel
```

图 3-23　指定抓包协议的抓包结果

8. 指定抓包端口

如果想要对某个特定的端口抓包，可以加上"port [端口号]"。以只抓取本机 80 端口的包为例，具体命令如图 3-24 所示。

```
[root@wawa Desktop]# tcpdump -i ens33 port 80 -c 4
tcpdump: verbose output suppressed, use -v or -vv for full protocol decode
listening on ens33, link-type EN10MB (Ethernet), capture size 262144 bytes
13:50:19.476716 IP wawa.com.49994 > 172.16.10.12.http: Flags [S], seq 2151550605, win 29200, options
 [mss 1460,sackOK,TS val 11956617 ecr 0,nop,wscale 7], length 0
13:50:19.482541 IP 172.16.10.12.http > wawa.com.49994: Flags [S.], seq 523547821, ack 2151550606, win
 28960, options [mss 1460,sackOK,TS val 11934696 ecr 11956617,nop,wscale 7], length 0
13:50:19.483499 IP wawa.com.49994 > 172.16.10.12.http: Flags [.], ack 1, win 229, options [nop,nop,TS
 val 11956624 ecr 11934696], length 0
13:50:19.483961 IP wawa.com.49994 > 172.16.10.12.http: Flags [P.], seq 1:313, ack 1, win 229, options
 [nop,nop,TS val 11956625 ecr 11934696], length 312: HTTP: GET / HTTP/1.1
4 packets captured
5 packets received by filter
0 packets dropped by kernel
```

图 3-24　指定抓包端口的抓包结果

9. 抓取特定目标 IP 和端口的包

由于 TCP 数据包首部中包含源 IP 地址、目的 IP 地址和端口号，可以根据 IP 地址和端口过滤 Tcpdump 抓包的结果，下面举例说明。

（1）抓取所有经过 ens33，目的或源地址是 172.16.10.11 的网络数据，具体命令如下：

```
#tcpdump -i ens33 host 172.16.10.11
```

（2）抓取所有经过 ens33，源地址为 172.16.10.11 的网络数据，具体命令如下：

```
#tcpdump -i ens33 src host 172.16.10.11
```

（3）抓取所有经过 ens33，目的地址为 172.16.10.11 的网络数据，具体命令如下：

```
#tcpdump -i ens33 dst host 172.16.10.11
```

10. 使用表达式抓取数据包

通常情况下，使用 ! 或者 not 表示逻辑非，使用 && 或者 and 表示逻辑与，使用 || 或者 or 表示逻辑或。下面举例说明使用表达式抓取数据包。

（1）抓取所有经过 ens33，目的地址是 172.16.10.11 或者 172.16.10.12，端口是 80 的 TCP 数据包，具体命令如下：

```
#tcpdump -i ens33 ' ((tcp) and (port 80) and ((dst host 172.16.10.11) or (dst host172.16.10.12)))'
```

（2）如果要抓取所有经过 ens33，目的 MAC 地址是 00:01:02:03:04:05 的 ICMP 数据包，具体命令如下：

```
#tcpdump -i ens33 ' ((icmp) and (ether dst host 00:01:02:03:04:05))'
```

（3）如果抓取所有经过 ens33，目的网络是 172.16，但目的主机不是 172.16.1.200 的 TCP 数据包，具体命令如下：

```
#tcpdump -i ens33 ' ((tcp) and ((dst net 172.16) and (not dst host 172.16.1.200))'
```

（4）如果只抓取带有 SYN 标志的数据包，具体命令如下：

```
#tcpdump -i ens33 'tcp[tcpflags] = tcp-syn'
```

（5）如果抓取带有 SYN 和 ACK 标志的数据包，具体命令如下：

```
#tcpdump -i ens33 '(tcp[tcpflags] & tcp-syn != 0 and tcp[tcpflags] & tcp-ack != 0)'
```

（6）如果抓取 HTTP GET 数据包，需要在 TCP 首部中找到数据部分，再匹配 'G'、'E'、'T' 和空格，这四个字符的 ASCII 码的十六进制形式分别是 47、45、54 和 20。

tcp[12] 或 tcp[12:1] 表示从 TCP 首部的第 12 个位置开始取 1 个字节的数据，即数据偏移所在字节。注意，位置从 0 开始编号。

取到的数和 0xf0 相与，再右移 4 位，得到数据偏移字段的值（以 4 字节为单位）。再左移 2 位，即乘以 4，就是 TCP 首部的长度。也就是说，把相与的结果右移两位（>>2），即得到 TCP 首部的长度。

tcp[TCP 首部长度 :4]，即是取紧跟在 TCP 首部后的四个字节，请求方法 GET 就在 HTTP 请求报文的这个位置。

抓取 HTTP GET 数据包的具体命令如下：

```
#tcpdump -i ens33 'port 80 and tcp[((tcp[12]&0xf0)>>2):4] = 0x47455420'
```

其中，>> 表示位运算右移，即各二进位全部右移若干位；0x47455420 是 'G'、'E'、'T' 和空格的 ASCII 码的十六进制形式。

小　　结

本章介绍了协议分析的两种工具：Wireshark 和 Linux 系统下的 Tcpdump，包括两种工具的基本简介、基本应用领域、Windows 环境下 Wireshark 的工作界面介绍、Wireshark 的基本使用，并通过具体的实例让读者直观地感受如何使用 Wireshark。同时，本章介绍了在 Linux 环境下 Tcpdump 工具的原理及基本命令规则，并通过实例演示如何使用该工具。通过对本章内容的学习，读者在网络遭遇攻击时，可使用 Wireshark 和 Tcpdump 捕获分组，进行分析，为网络攻击的防御提供依据。

习　　题

一、选择题

1. Wireshark 是一款广泛使用的（　　）。
   A. 数据包捕获和分析软件　　　　　　　B. 漏洞扫描工具
   C. 端口扫描工具　　　　　　　　　　　D. 黑客攻击工具
2. Wireshark 中，显示除了 ICMP 协议以外的封包的过滤器为（　　）。
   A. icmp　　　　B. not icmp　　　　C. ip　　　　D. not ip

3. 使用 Wireshark 时，使用（　　）可以开始捕获分组。
   A. ⊙　　　　　　B. ◁　　　　　　C. ◢　　　　　　D. ➡

4. 以下（　　）能用于网络嗅探。
   A. MRTG　　　　B. Wireshark　　C. SNMPc　　　D. MIBbrowser

5. 使用 Wireshark 时，使用（　　）可以停止捕获分组。
   A. 🔍　　　　　　B. ◢　　　　　　C. ✖　　　　　　D. ■

6. 下列说法不正确的是（　　）。
   A. Tcpdump 全称为 dump the traffic on a network
   B. Tcpdump 是将网络中传送的数据包完全截获下来
   C. Tcpdump 提供了源代码，公开了接口，因此具备很强的可扩展性
   D. Tcpdump 支持针对网络层、协议、主机、网络或端口的过滤

7. Linux 中，查看主机的 ARP 数据包的命令是（　　）。
   A. #tcpdump ARP　　B. $tcpdump ARP　　C. #tcpdump arp　　D. $ tcpdump arp

8. Linux 中，Tcpdump 默认情况下都是一直保持抓取状态，直到按下（　　）键中止抓取。
   A. Ctrl+B　　　　B. Ctrl+C　　　　C. Ctrl+D　　　　D. Ctrl+E

9. Linux 中，使用 tcpdump 的（　　）选项可以抓取指定接口的数据包。
   A. -a　　　　　　B. -d　　　　　　C. -i　　　　　　D. -v

10. Linux 中，使用（　　）命令可以抓取 5 个数据包。
    A. #tcpdump -c 5　　B. #tcpdump -i 5　　C. #tcpdump -d 5　　D. #tcpdump -n 5

11. Linux 中，使用（　　）命令可以将抓到的包写入文件 file.pcap 中。
    A. #tcpdump -r file.pcap　　　　B. #tcpdump -i file.pcap
    C. #tcpdump -d file.pcap　　　　D. #tcpdump -w file.pcap

12. Linux 中，使用（　　）命令可以读取文件 test.pcap。
    A. #tcpdump -r test.pcap　　　　B. #tcpdump -i test.pcap
    C. #tcpdump -d test.pcap　　　　D. tcpdump -w test.pcap

13. Linux 中，使用（　　）命令可以抓取端口 445 的数据包。
    A. #tcpdump -p 445　　B. #tcpdump -i 445　　C. #tcpdump port 445　　D. #tcpdump -n 445

14. Linux 中，使用（　　）命令可以抓取目的主机 10.1.1.2 的数据包。
    A. #tcpdump src 10.1.1.2　　　　B. #tcpdump dst 10.1.1.2
    C. #tcpdump src host 10.1.1.2　　D. #tcpdump dst host 10.1.1.2

15. Linux 中，使用（　　）命令可以抓取目的网络 203.16，但目的主机不是 203.16.12.11 的 TCP 数据包。
    A. #tcpdump '((tcp) and ((dst net 203.16) and (not dst host 203.16.12.11)))'
    B. #tcpdump '((tcp) and ((dst net 203.16) or (not dst host 203.16.12.11)))'
    C. #tcpdump '((tcp) or ((dst net 203.16) or (not dst host 203.16.12.11)))'
    D. #tcpdump (tcp) and ((dst net 203.16) or (not dst host 203.16.12.11))

二、填空题

1. 网络安全工程师用 Wireshark 来检查安全相关内容，如监测网络日常安全、捕获分析网络恶意代码、追踪_____的活动。

2. 使用 Wireshark 时，显示目的 TCP 端口为 58979 的封包的过滤器为_____。

3. 使用 Wireshark 时，显示源地址为 192.168.1.110 的封包的过滤器为_____。

4. 使用 Wireshark 时，过滤器 tcp.srcport eq 80 的功能是显示_____的封包。

5. 使用 Wireshark 时，在 Windows 下尝试 ping 命令，Windows 给数据区填的内容是_____。

6. 使用 Wireshark 时，过滤器 tcp.hdr_len>40 的作用是显示_____的封包。

7. 在 Linux 系统中，以_____用户身份执行 tcpdump。

8. 使用 tcpdump 命令时添加选项_____可以在每行输出的时间戳之前添加日期。

9. 默认情况下，tcpdump 抓包结果将进行_____，会显示出域名。

10. 在 Linux 下使用_____命令可以查看主机的网卡信息。

三、判断题

1. 使用 Wireshark 时，显示源地址是 1.0.0.2，但目的地址不是 10.20.20.20 封包的过滤器为 ip.src== 1.0.0.2 and not ip.dst!= 10.20.20.20。（   ）

2. Tcpdump 是 Windows 系统中强大的数据采集分析工具。（   ）

四、简答题

1. 网络管理员能通过 Wireshark 做哪些工作？

2. 用 RFC-Editor 搜索功能找到 RFC 文档 959.txt 的 FTP 服务器的 URL 地址为 ftp://ftp.rfc-editor.org/in-notes/rfc959.txt，如何用 Wireshark 捕获 FTP 分组？

3. Wireshark 有哪些主要应用？

第 4 章

数据链路层与网络层协议

作为 TCP/IP 协议体系结构中最为重要的两个功能层,数据链路层和网络层包含了 TCP/IP 协议中最主要的 PPP 协议、IP 协议等,提供了最基本的网络数据传输和网络互连服务。本章主要介绍数据链路层的基本概念、数据链路层中的主要协议、IP 数据报格式、IP 地址发展三个阶段、IP 数据报的分片,以及 IP 数据报的选项。

学习目标

通过对本章内容的学习,学生应该能够做到:

(1) 了解:TCP/IP 分层的思想。
(2) 理解:数据链路层的基本功能和基本概念,以太网帧的格式,IP 数据报格式和 IP 地址。
(3) 应用:掌握数据链路层和网络层的主要协议的格式及分析。

4.1 TCP/IP 分层结构

TCP/IP 是一个四层的体系结构,分层次画出具体的协议来表示 TCP/IP 协议族,如图 4-1 所示。它的特点是上下两头大而中间小:应用层和网络接口层都有很多种协议,而中间的 IP 层很小,上层的各种协议都向下汇聚到一个 IP 协议中。

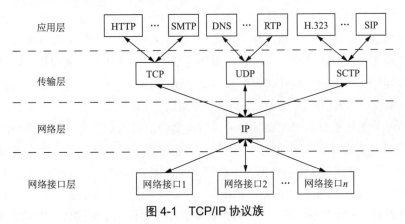

图 4-1 TCP/IP 协议族

TCP/IP 的网络接口层与 OSI 参考模型中的物理层和数据链路层相对应。如 1.2.4 节所述，TCP/IP 本身并未定义网络接口层的协议，本书在逐层分析时，网络接口层采用 OSI 七层模型的物理层和数据链路层。

4.2 数据链路层

4.2.1 数据链路和帧

1. 链路和数据链路

TCP/IP 分层结构中，处于底层的是网络接口层。在网络接口层中的数据链路层完成通信可以采用点对点信道进行通信，也可以采用广播信道进行通信。这两种通信信道所使用的具体协议有 PPP 协议和 CSMA/CD 协议。

本节先来讨论基本的"数据链路"和"链路"。

所谓链路就是从一个节点到相邻节点的一段物理线路（有线或无线），而中间没有任何其他的交换节点。在进行数据通信时，两台计算机之间的通信路径往往要经过许多段这样的链路。

数据链路指的是完成数据传输，把实现这些协议的硬件和软件加到物理线路上。这样就构成了数据链路。现在最常用的方法是使用网络适配器（既有硬件，也有软件）来实现这些协议。

图 4-2 给出了"链路"和"数据链路"的关系。

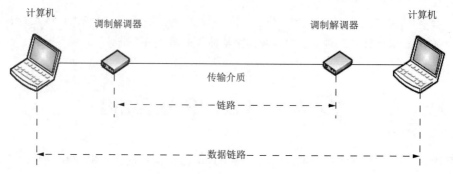

图 4-2　链路与数据链路的关系

理解"链路"和"数据链路"的区别与联系，需要注意以下几个问题：

（1）"链路"是物理线路，由传输介质与通信设备构成。以图 4-2 为例，图中连接收发设备的传输介质是电话线。由于电话线是用来传输模拟语音信号的，在电话线上传输计算机产生的数字信号就必须使用调制解调器（Modem），实现数字信号与模拟信号的变换。收发双方的物理层通过电话线与调制解调器完成比特流的传输。因此，电话线与调制解调器就构成了连接收发双方物理层、实现比特流传输的物理线路，即"链路"。

（2）没有采取差错控制的"链路"传输比特流是会出错的。在计算机网络的体系结构中，设计数据链路层的目的就是发现和纠正"链路"传输过程中的差错问题，使有差错的"链路"变成无差错的"数据链路"。"数据链路"由实现协议的硬件、软件和"链路"构成。

（3）"链路"的比特流传输功能是由物理传输介质与通信设备实现的，而"数据链路"功能是通过数据链路的协议数据单元的帧头，按照数据链路层协议规定的协议动作来实现的。

2. 帧

网络接口层中的数据链路层把网络层交下来的数据封装成帧发送到链路上,以及把接收到的帧解封取出数据并上交给网络层。在互联网中,网络层协议数据单元就是 IP 数据报。

为了把关注点放在点对点信道的数据链路层协议上,本节采用图 4-3 所示的二层模型。在这种二层模型中,不管在哪一段链路上的通信(主机和路由器之间或路由器之间),本节都看成是节点和节点的通信(如图中的节点 A 和 B),而每一个节点只有下两层——网络层、网络接口层(数据链路层和物理层)。

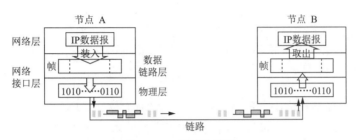

图 4-3 二层简化模型

点对点信道的数据链路层在进行通信时的主要步骤如下:

(1)节点 A 的数据链路层把网络层交下来的 IP 数据报添加首部和尾部封装成帧。

(2)节点 A 把封装好的帧发送给节点 B 的数据链路层。

(3)如果节点 B 的数据链路层收到的帧无差错,则从收到的帧中提取出 IP 数据报交给上面的网络层;否则丢弃这个帧。

数据链路层不必考虑物理层如何实现比特传输的细节。因此,可以看成好像是沿着两个数据链路层之间水平方向把帧直接发送到对方,如图 4-4 所示。

图 4-4 只考虑数据链路层的模型

4.2.2 以太网的帧格式

1. 以太网简介

以太网(Ethernet)是广泛被使用的主要采用总线拓扑的基带传输系统。1983 年 IEEE 标准委员会通过了第一个 802.3 标准,该标准与 DIX 以太网标准相比,除了在一些不太重要的方面有所差别外,基本上使用的是相同的技术。随着技术的发展,以太网得到了进一步的发展,快速以太网、吉比特以太网甚至万兆以太网相继出现。快速以太网是以太网技术中的一个里程碑。

2. MAC 地址

IP 数据报最终变成电信号传输之前需要以太网来处理,当 IP 数据报交付给以太网之后,以太网就用自己的寻址机制来处理以太网帧。在以太网中,采用 MAC 地址进行寻址。

在生产网卡时 MAC 地址已经固化在网卡(Network Interface Card,NIC)的只读存储器(Read Only Memory,ROM)中,因此 MAC 地址也常常称为硬件地址(Hardware Address)或物理地址(Physical Address)。

MAC 地址的长度为 48 位,即 6 字节,通常表示为 12 个十六进制数。例如,02-60-8C-AE-3C-40 就是一个 MAC 地址,其中前 3 字节,十六进制数 02-60-8C 代表网络硬件制造商的编号,具体表示的是 3COM 公司的编号,它由 IEEE(电气与电子工程师协会)分配,这个号码被称为组织唯一标识符(Organizationally Unique Identifier,OUI)。而后 3 字节,十六进制数 AE-3C-40 代表该制造商所制造的某个网络产品(如网卡)的系列号。只要不更改自己的 MAC 地址,MAC 地址在世界是唯一的。形象地说,MAC 地址就如同身份证上的身份证号,具有唯一性。48 位 MAC 地址格式如图 4-5 所示。

格式	字段名称	组织唯一标识符			扩展标识符		
	字节序列	Addr+0	Addr+1	Addr+2	Addr+3	Addr+4	Addr+5
示例	十六进制	AC	DE	48	23	45	67
	二进制位	10101100	11011110	01001000	00100011	10000101	01100111

图 4-5　48 位 MAC 地址格式

MAC 地址中的后 3 字节由厂商自行指派,称为扩展标识符(Extended Identifier),可见用一个地址块可以生成 2^{24} 个不同的地址。用这种方式产生的 48 位地址称为 MAC-48,通用名称是 EUI-48。

IEEE 规定地址字段的第 1 个字节的最低位是 I/G(Individual/Group),其值为 0 时表示单站地址,为 1 时表示组地址,用来进行多播(组播)。这样 IEEE 只分配地址字段前 3 字节中的 23 位。当 I/G 位分别为 0 和 1 时,一个地址块可分别生成 2^{24} 个单站地址和 2^{24} 个组播地址。

网卡上的 MAC 地址是用来表示该网卡对应的网络接口。如果网络设备有多个网卡,也就是说该设备拥有多个 MAC 地址。

3. 以太网帧类型

目前共有四种类型的以太网帧格式。

(1)Ethernet II:即 DIX 2.0,是 Xerox 与 DEC、Intel 三家公司在 1982 年制定的以太网标准帧格式,已成为事实上的以太网帧标准。

(2)RAW 802.3:Novell 在 1983 年公布的专用以太网标准帧格式。它只支持 IPX/SPX 一种协议,只能在 IPX 网络中使用。

(3)IEEE 802.3/802.2 LLC:这是 1985 年由 IEEE 正式发布的 802.3 标准,由 Ethernet V2 发展而来。

(4)IEEE 802.3/802.2 SNAP:这是 1985 年 IEEE 发布在 802.2LLC 上支持更多的上层协议,同时保证更好地支持 IP 协议。

不同的厂商对这四种帧格式通常有不同的叫法,例如,Cisco 公司将上述四种格式分别称为 ARPA、Novell_Ether、SAP 和 SNAP。

对于 TCP/IP 网络来说,根据 RFC 894 规定 IP 数据报以标准的以太网帧格式方式传输,封装格式是 Ethernet II。根据 RFC 1042 规定 IP 数据报在 802.2 网络中的封装方法和 ARP 协议在 802.2 SANP 中实现,封装格式是 IEEE 802.3/802.2 SNAP。

4. Ethernet II 帧格式

如图 4-6 所示,这种帧格式较为简单,由以下五个字段组成。

(1)目的地址(Destination Address,DA):长度为 6 字节,是目的主机的 MAC 地址。

(2)源地址(Source Address,SA):长度为 6 字节,是发送方的 MAC 地址。该字段只能是单播地址,不能是广播或多播地址。

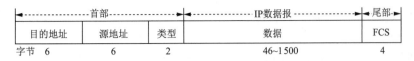

图 4-6　Ethernet II 帧格式

（3）类型（Type）：长度为 2 字节，用于标识使用该帧类型的协议。例如，0x0800 表示 IPv4 协议，0x0806 表示 ARP 协议。

（4）数据（Data）：存储被封装的上层数据，长度为 46～1500 字节。链路层规定了传输的最大的数据单元（Maximum Transmission Unit，MTU）。不同类型的网络在传输数据时大多数都有一个上限。如果 IP 层交付下来的数据比数据链路层的 MTU 值还大，那么 IP 层就需要进行分片，将数据报分成长度小于 MTU 的若干数据分片后再传输。

（5）帧校验序列（Frame Check Sequence，FCS）：长度为 4 字节，包含了 CRC 数据校验计算的结果。

前三个字段构成了帧的首部（Frame Header），最后一个字段是帧的尾部。以太网最小帧长 64 字节减去首部和尾部的 18 字节就得出数据字段最小长度 46 字节。如果在 IP 层的数据报小于 46 字节，那么该数据在数据链路层就会在数据字段后面填充一定的字段，以保证以太网帧长不小于 64 字节。

5. Ethernet 802.3 raw 帧格式

Ethernet 802.3 raw 就是 Novell Ethernet，它将 Ethernet II 帧首部中的类型字段变成了长度字段，后面接着是两个内容为 0xFFFF 的字节标识 Novell 以太网类型，数据字段缩为 44～1498 字节，具体如图 4-7 所示。

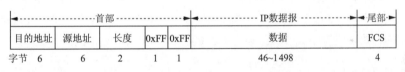

图 4-7　Ethernet 802.3 raw 帧格式

6. IEEE 802.3/802.2 LLC 帧格式

通过在 802.3 帧的数据字段中划分出被称为服务访问点（Service Access Point，SAP）的新字段来解决识别上层协议的问题。这也就是 802.2 SAP。LLC 标准包括两个服务访问点，源服务访问点和目标服务访问点。IEEE 802.3/802.2 LLC 帧格式具体如图 4-8 所示，这是标准的 802.3 帧格式。

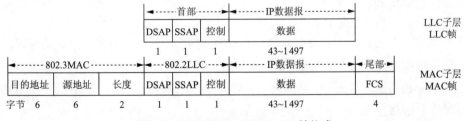

图 4-8　IEEE 802.3/802.2 LLC 帧格式

这种帧格式把第三个字段改成长度字段，用来表示帧的数据部分的字节数，在长度字段后面接着引入了 LLC 首部，具体增加了三个字段。

（1）目的服务访问点（Destination Service Access Point，DSAP）：用于标识目的协议。例如，0x06 表示 IP 协议数据，0XE0 表示 Novell 类型协议数据。

（2）源服务访问点（Source Service Access Point，SSAP）：用于标识源协议（一般与目的协议相同）。

（3）控制（Control）：用于标识该帧是无编号格式还是信息/监督格式。一般设为0x03，表示无编号的格式。

7. IEEE 802.3/802.2 SNAP 帧格式

由于每个 SAP 只有一个字节，能标识的协议数量有限，而且与 Ethernet II 不兼容。因此，在 802.2 SAP 的基础上增加一个 2 字节长的类型字段，这就是 802.2 SNAP。与 IEEE 802.3/802.2 LLC 一样，IEEE 802.3/802.2 SNAP 也增加了 LLC 首部，由于它解决了与 Ethernet II 的兼容性问题，因此，又称 Ethernet SNAP 格式。

如图 4-9 所示，这种帧增加了两个字段。

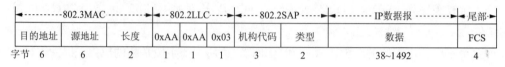

图 4-9　IEEE 802.3/802.2 SNAP 帧格式

（1）机构代码（Organization Code，OC）：长度为 3 字节，它的值一般是 MAC 地址的前三个字节，也就是厂商代码。

（2）类型（Type）：长度为 2 字节。与 Ethernet II 帧类型字段相同。

此外，DSAP 和 SSAP 两个字段的内容固定为 0xAA。控制字段的内容固定为 0x03。

对于上面介绍的四种以太网帧格式，网络设备根据帧格式的规定来进行识别。首先识别出 Ethernet II 帧，如果长度字段或类型字段的值大于 1 500，则该帧为 Ethernet II 格式。否则为其他格式，接着区别其他三种格式。比较长度字段或类型字段后面的两个字节，如果值为 0xFFFF，则为 Novell Ethernet 帧；如果值为 0xAAAA，则为 802.3/802.2 SNAP 帧；剩下的就是 802.3/802.2 SAP 帧。

4.2.3　点对点协议（PPP）

点对点连接是最常见的广域网连接之一，用于将局域网连接到服务提供商的广域网，以及将企业网络内部的局域网网段连接起来。

点对点协议（Point-to-Point Protocol，PPP）是 IETF 在 1992 年制定的。经过 1993 年和 1994 年的修订，现在的 PPP 协议在 1994 年就已成为互联网的正式标准 [RFC 1661]。

1. PPP 协议的特点

PPP 协议有以下几个特点：

（1）在物理层只支持点到点线路连接，不支持点到多点连接；只支持全双工通信，不支持单工与半双工通信；可以支持异步通信或同步通信。

（2）在数据链路层，实现 PPP 数据帧的封装、传输与解封、CRC 校验功能；不使用帧序号，不提供流量控制功能。

（3）PPP 协议通过链路控制协议（Link Control Protocol，LCP）来建立、配置、管理和测试数据链路连接；通过网络控制协议（Network Control Protocol，NCP）来建立和配置不同的网络层协议。

（4）PPP 协议用于用户计算机通过多种宽带接入技术接入电话线路。在网络层，PPP 协议不但支持 IP 协议，还可以支持 IPX 协议。

（5）PPP 协议广泛应用于主机—路由器、路由器—路由器之间的连接。

2. PPP 帧格式

PPP 封装来自网络层的 IP 数据报，并交付给物理层进行传输。PPP 帧格式如图 4-10 所示。

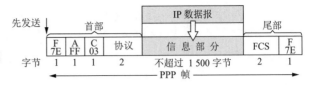

图 4-10 PPP 帧格式

PPP 帧的各个字段说明如下：

（1）标志字段（Flag，F）：占 1 字节，值为 0x7E（其二进制值为 01111110）。标志字段表示一个帧的开始或结束。因此标志字段就是 PPP 帧的定界符。

（2）地址字段（Address，A）：占 1 字节，值为 0xFF（即 11111111）。这是一个广播地址。由于 PPP 协议用于点对点的链路上无须知道对方的 MAC 地址,该字节已无意义,因此填上全 1 的广播地址。

（3）控制字段（Control，C）：占 1 字节，值为 0x03（即 00000011）。对于 PPP 协议来说，这也是一个无意义的字段，按照规定填充为 0x03。

（4）协议字段（Protocol）：占 2 字节。当协议字段为 0x0021 时，PPP 帧的信息字段就是 IP 数据报；若为 0Xc021，则信息字段是 PPP 链路控制协议 LCP 的数据；若为 0x8021，表示这是网络层的控制数据。

（5）信息字段（Information）：长度是可变的，不超过 1 500 字节。

（6）帧校验序列（Frame Check Sequence，FCS）：占 2 字节，用于检查 PPP 帧的比特级错误。

3．PPP 协议工作过程

PPP 协议的工作过程如图 4-11 所示。

为基于点对点链路建立通信，PPP 链路的每一端必须首先发送 LCP 包用来配置和测试数据链路。链路建立之后通信实体进入认证阶段。接着，PPP 必须发送 NCP 包用来选择和配置一个或多个网络层协议。一旦网络层协议被配置好，来自网络层协议的数据报就通过链路发送。链路将维持通信配置，直到 LCP 或 NCP 关闭链路，或者发生某些外部事件，如定时器超时或管理员干预。

PPP 链路操作需经历以下几个阶段：

（1）链路静止。

这一阶段物理层不可用，PPP 链路的开始和结束都要经历这个阶段。在实际过程中这个阶段 LCP 状态机处于初始化状态，这一阶段过渡到链路建立阶段将会给 LCP 状态机发送一个 UP 事件。这个阶段所停留的时间往往很短。

（2）链路建立阶段。

这是 PPP 协议最关键也是最复杂的阶段，主要是通过交换配置包完成建立连接。

当检测到链路可用，物理层会向链路层发送一个 UP 事件，链路层收到该事件后，会将 LCP 的状态机从当前状态改变为发送请求状态，根据此时的状态机 LCP 会开始发送配置请求包。LCP 配置请求包包括链路最大帧长度、帧特定域的压缩、链路认证协议等。如果没有明确配置协商请求的，就采用默认值。无论哪一端接收到了配置确认包，LCP 的状态机从当前状态改变为 Opened 状态，进入 Opened 状态后收到配置确认包的一方则完成了当前阶段。

链路建立阶段的下一个阶段可能是认证阶段，也可能是网络层协议阶段，这是根据链路两端的配置来决定的。不需要认证的就会进入网络层协议阶段。

收到 LCP 的配置请求包将链路从网络层协议阶段或认证阶段返回到链路建立阶段。

（3）认证阶段。

大多数情况下，链路两端设备是需要经过认证后才会进入网络层协议阶段，但是默认情况下链路两端的设备是不进行认证的。

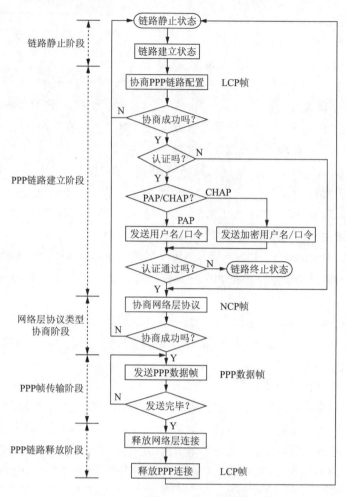

图 4-11 PPP 协议的工作过程

PPP 协议支持两种认证方式：一种是口令认证协议（Password Authentication Protocol，PAP）；另一种是挑战握手认证协议（Challenge Handshake Authentication Protocol，CHAP）。认证方式的选择是根据在上一个阶段双方进行协商的结果而定的。如果在这个阶段再次收到了配置请求包，那么又会回到链路建立阶段。

PPP 链路要进行认证，发送方在 LCP 的确认请求包中携带一种认证配置选项（选择一种 PPP 认证协议），对方收到该请求后，如果支持配置选项中的认证方式，那么回复一个配置确认包；否则回复一个配置否认包，并附上希望双方采用的认证方式。

发送方接收到配置确认包就可以进行认证了，如果发送方收到的是配置否认包，就会根据自身是否支持配置否认包中的认证方式来回复对方，如果支持就回复一个新的配置请求包（携带之前收到的配置否认包中所希望的认证方式），否则就会回复一个配置拒绝包。这样双方就无法通过认证，也不可能建立起 PPP 链路。

（4）网络层协议阶段。

PPP 完成上面的几个阶段后，就会进入网络层协议阶段。这时每种网络层协议就会通过各自相应的网络控制协议（Network Control Protocol，NCP）进行配置。每个 NCP 可以随时打开和关闭。只有当 NCP 处于打开状态，PPP 将携带相应的网络层协议数据报，否则所有接收到的网络层协议数据报都会被丢弃。

第 4 章 数据链路层与网络层协议

（5）链路释放阶段。

PPP 协议能够在任何时候都可以释放链路。载波丢失、认证失败、链路质量检测失败和管理员任务关闭链路等情况都会导致链路释放。

在这个阶段收到的任何非 LCP 包都需要丢弃。

4．LCP 协议

LCP 协议是 PPP 协议的核心，建立 PPP 会话的操作是由 LCP 协议执行的。LCP 的操作包括链路建立、链路维护和链路释放。

LCP 包格式如图 4-12 所示。

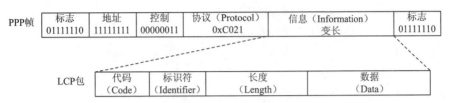

图 4-12　LCP 包格式

LCP 包中的四个字段如下：

（1）代码（Code）：长度为 1 字节，主要用来标识 LCP 包的类型。LCP 包的代码及其类型如表 4-1 所示。

表 4-1　LCP 包的代码及其类型

代　码	包 类 型	代　码	包 类 型
1	Configure-Request（配置请求）	7	Code-Reject（代码拒绝）
2	Configure-ACK（配置确认）	8	Protocol-Reject（协议拒绝）
3	Configure-Nak（配置否认）	9	Echo-Request（回送请求）
4	Configure-Reject（配置拒绝）	10	Echo-Reply（回送应答）
5	Terminate-Request（终止请求）	11	Discard-Request（丢弃请求）
6	Terminate-ACK（终止确认）		

（2）标识（Identifier）：长度为 1 字节，用于匹配请求和响应数据包。通常一个配置请求包的 ID 是从 0x01 开始并逐步加 1。当对方接收到该数据包后，响应包中的 ID 一定与请求包一致。

（3）长度（Length）：长度为 2 字节，指的是 LCP 包总长数。

（4）数据（Data）：可变长。包内容不同长度不同。

PPP 在协商配置是通过 LCP 配置选项设置完成的。LCP 配置选项格式如图 4-13 所示。

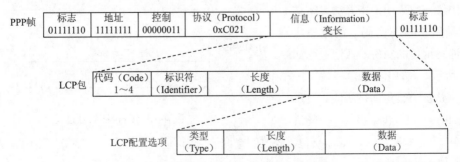

图 4-13　LCP 配置选项格式

LCP 配置选项三个字段说明如下：

（1）类型（Type）：长度为 1 字节，用于配置选项的类型。常用配置选项类型如表 4-2 所示。

表 4-2 常用配置选项类型

类 型 值	意　　义	类 型 值	意　　义
0	表示未使用	5	表示魔术字
1	表示最大接收单元（Maximum Receive Unit，MRU）	7	表示协议字段压缩
3	表示认证协议	8	表示地址和控制字段压缩
4	表示质量协议		

（2）长度：占 1 字节，指出该配置选项的长度。

（3）数据：可变长，包含配置选项的特殊详细信息。

5．PAP 认证协议

PAP 协议比较简单，它通过明文的方式，由被认证方发出用户名与密码，认证方检查用户名和密码是否与自己存储的一致，如果相同就认为通过认证，否则就拒绝，然后向被认证方发出相应的应答。具体认证过程如图 4-14 所示。

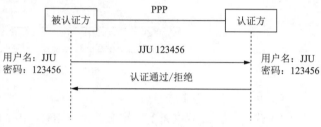

图 4-14 PAP 认证过程

PAP 认证中有两次包的交互，因此，把 PAP 认证称为两次握手。PAP 用明文传输用户名和密码容易被窃听，而且允许多次输入用户名和密码容易遭到重放攻击，因此 PAP 是一种不安全的认证协议。

PAP 数据包封装在 PPP 数据链路层帧中的信息字段中（协议字段为 0xC023 表示为 PAP），格式如图 4-15 所示。其中代码字段表示 PAP 数据包类型，1 表示 Authentication-Request（认证请求），2 表示 Authentication-ACK（认证确认），3 表示 Authentication-Nak（认证未确认）。

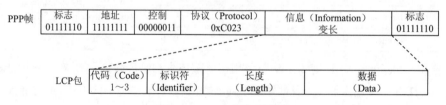

图 4-15 PAP 数据包格式

6．CHAP 认证协议

CHAP 协议是一种比 PAP 安全的认证协议，它采用加密算法以密文形式传送用户名与密码，通过三次握手验证对等体的身份。认证过程如图 4-16 所示。具体步骤如下：

（1）认证方首先向被认证方发送一条 Challenge 包。包中提供一个随机

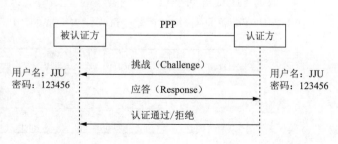

图 4-16 CHAP 认证过程

数用作查询值。每次发送 Challenge 包需要改变查询值。查询值的长度由产生字节使用的方法决定，独立于所使用的散列算法。

（2）被认证方收到 Challenge 包后，解析出查询值，使用散列函数（通常是 MD5）对自己的用户密码和查询值进行计算，将计算结果与用户名添加到 Response 包中进行应答。

（3）认证方收到 Response 包后，根据其中的用户名查到对应的密码，通过计算比对 Response 包的散列值。如果相同则认证通过，否则立即终止连接。

CHAP 使用独特且不可预测的可变挑战值来防范重放攻击。

CHAP 包封装在 PPP 数据链路层帧中的信息字段（协议字段为 0xC223 表示 CHAP），格式如图 4-17 所示。

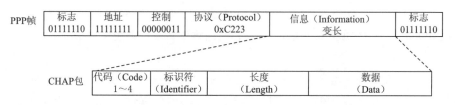

图 4-17 CHAP 包格式

其中，代码字段表示 CHAP 包的类型，1 表示 Challenge（挑战），发出查询值；2 表示 Response（应答），提供散列计算结果和用户名；3 表示 Success（成功），认证通过，允许访问；4 表示 Failure（失败），认证失败，拒绝访问。

4.2.4 PPPoE 协议

PPPoE（PPP over Ethernet）是以太网的 PPP 协议，是很多 ISP 用户认证和管理宽带用户的协议。

1．PPPoE 协议原理

PPPoE 协议提供了在以太网中多台主机连接到 ISP 远端访问集中器上的一种标准。在实际应用中访问集中器就是宽带接入服务器。在具有广播特性的以太网中，所有用户主机独立初始化 PPP 协议栈并通过 PPP 协议自身的特点实现用户计费和管理。每个用户主机和访问集中器之间都需要建立并维持唯一的点对点会话。

PPPoE 协议包括两个阶段，就是 PPPoE 发现阶段（PPPoE Discovery Stage）和 PPPoE 会话阶段（PPPoE Session Stage）。PPPoE 会话与 PPP 会话过程基本相同。

当一个主机需要开启一个 PPPoE 会话时，需要经历以下几个步骤：

（1）在广播式网络上寻找一个访问集中器。

（2）当主机选择访问集中器后，就开始与访问集中器建立一个 PPPoE 会话进程。在这个过程中访问集中器会为每一个 PPPoE 会话分配一个唯一的进程 ID。

（3）会话建立起来后就开始 PPPoE 会话阶段，在此阶段中已建立好点对点连接的双方就采用 PPP 协议来交换数据报。

2．PPPoE 封装格式

PPPoE 数据包封装在以太网帧的数据字段中，格式如图 4-18 所示。PPPoE 发现阶段和会话阶段数据包的以太网帧类型字段值分别为 0x8863 和 0x8864。

PPPoE 数据包各个字段说明如下：

（1）版本：长度为 4 位，协议规定值为 0x01。

（2）类型：长度为 4 位，协议规定值为 0x01。

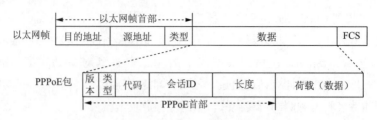

图 4-18　PPPoE 数据包格式

（3）代码：长度为 1 字节，定义发现阶段和会话阶段数据包。

（4）会话 ID：长度为 2 字节，当访问集中器还未分配唯一的会话 ID 给用户主机时，则该字段填充为 0x0000，一旦主机获取了会话 ID 后，在后续的所有数据包中该字段必须设定为唯一的会话 ID 值。

（5）长度：占 2 字节，用来表示 PPPoE 数据的长度，不包括首部。

（6）数据：可变长。在 PPPoE 发现阶段时，该字段内会填充一些标记；PPPoE 会话阶段，则携带的是 PPP 数据帧。

4.2.5　PPP 协议与 PPPoE 协议分析

1. 搭建 PPP 实验环境并捕获 PPP 流量

PPP 协议主要用于广域网的点对点连接，捕获 PPP 流量要涉及路由器配置。本节简单搭建 PPP 实验环境并捕获 PPP 流量。图 4-19 给出了 PPP 实验拓扑结构。

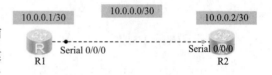

图 4-19　PPP 实验拓扑结构

2. 分析 PPP 协议

配置好 PPP 实验环境，如果在 R1 和 R2 串行链路上不做认证，只封装 PPP 协议，使用 Wireshark 抓取 R2 的串行口 S0/0/0 的 PPP 请求数据包如图 4-20 所示，抓取的 PPP 回复数据包如图 4-21 所示。

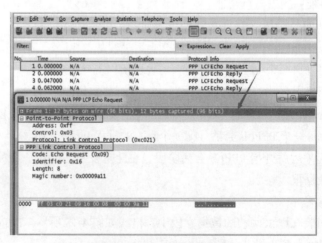

图 4-20　PPP 请求数据包

如果在 R1 和 R2 之间的串行链路上使用认证的 PPP 协议，这里以 CHAP 协议为例。CHAP 认证用户名为 huawei，密码为 huawei。配置好 CHAP 认证后，使用 Wireshark 抓取 R2 的串行口 S0/0/0 的 PPP 数据包，CHAP 认证协商阶段有三个数据包，如图 4-22～图 4-24 所示。

第4章 数据链路层与网络层协议

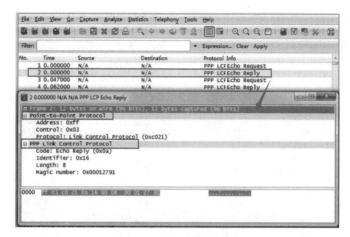

图 4-21 PPP 回复数据包

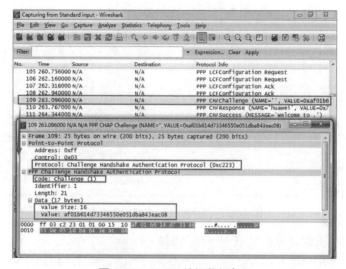

图 4-22 CHAP 认证数据包 1

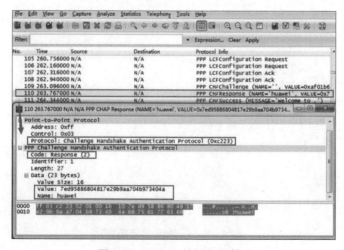

图 4-23 CHAP 认证数据包 2

CHAP 认证协商完成后，链路上周期性维持请求—回复数据包，如图 4-25 所示。

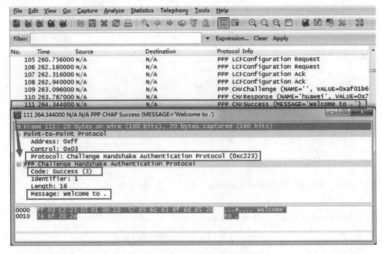

图 4-24 CHAP 认证数据包 3

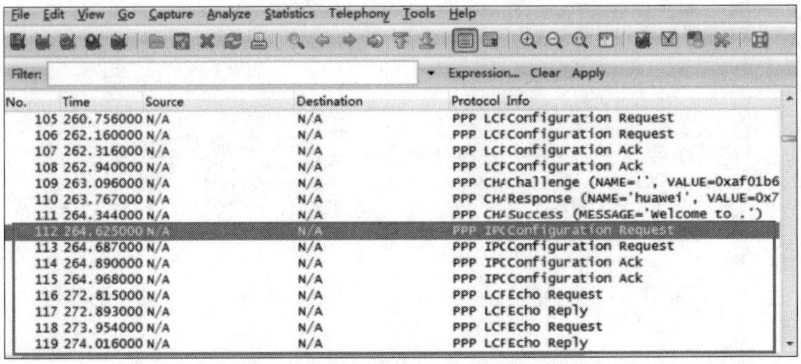

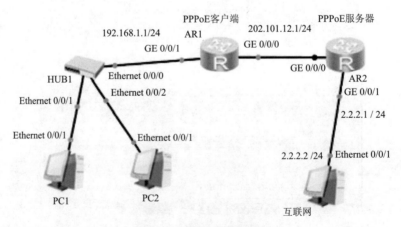

图 4-25 CHAP 认证周期性数据包

3. 搭建 PPPoE 实验环境并捕获 PPPoE 流量

PPPoE 主要用于用户端和运营商的接入服务器之间建立通信链路，要捕获 PPPoE 流量，这里搭建简易的 PPPoE 实验环境，如图 4-26 所示。

图 4-26 PPPoE 实验拓扑

4. 分析 PPPoE 协议

搭建好实验环境并配置好 PPPoE 及 CHAP 认证后，使用 Wireshark 在路由器 AR2 的 GE0/0/0 接口上捕获数据包，如图 4-27 所示。

第 4 章 数据链路层与网络层协议

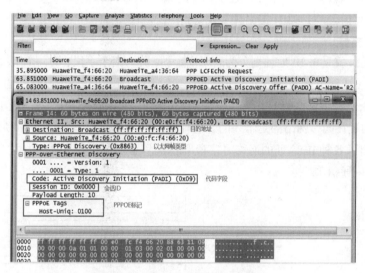

图 4-27 PPPoE 数据包列表

PPPoE 发现阶段具体捕获数据包如图 4-28 所示。

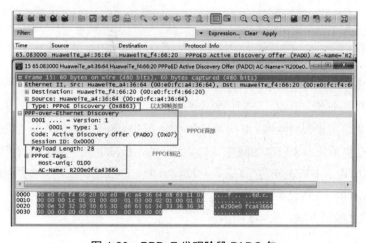

图 4-28 PPPoE 发现阶段广播包

PPPoE 发现阶段 PADO 包如图 4-29 所示。

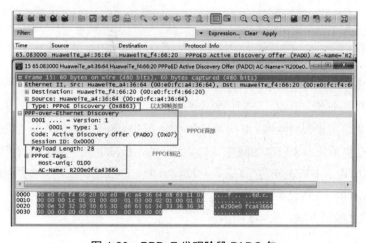

图 4-29 PPPoE 发现阶段 PADO 包

4.3 IP 协议

4.3.1 分类的 IP 地址

1. IP 地址概述

IP 协议有 IPv4 和 IPv6 两个版本，这里只涉及 IPv4 版本。

在 TCP/IP 协议族中，IP 地址是网络层的寻址机制，用来标识互联网中每一台主机（或路由器等网络设备）的每个接口分配一个在网络内的唯一的 32 位的标识符。IP 地址是由互联网名字和数字分配机构 ICANN 进行分配。

IP 地址的编址方法共经过了三个历史阶段：

（1）分类的 IP 地址阶段。在 1981 年通过了相应的标准，是最基本的编址方法。

（2）划分子网阶段。在 1985 年通过了相应的标准 RFC 950。

（3）构成超网阶段。1993 年提出并很快得到广泛应用。

2. IP 地址格式

分类的 IP 地址就是将 IP 地址划分为若干固定类，分为两个字段，第一个字段是网络号（net-id），它标识主机（或路由器等网络设备）所连接到的网络。网络号必须是唯一的。第二个字段是主机号（host-id），它标识该主机（或路由器等网络设备）。在一个网络中主机号也必须是唯一的。因此，一个 IP 地址在同一网络内是唯一的。这种两级的 IP 地址结构如图 4-30 所示。

图 4-31 给出了各种 IP 地址的网络号字段和主机号字段，这里 A 类、B 类和 C 类地址都是单播地址（一对一通信）。

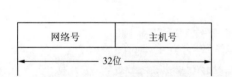

图 4-30 两级 IP 地址结构

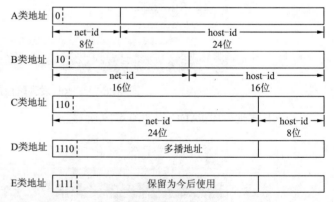

图 4-31 IP 地址中的网络号字段和主机号字段

A、B 和 C 是三个基本类别，分别代表着不同规模的网络，A 类地址由 1 字节的网络号和 3 字节的主机号组成，用于大型网络。B 类地址由 2 字节的网络号和 2 字节的主机号组成，用于中等规模的网络。C 类地址由 3 字节的网络号和 1 字节的主机号组成，用于小规模的网络。D 类地址前 4 字节是 1110，表示多播地址。它的范围为 224.0.0.0～239.255.255.255。E 类地址为保留地址，地址范围为 240.0.0.0～255.255.255.254。

基本的 IP 地址编码方案如表 4-3 所示。

表 4-3 基本的 IP 地址编码方案

地址类别	高位字节	网络 ID 范围	可支持的网络数	每个网络支持的主机数
A	0------	1～126	126（2^7-2）	16 777 214（$2^{24}-2$）
B	10------	128.1～191.255	16 382（$2^{14}-2$）	65 534（$2^{16}-2$）
C	110------	192.0.1～223.255.255	2 097 150（$2^{21}-2$）	254（2^8-2）

3. IP 地址的表示方法

为增加 IP 地址的可读性，IP 地址可用点分十进制的形式表示。采用 x.x.x.x 的格式来表示，每个 x 都是 8 位二进制数所对应的十进制数。例如，32 位二进制 IP 地址 11000000 00000101 00110000 00000011，可表示成点分十进制形式的 IP 地址 192.5.48.3。

4. 私有地址

互联网数字分配机构（Internet Assigned Numbers Authority，IANA）将 A、B、C 类地址中保留的一部分作为私有地址（Private Address）。三类私有地址范围如下：

A 类：10.0.0.0～10.255.255.255。

B 类：172.16.0.0～172.32.255.255。

C 类：192.168.0.0～192.168.255.255。

这些地址是专门给没有连接到因特网的设备用的。如果连接到因特网，就需要使用公用地址。

5. 特殊的 IP 地址

以下六种 IP 地址具有特殊意义：

（1）网络地址：主机号全为 0，这类地址用于标识网络，主要用于路由，可以减小路由表的规模，因此不能分配给主机使用。

（2）直接广播地址：主机号全为 1，它只能作为目的地址使用，用于向指定网络上的所有主机发送数据。

（3）受限广播地址：32 位都是 1，即 255.255.255.255，它只能作为目的地址使用，用于本网络内的广播。

（4）本网络特定主机地址：网络号全为 0，它只能作为目的地址使用，用户某个主机向同一网络上的其他主机发送数据包。这也是将数据包限制在本地网络中的一种方法。

（5）本网络本主机地址：32 位全为 0，即 0.0.0.0，只能作为源地址使用，表示本网络本主机。

（6）环回地址：环回接口允许运行在同一台主机的客户程序和服务器程序通过 TCP/IP 进行通信。大多数系统把 127.0.0.1 分配给这个接口并命名为 Localhost。这个地址一般用来做循环测试。

4.3.2 划分子网和构成超网

1. 子网的概念

分类的 IP 地址存在两个主要问题：IP 地址的有效利用率与路由器的工作效率。为了解决这个问题，人们提出了子网（subnet）的概念。划分子网的基本思想是：借用主机号的一部分作为子网的子网号，划分出更多的子网 IP 地址，而对于外部路由器的寻址没有影响。

2. 划分子网的地址结构

引入子网的概念后，IP 地址从两级结构变成了三级结构：网络号（net-id）、子网号（subnet-id）和主机号（host-id）。其结构如图 4-32 所示。同一个子网中所有的主机必须使用相同的网络号和子网号。子网的概念适用于 A 类、B 类或 C 类 IP 地址。

3. 子网掩码的概念

对于分类的 IP 地址而言，读者可以从数值上直观地区分出其类别，分辨出它的网络号和主机号。但是，在划分子网阶段，如何在一个 IP 地址中识别出其子网号？为了解决这个问题，人们提出了子网掩码（Subnet Mask）的概念。

子网掩码的长度和 IP 地址的长度一样都是 32 位（二进制），通常也是使用点分十进制来表示。子网掩码中的 1 表示 IP 地址中对应位是网络号和子网号，子网掩码中的 0 表示 IP 地址中对应位是主机号。例如，子网掩码 255.255.255.0 表示，拥有该子网掩码的 IP 地址的网络号和主机号共占 24 位，主机位占 8 位。

子网掩码的概念同样适用于标准分类的 A 类、B 类和 C 类 IP 地址，称为默认的子网掩码。默认子网掩码如图 4-33 所示。

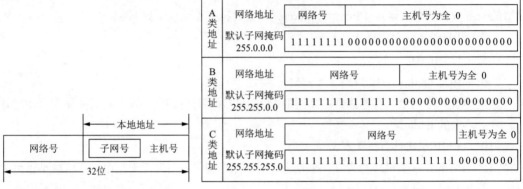

图 4-32　划分子网 IP 地址结构　　　　图 4-33　默认子网掩码

图 4-34 给出了一个 B 类地址的例子。156.23.3.11 如果作为一个分类的 IP 地址，是一个标准的 B 类地址，前 16 位表示网络号，后 16 位表示主机号，其默认子网掩码是 255.255.0.0。如果该地址是一个三级结构的 IP 地址，前 16 位的网络号不变，如果需要划分出 256（2^8）个子网，可以借用原 16 位主机号中的 8 位，该子网的主机号就变成 8 位，其子网掩码就是 255.255.255.0。

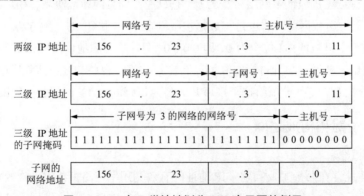

图 4-34　一个 B 类地址划分 256 个子网的例子

如上所述，对于分类的 IP 地址而言，可以从数值上直观地区分出其类别，分辨出它的网络号和主机号。但是如何借助子网掩码识别出子网号。读者可以通过以下公式得出子网的网络地址：

　　　　　　　（IP 地址）AND（子网掩码）= 子网的网络地址

公式的使用如图 4-35 所示。

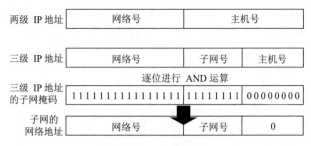

图 4-35 公式的使用

4. 子网划分的方法

本节使用下面的例子,对子网规划与地址空间划分的方法进行说明。

一个校园网要对一个 B 类 IP 地址(156.23.0.0)进行子网划分。该校园网由 216 个局域网组成。考虑到校园网的子网数量不超过 254 个(去除全 0 和全 1 的可能),因此可行的方案是进行子网划分时子网号的长度为 8 位(2^8=256)。这样子网掩码为 255.255.255.0。

在以上子网划分的方案中,校园网可用的 IP 地址如下:

子网 1:156.26.1.1 ~ 156.26.1.254

子网 2:156.26.2.1 ~ 156.26.2.254

子网 3:156.26.3.1 ~ 156.26.3.254

……

子网 254:156.26.254.1 ~ 156.26.254.254

由于子网地址与主机号不能使用全 0 或全 1,因此校园网只能拥有 254 个子网,每个子网只能有 254 台主机。

本节可以总结出划分子网的基本方法。

(1)确定子网数量,将其转换为 2^n,如要分 16(2^4)个子网。如果要分的子网的数量不是 2 的整数次方,就靠上取值。如要分 20 个子网,就取 2^5。

(2)确定子网地址位数,记为 n,如上例要分 20 个子网,取 2^5,就是说子网号是 5 位,n=5。

(3)确定子网掩码,网络号和子网号都表示为 1,主机号表示为 0。如果一个 B 类网络的子网号是 3 位,其子网掩码是 255.255.224.0;如果一个 C 类网络的子网号是 3 位,其子网掩码是 255.255.255.224。

(4)确定主机地址位数,也就是 32- 网络号位数 - 子网号位数的值,记为 m。例如,B 类网络的子网号是 3 位,其主机位数是 m=32-16-3=13 位。

(5)确定子网中可容纳的主机数量,即是 2^m-2。考虑到全 0 和全 1 的主机地址有特殊含义,所以不作为有效 IP 地址。

(6)确定每个子网的地址。如果 n=2,则有四个子网地址:00、01、10、11。

(7)确定每个子网中主机地址范围。

5. 可变长子网掩码(Variable Length Subnet Masking,VLSM)

上述子网划分解决了将一个网络划分成多个等分主机的小网络的问题,但实际划分子网中需要分配拥有不同主机数目的子网。这是需要使用多级子网划分技术,就是 VLSM。下面举例说明。

例如,某个公司申请一个 C 类 202.60.31.0 的 IP 地址。该公司有 100 名员工在销售部工作,50 名员工在财务部工作,25 名员工在设计部工作。要求为销售部、财务部和设计部分别组建子网。

（1）先确定要分三个子网，一个子网拥有 100 个 IP 地址，分配给销售部；一个子网拥有 50 个 IP 地址，分配给财务部；一个子网拥有 25 个 IP 地址，分配给设计部。

（2）拥有最大主机地址是 100 个，取 128（2^7），该子网的主机号占 7 位，因此子网号只能借 1 位，该子网的子网掩码是 255.255.255.128，可以先把 C 类的 IP 地址分成两等分：202.60.31.0 和 202.60.31.128，这两个地址分别对应着子网号是 0 和 1。

（3）可以拿出其中一个 IP 地址分配给拥有 100 个员工的销售部的子网，剩下的那一个 IP 地址继续用来划分给财务部和设计部。把子网掩码是 255.255.255.128 的 IP 地址 202.60.31.0 分配给销售部子网，把子网掩码是 255.255.255.128 的 IP 地址 202.60.31.128 拿来继续往下分配。先关注拥有主机数目次大的财务部子网，该子网有 50 个 IP 地址，取 64（2^6），该子网的主机号占 6 位，子网向主机位再借 1 位，子网号占 2 位，这时的子网掩码是 255.255.255.192。202.60.31.128 就被分配成两等份：202.60.31.128 和 202.60.31.192。这两个地址分别对应这子网号是 10 和 11。

（4）同理，把子网掩码是 255.255.255.192 的 IP 地址 202.60.31.128 分配给财务部子网，剩下的那一个 IP 地址分配给设计部子网。

可以把剩下的那一个 IP 地址继续划分一部分分给设计部，剩余的地址用来作为备用地址。读者可以自己尝试如何继续划分。上述四步划分子网过程如图 4-36 所示。

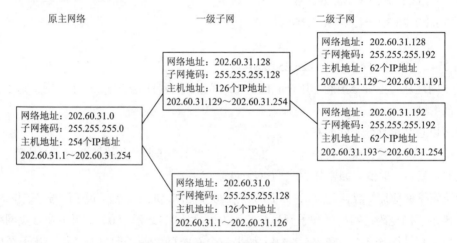

图 4-36　使用 VLSM 进行多级子网划分

6. 构造超网

在 VLSM 基础上人们提出了无类别域间路由（Classless Inter-Domain Routing，CIDR）的概念。读者可以从以下几点来理解 CIDR 技术：

（1）CIDR 将剩余的 IP 地址按可变大小的地址块来分配，以任意的二进制倍数的大小来分配地址。

（2）CIDR 使用网络前缀来代替三级结构中的网络号和子网号。从三级编址又回到了两级编址。因此，CIDR 地址采用"斜线记法"，即 <前缀>/<主机号>。例如，一个地址块中的一个 IP 地址是 200.16.23.1/20，那么它表示这个地址的前 20 位就是网络前缀，主机号是后 12 位。其地址结构为

200.16.23.0/20=<u>11001000 00010000 0001</u> 0111 00000001

下画线中数字表示网络前缀，后面 12 位是主机号。

（3）CIDR 将网络前缀相同的连续的 IP 地址组成一个"CIDR 地址块"。200.16.23.1/20 的网

络前缀是 20 位，那么该地址块的主机号可以达到 4 096（2^{12}）个。

（4）一个 CIDR 地址块由起始地址和网络前缀来表示。地址块的起始地址是指地址块中地址数值最小（即主机号全 0）的一个。例如，200.16.23.1/20 中起始地址为

200.16.16.0/20=<u>11001000 00010000 0001</u> 0000 00000000

这个地址块中最大地址是主机号全为 1 的地址为

200.16.31.255/20=<u>11001000 00010000 0001</u> 1111 11111111

（5）CIDR 地址块中主机号为全 0 的网络地址及主机号为全 1 的广播地址不分配给主机，因此，这个 CIDR 地址块中可以分配的 IP 地址为

200.16.16.1/20 ～ 200.16.31.254/20

下面通过举例说明 CIDR 技术的应用。

如果某高校信息中心获得 200.24.16.0/20 的地址块，要等分给八个系。先确定 CIDR 地址块中借用主机号的长度，由于 $2^3=8$，借用主机号前三位，就可以实现进一步划分为八个等长的较小的地址块的目的。具体划分如表 4-4 所示。

表 4-4　划分方法

地 址 所 属	CIDR 地址块	地址展开式
校园网地址	200.24.16.0/20	11001000 00011000 0001 0000 00000000
一系地址	200.24.16.0/23	11001000 00011000 0001 0000 00000000
二系地址	200.24.18.0/23	11001000 00011000 0001 0010 00000000
三系地址	200.24.20.0/23	11001000 00011000 0001 0100 00000000
四系地址	200.24.22.0/23	11001000 00011000 0001 0110 00000000
五系地址	200.24.24.0/23	11001000 00011000 0001 1000 00000000
六系地址	200.24.26.0/23	11001000 00011000 0001 1010 00000000
七系地址	200.24.28.0/23	11001000 00011000 0001 1100 00000000
八系地址	200.24.30.0/23	11001000 00011000 0001 1110 00000000

4.3.3　IP 数据报的格式

1. IP 协议概述

IP 协议是 TCP/IP 协议中最核心的协议，为网络数据传输和网络互连提供最基本的服务。因此网络层也称 IP 层。IP 协议不是单独工作，通常 IP 协议与地址解析协议 ARP、逆向地址解析协议（Reserve Address Resolution Protocol，RARP）、因特网控制报文协议（Internet Control Message Protocol，ICMP）、因特网组管理协议（Internet Group Management Protocol，IGMP）这四个协议相互作用，共同工作。具体如图 4-37 所示。

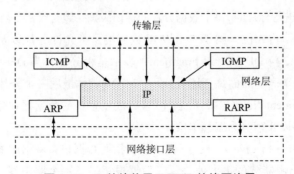

图 4-37　IP 协议位于 TCP/IP 协议网络层

IP 协议的基本功能主要有两个：

（1）寻址：就是使用 IP 地址来实现路由功能。

（2）分片：IP 协议可以对数据报大小进行分片和重组，可以适应不同底层网络对数据报大小的限制。

IP 协议是一个无连接、不可靠、点对点的协议，传输数据只能尽力而为。

2．IP 数据报格式

一个 IP 数据报由首部和数据两部分组成。首部由固定部分和可变部分构成。固定部分占 20 字节，是所有 IP 数据报必须具有的。可变部分是一些可选字段，其长度可变。IP 数据报格式如图 4-38 所示。

图 4-38 IP 数据报格式

3．IP 数据报首部格式

IP 数据报首部各个字段及功能如下：

（1）版本（Version）：占 4 位，指 IP 协议的版本。目前使用的版本号是 4（二进制 0100）。

（2）首部长度（Header Length，HL）：占 4 位，以 4 字节为单位表示 IP 首部的全部长度。首部长度最大值是 15 个单位，因此 IP 数据报首部长度最大值是 60 字节。

（3）区分服务（DiffService）：占 8 位，提供所需服务质量的参数集，包括优先级和服务类型两个部分。优先级在前 3 位中定义，服务类型在接着的后 4 位中定义，最后 1 位是预留位，值为 0，如图 4-39 所示。

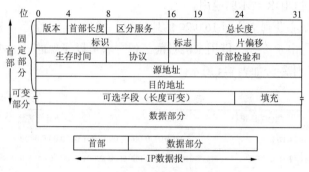

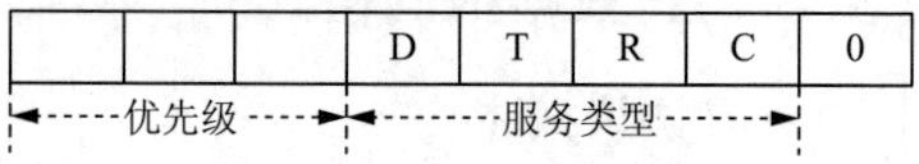

图 4-39 区分服务字段结构

（4）总长度（Total Length）：占 16 位，指首部和数据部分之和的长度，单位是字节。当 IP 数据报交付到以太网中传输时，应该要注意 IP 数据报总长度必须不超过 MTU。

（5）标识（Identification）：占 16 位，用于为数据分片的数据单元提供唯一标识。该标识由源主机产生，当 IP 数据报进行分片时，每个数据分片的标识应该一致且唯一，从而完成数据报的重组。

（6）标志（Flags）：占 3 位，用于表示该 IP 数据报是否允许分片以及是否是最后的一片。第 1 位保留设为 0，第 2 位 DF（Don't Fragment）表示是否分片，当 DF=0 时才允许分片，第 3 位 MF（More Fragment）表示后面是否还有分片，MF=0 表示最后一个分片。

（7）片偏移（Fragmentation Offset）：占 13 位，表示较长的数据报在分片后某片在原数据报中的相对位置。片偏移以 8 字节为偏移单位。

（8）生存时间（Time to Live，TTL）：占 8 位，指明数据报在网络中的生存时间。一般用数据报在网络中通过的路由器数的最大值表示。数据报每经过一个路由器，TTL 值减 1。当 TTL

减到 0 值时，路由器会把该数据报丢弃，不管该数据报是否已经到达目的端。

（9）协议（Protocol）：占 8 位，指出该数据报携带的数据使用哪种协议。协议号已经形成了标准，如 TCP 的协议号是 6，UDP 的协议号是 17，ICMP 的协议号是 1。

（10）首部检验和（Header Checksum）：占 16 位，只检验 IP 数据报的首部，不检验数据部分。

（11）源地址（Source Address）：占 32 位，指源主机的 IP 地址。这个字段不能包含多播或广播地址。

（12）目的地址（Destination Address）：占 32 位，指目的主机的 IP 地址。这个字段能够包括单播、多播或广播地址。

（13）可选字段（Options）：长度可变，用来支持排错、测量及安全等功能。

4.3.4 IP 报文分析

常用的 ping 命令传送的是 ICMP 回送请求和应答报文，封装在 IP 数据报中进行传输。在命令行中用 ping 命令，构造较大的数据包发送到目标主机，在这个过程中，ICMP 回送请求报文和应答报文会被 IP 协议进行分片和重组。

下面利用 Wireshark 软件抓取 IP 数据报分片过程中的数据包，分析报文首部字段的值及其含义。（本节配置主机 A 的 IP 地址为 192.168.50.2/24，主机 B 的 IP 地址为 192.168.50.1/24，读者操作时，IP 地址等信息会根据实际情况有所区别。）

在主机 A 上启动 Wireshark 软件，选择 Capture/Options，在 Capture Filter 栏设置捕捉过滤器的过滤条件为 ip proto \icmp 或 icmp，单击 Start 按钮开始捕获数据包，如图 4-40 所示。

在主机 A 上 ping 主机 B。在主机 A 的命令提示符窗口中执行如下命令：

```
ping 192.168.50.1 -l 4000
```

如图 4-41 所示，发送四个 ICMP 回送请求报文到主机 192.168.50.1。这四个 ICMP 报文的数据部分为 4 000 字节，首部为 8 字节 (ICMP 协议具体内容详见教材 4.6 节)，封装在 IP 数据报中进行传输。以太网仅支持 1 500 字节的 MTU，因此，这里的 IP 数据报必须进行分片。

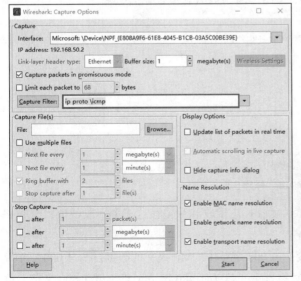

图 4-40　Wireshark 过滤条件　　　　图 4-41　命令提示符窗口

在 Wireshark 软件中，点击 Stop 按钮停止捕获，观察捕获到的数据包。如图 4-42 所示，序号为 1、2、3 的数据包是一个 IP 数据报的三个分片，它们的封包详细信息如图 4-43～图 4-45 所示。

```
No..  Time       Source        Destination   Protocol  Info
  1   0.000000   192.168.50.2   192.168.50.1   IP       Fragmented IP protocol (proto=ICMP 0x01, off=0)
  2   0.000014   192.168.50.2   192.168.50.1   IP       Fragmented IP protocol (proto=ICMP 0x01, off=1480)
  3   0.000019   192.168.50.2   192.168.50.1   ICMP     Echo (ping) request
  4   0.002921   192.168.50.1   192.168.50.2   IP       Fragmented IP protocol (proto=ICMP 0x01, off=0)
  5   0.006397   192.168.50.1   192.168.50.2   IP       Fragmented IP protocol (proto=ICMP 0x01, off=1480)
  6   0.006398   192.168.50.1   192.168.50.2   ICMP     Echo (ping) reply
  7   1.012923   192.168.50.2   192.168.50.1   IP       Fragmented IP protocol (proto=ICMP 0x01, off=0)
  8   1.012941   192.168.50.2   192.168.50.1   IP       Fragmented IP protocol (proto=ICMP 0x01, off=1480)
  9   1.012945   192.168.50.2   192.168.50.1   ICMP     Echo (ping) request
 10   1.022043   192.168.50.1   192.168.50.2   IP       Fragmented IP protocol (proto=ICMP 0x01, off=0)
 11   1.027239   192.168.50.1   192.168.50.2   IP       Fragmented IP protocol (proto=ICMP 0x01, off=1480)
 12   1.027397   192.168.50.1   192.168.50.2   ICMP     Echo (ping) reply
```

图 4-42　分片和重组过程中的数据包

```
No..  Time       Source        Destination   Protocol  Info
  1   0.000000   192.168.50.2   192.168.50.1   IP       Fragmented IP protocol (proto=ICMP 0x01, off=0)
  2   0.000014   192.168.50.2   192.168.50.1   IP       Fragmented IP protocol (proto=ICMP 0x01, off=1480)
  3   0.000019   192.168.50.2   192.168.50.1   ICMP     Echo (ping) request
⊞ Frame 1 (1514 bytes on wire, 1514 bytes captured)
⊞ Ethernet II, Src: b8:86:87:f7:54:2f (b8:86:87:f7:54:2f), Dst: 88:d7:f6:6c:78:60 (88:d7:f6:6c:78:60)
⊟ Internet Protocol, Src: 192.168.50.2 (192.168.50.2), Dst: 192.168.50.1 (192.168.50.1)
     Version: 4
     Header length: 20 bytes
   ⊞ Differentiated Services Field: 0x00 (DSCP 0x00: Default; ECN: 0x00)
     Total Length: 1500
     Identification: 0x31c6 (12742)
   ⊟ Flags: 0x02 (More Fragments)
       0... = Reserved bit: Not set
       .0.. = Don't fragment: Not set
       ..1. = More fragments: Set
     Fragment offset: 0
     Time to live: 64
     Protocol: ICMP (0x01)
   ⊞ Header checksum: 0x3e07 [correct]
     Source: 192.168.50.2 (192.168.50.2)
     Destination: 192.168.50.1 (192.168.50.1)
     Reassembled IP in frame: 3
  Data (1480 bytes)
```

图 4-43　分片 1

```
No..  Time       Source        Destination   Protocol  Info
  1   0.000000   192.168.50.2   192.168.50.1   IP       Fragmented IP protocol (proto=ICMP 0x01, off=0)
  2   0.000014   192.168.50.2   192.168.50.1   IP       Fragmented IP protocol (proto=ICMP 0x01, off=1480)
  3   0.000019   192.168.50.2   192.168.50.1   ICMP     Echo (ping) request
⊞ Frame 2 (1514 bytes on wire, 1514 bytes captured)
⊞ Ethernet II, Src: b8:86:87:f7:54:2f (b8:86:87:f7:54:2f), Dst: 88:d7:f6:6c:78:60 (88:d7:f6:6c:78:60)
⊟ Internet Protocol, Src: 192.168.50.2 (192.168.50.2), Dst: 192.168.50.1 (192.168.50.1)
     Version: 4
     Header length: 20 bytes
   ⊞ Differentiated Services Field: 0x00 (DSCP 0x00: Default; ECN: 0x00)
     Total Length: 1500
     Identification: 0x31c6 (12742)
   ⊟ Flags: 0x02 (More Fragments)
       0... = Reserved bit: Not set
       .0.. = Don't fragment: Not set
       ..1. = More fragments: Set
     Fragment offset: 1480
     Time to live: 64
     Protocol: ICMP (0x01)
   ⊞ Header checksum: 0x3d4e [correct]
     Source: 192.168.50.2 (192.168.50.2)
     Destination: 192.168.50.1 (192.168.50.1)
     Reassembled IP in frame: 3
  Data (1480 bytes)
```

图 4-44　分片 2

当数据报被分片时，改变的是数据报总长度、标志字段和片偏移这三个字段的值，校验和字段的值要重新计算，其余各字段必须被复制。

分析可知，原数据报的数据部分总长度为 4 008 字节（ICMP 报文的数据部分 4 000 字节 + 首部长度 8 字节）。分片后，前两个分片的数据部分长度为 1 480 字节（总长度 1 500 字节 - 首部长度 20 字节），最后一个分片的数据部分长度为 1 048 字节（4 008 字节 - 1 480 字节 ×2）。

表 4-5 中列出了这三个分片首部部分字段的值。这三个分片的标识字段的值均为 19 626，表示它们所属同一个数据报，这是分片重组的依据。

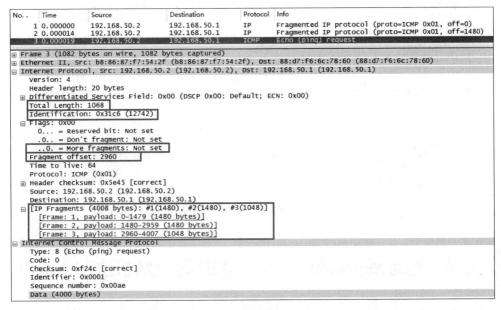

图 4-45 分片 3

表 4-5 分片首部部分字段的值

序　号	数据报总长度	标　识	MF 位	片偏移
1	1500	12742	1	0（0/8）
2	1500	12742	1	185（1480/8）
3	1068	12742	0	370（2960/8）

序号为 1、2 的分片，其片偏移字段中 MF 位值为 1，表示该片不是原数据报的最后一片；序号为 11 的分片，其 MF 位值为 0，表示其是原数据报中的最后一个分片。

序号为 3 的分片，其片偏移值为 0，表示其数据部分从字节 0 开始，其是原数据报的第一个分片。这个分片的数据部分长度为 1 480 字节（总长度 1 500 字节 – 首部长度 20 字节），因此下一个分片从字节 1 480 开始，片偏移值为 1 480/8，即 185，而序号为 10 的分片的片偏移值为 185，因此其是原数据报的第二个分片。其他分片的分析过程与之类似。这三个分片中的数据部分分别从字节 0、1 480、2 960 开始。

标识字段、标志字段和片偏移字段是 IP 数据报中与分片相关的字段，根据这些字段的值，可以在目的站把分片无误地重组为原来的数据报。

看到这里读者可能会有疑惑，为什么表中的片偏移的值和 Wireshark 封包详细信息窗口中显示的值不同？这里需要注意，Wireshark 中解析的片偏移值以字节为单位，而 RFC791 规定片偏移值以 8 字节为单位。本节以序号为 2 的第二个分片为例，该分片从字节 1 480 开始，片偏移字段以 8 个字节为偏移单位，因此它的片偏移值是 1 480/8，即为 185。如图 4-46 所示，在 Wireshark 十六进制数据查看面板中，显示这个分片的标志位和片偏移的值是 0x20b9，用二进制的形式表示的结果是 0010 0000 1011 1001，即标志位为 001，其中 MF 位为 1；代表片偏移的 13 位为 0 0000 1011 1001，转换成十进制形式即为 185，与本节的分析结果相同。

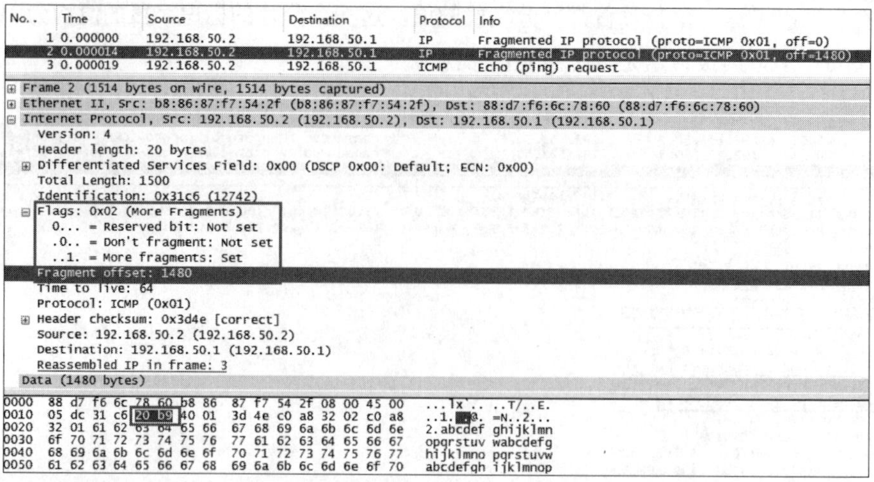

```
No.     Time        Source          Destination     Protocol  Info
  1 0.000000    192.168.50.2    192.168.50.1    IP        Fragmented IP protocol (proto=ICMP 0x01, off=0)
  2 0.000014    192.168.50.2    192.168.50.1    IP        Fragmented IP protocol (proto=ICMP 0x01, off=1480)
  3 0.000019    192.168.50.2    192.168.50.1    ICMP      Echo (ping) request
⊞ Frame 2 (1514 bytes on wire, 1514 bytes captured)
⊞ Ethernet II, Src: b8:86:87:f7:54:2f (b8:86:87:f7:54:2f), Dst: 88:d7:f6:6c:78:60 (88:d7:f6:6c:78:60)
⊟ Internet Protocol, Src: 192.168.50.2 (192.168.50.2), Dst: 192.168.50.1 (192.168.50.1)
    Version: 4
    Header length: 20 bytes
  ⊞ Differentiated Services Field: 0x00 (DSCP 0x00: Default; ECN: 0x00)
    Total Length: 1500
    Identification: 0x31c6 (12742)
  ⊟ Flags: 0x02 (More Fragments)
        0... = Reserved bit: Not set
        .0.. = Don't fragment: Not set
        ..1. = More fragments: Set
    Fragment offset: 1480
    Time to live: 64
    Protocol: ICMP (0x01)
  ⊞ Header checksum: 0x3d4e [correct]
    Source: 192.168.50.2 (192.168.50.2)
    Destination: 192.168.50.1 (192.168.50.1)
    Reassembled IP in frame: 3
    Data (1480 bytes)

0000  88 d7 f6 6c 78 60 b8 86  87 f7 54 2f 08 00 45 00   ...lx`....T/..E.
0010  05 dc 31 c6 20 b9 40 01  3d 4e c0 a8 32 02 c0 a8   ..1. .@.=N..2..
0020  32 01 61 62 63 64 65 66  67 68 69 6a 6b 6c 6d 6e   2.abcdefghijklmn
0030  6f 70 71 72 73 74 75 76  77 61 62 63 64 65 66 67   opqrstuvwabcdefg
0040  68 69 6a 6b 6c 6d 6e 6f  70 71 72 73 74 75 76 77   hijklmnopqrstuvw
0050  61 62 63 64 65 66 67 68  69 6a 6b 6c 6d 6e 6f 70   abcdefghijklmnop
```

图 4-46　分片 2 的十六进制表示

4.4　地址解析协议（ARP）和逆地址解析协议（RARP）

网络层使用的地址是 IP 地址，IP 数据报在底层网络中传输，还需要遵循底层网络的协议，数据链路层使用的地址是 MAC 地址，这就需要将 IP 地址映射为 MAC 地址，同时 MAC 地址也需要映射为 IP 地址。这两个过程称为地址解析。TCP/IP 协议族中的地址解析协议 ARP 和逆地址解析协议 RARP 协议解决地址解析的问题。

4.4.1　ARP 地址解析的工作原理

IP 数据报必须封装成帧通过底层以太网传输，这就要求发送方必须知道接收方的物理地址（MAC 地址）。ARP 协议解决的是 IP 地址映射 MAC 地址的问题。ARP 的功能分为两部分：一部分在发送数据报时请求获得目的节点的 MAC 地址；另一部分向请求 MAC 地址的节点发送解析结果。

如前所述，网络层使用的是 IP 地址，在底层数据链路层使用的是 MAC 地址。但是 IP 地址 32 位，MAC 地址 48 位，由于两个地址格式不同，所以不可能理解为简单的映射关系。人们在主机 ARP 高速缓存中存放一个从 IP 地址映射到 MAC 地址的映射表，并且这个映射表还经常动态更新。

下面举例说明 ARP 的工作原理。

当主机 A 要向本局域网中的主机 B 发送 IP 数据报时，就先在其 ARP 高速缓存中查看有无主机 B 的 IP 地址。如果有，就在 ARP 高速缓存中查出其对应的 MAC 地址，再把这个 MAC 地址写入 MAC 帧，然后通过局域网把该 MAC 帧发往此 MAC 地址。

但如果没有查到主机 B 的 IP 地址的项目。在这种情况下，主机 A 就自动运行 ARP，然后按以下步骤找出主机 B 的硬件地址：

（1）ARP 进程在本局域网上广播发送一个 ARP 请求报文，如图 4-47 所示。ARP 请求报文的主要内容是："我的 IP 地址是 208.0.0.5，硬件地址是 00-00-C0-15-AF-18。我想知道主机 208.0.0.6 的硬件地址。"

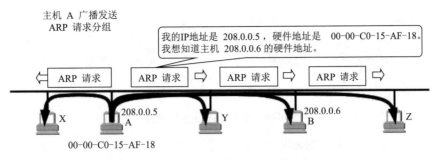

图 4-47　主机 A 广播发送 ARP 请求报文

（2）在本局域网上的所有主机上运行的 ARP 进程都收到此 ARP 请求报文。

（3）主机 B 的 IP 地址与 ARP 请求报文中要查询的 IP 地址一致，就收下这个 ARP 请求报文，并向主机 A 发送 ARP 响应报文，同时在这个 ARP 响应报文中写入自己的硬件地址。由于其余的所有主机的 IP 地址与 ARP 请求报文中要查询的 IP 地址不一致，因此都不回应该次 ARP 请求报文，如图 4-48 所示。ARP 响应报文的主要内容是："我是 208.0.0.6，我的硬件地址是 08-00-2B-00-EE-BA。"要注意的是 ARP 的响应是单播的。

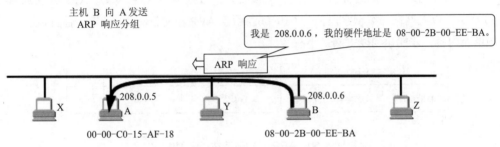

图 4-48　主机 B 向主机 A 发送 ARP 响应报文

（4）主机 A 收到主机 B 的 ARP 响应报文后，就在自己的 ARP 高速缓存中写入主机 B 的 IP 地址到硬件地址的映射。

这里需要注意以下几个问题：

（1）为了减少网络上的通信量，主机 A 在发送 ARP 请求报文时，就将自己的 IP 地址和硬件地址的映射写入 ARP 请求报文中。

（2）ARP 是解决同一局域网上的主机或路由器的 IP 地址和硬件地址的映射问题。如果要找的主机和源主机不在同一个局域网中，那么就要通过 ARP 找到一个位于本局域网上的某个路由器的硬件地址，然后把报文发送给这个路由器，让这个路由器把报文转发给下一个网络。剩下的工作就交给下一个网络来做。

（3）从 IP 地址到硬件地址的解析是自动进行的，主机用户并不知道解析过程。

（4）ARP 解析的结果存在 ARP 高速缓存中，是有一定生存时间（TTL）的。ARP 表中的每项条目都通过生存时间来控制其存储时间。这样可以动态地反映出网络的结构。当然对于某些长期固定使用的条目，管理员也可以通过绑定硬件地址的做法来固定给某个主机使用。

下面列举出使用 ARP 的四种典型情况，具体如图 4-49 所示。

发送方是主机，要把 IP 数据报发送到本网络上的另一个主机。这时用 ARP 找到目的主机的硬件地址。

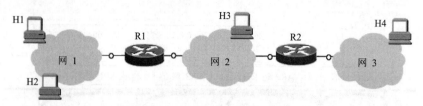

图 4-49　使用 ARP 的四种情况

发送方是主机，要把 IP 数据报发送到另一个网络上的一个主机。这时用 ARP 找到本网络上的一个路由器的硬件地址。剩下的工作由这个路由器来完成。

发送方是路由器，要把 IP 数据报转发到本网络上的一个主机。这时用 ARP 找到目的主机的硬件地址。

发送方是路由器，要把 IP 数据报转发到另一个网络上的一个主机。这时用 ARP 找到本网络上另一个路由器的硬件地址。剩下的工作由这个路由器来完成。

4.4.2 ARP 报文格式

ARP 工作在网络层和网络接口层之间，它所传送的数据称为 ARP 报文。ARP 报文的封装如图 4-50 所示。以太网帧的类型字段值为 0x0806。由于 ARP 报文只有 28 字节，后面必须加上 18 字节的填充内容，才能达到以太网最小有效帧长。

	帧首部			数据		尾部
	目的地址	源地址	类型	ARP报文	PAD	FCS
字节	6	6	2	28	18	4

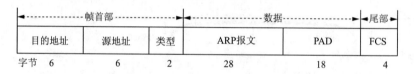

图 4-50　ARP 报文封装在以太网中

ARP 报文格式如图 4-51 所示，各个字段说明如下：

0	15 16	31
硬件类型		协议类型
硬件地址长度	协议地址长度	操作类型
发送方硬件地址		
发送方协议地址		
目标硬件地址		
目标协议地址		

图 4-51　ARP 报文格式

（1）硬件类型（Hardware Type）：占 16 位，定义物理网络类型。以太网的硬件类型值为 1。

（2）协议类型（Protocol Type）：占 16 位，定义协议类型，并使用标准协议 ID 值。

（3）硬件地址长度（Length of Hardware Address）：占 8 位，定义物理地址的长度。目前该字段是冗余字段。

（4）协议地址长度（Length of Protocol Address）：占 8 位，定义协议地址。目前该字段是冗余字段。

（5）操作码（Opcode）：占 16 位。ARP 和 RARP 都是通过一对请求和应答报文来完成解析的。TCP/IP 协议为了保证一致性和处理上的方便，将 ARP 和 RARP 的请求和应答报文设计成相同的格式，通过操作码字段来加以区别。ARP 和 RARP 的操作码如表 4-6 所示。

表 4-6 操作码

操作码	报文类型	操作码	报文类型	操作码	报文类型	操作码	报文类型
1	ARP 请求	2	ARP 应答	3	RARP 请求	4	RARP 应答

（6）发送方硬件地址（Sender Hardware Address）：定义发送方的物理地址，长度取决于硬件地址长度。

（7）发送方协议地址（Sender Hardware Address）：定义发送方的协议地址，长度取决于协议地址长度。

（8）目的硬件地址（Target Hardware Address）：定义目标设备的硬件地址。

（9）目的协议地址（Target Protocol Address）：定义目标设备的协议地址，如 IP 地址。

4.4.3 ARP 命令

1. 更改 ARP 表项的生存时间

ARP 请求使用广播，如果每次在发送 IP 数据报前都重复地址解析过程，肯定会带来很大的网络开销。为了减少这类网络开销，每台主机或路由器维护一个名为 ARP 缓存的本地列表。

如前所述，ARP 缓存表中的每个条目都设定了生存时间。默认情况下，Windows 系统中 ARP 表项的生存时间以 120 s 为周期，这就意味着 ARP 表项过了 120 s 后就会被丢弃。

2. 查看和管理 ARP 缓存

在 Windows 系统中使用 arp 命令可以对 ARP 缓存进行查看和管理。arp 命令的格式如下：

（1）arp -a IP 地址：显示地址映射表项。

（2）arp -d IP 地址：删除由该 IP 地址所指定的表项。

（3）arp -s IP 地址 物理地址：手动添加并绑定指定 IP 地址与物理地址的映射。

> 注意：arp 命令只能用于管理本地主机上的 ARP 高速缓存。

下面举例说明以上命令的用法。

首先使用【Win+R】快捷键打开运行对话框，在"打开"文本框中输入 cmd，按【Enter】键，打开命令提示符窗口。

使用 arp -a 命令可以查看本机存储的 ARP 表，如图 4-52 所示。

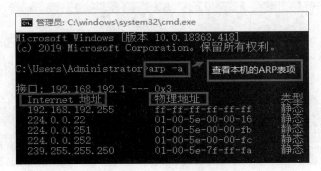

图 4-52 arp 命令使用实例

如果主机有多个网卡接口，使用 arp -a 命令就会显示出该主机所有接口的 ARP 表项，如图 4-53 所示。

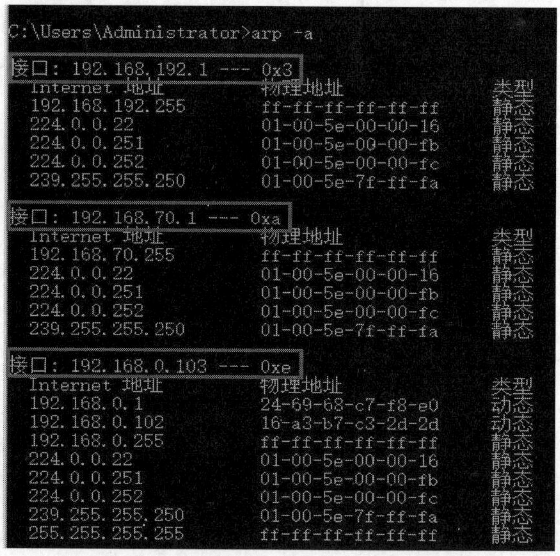

图 4-53 多接口主机使用 arp -a 的实例

如果只想查看多接口主机的某一个接口的 ARP 表项，可以在 arp -a 后面加上该接口的 IP 地址。例如，arp -a -N 192.168.0.103 表示只查看本机 IP 地址为 192.168.0.103 的接口的 ARP 表项，如图 4-54 所示。

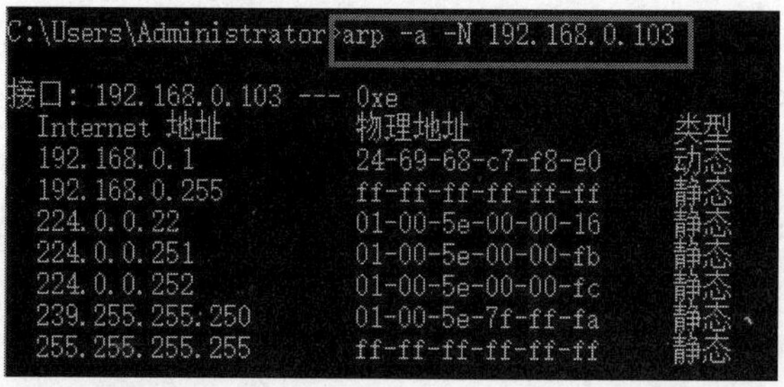

图 4-54 只查看主机 IP 为 192.168.0.103 的接口的 ARP 表项

如果要在 IP 地址为 192.168.0.103 的接口上添加并绑定 IP 地址 192.168.1.102 与物理地址 16-a3-b7-c3-2d-2d，可以使用命令 arp -s 192.168.1.102 16-a3-b7-c3-2d-2d -N 192.168.0.103，如图 4-55 所示。

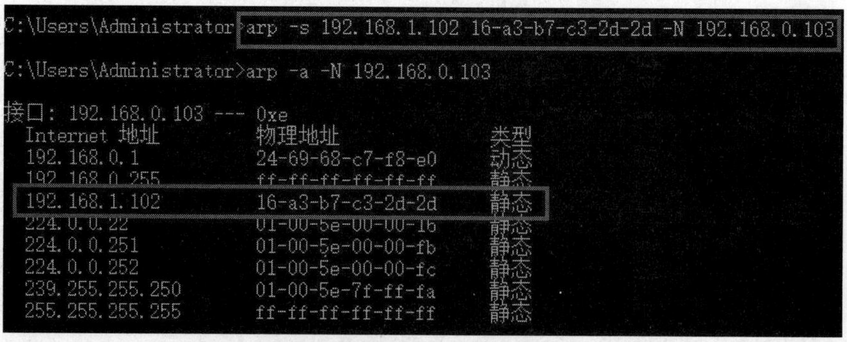

图 4-55 静态绑定物理地址实例

如果要将刚才绑定的静态 ARP 表项删除，可以使用命令 arp -d 192.168.1.102，如图 4-56 所示。

第 4 章 数据链路层与网络层协议

```
C:\Users\Administrator>arp -a -N 192.168.0.103
接口: 192.168.0.103 --- 0xe
  Internet 地址         物理地址              类型
  192.168.0.1          24-69-68-c7-f8-e0     动态
  192.168.0.255        ff-ff-ff-ff-ff-ff     静态
  192.168.1.102        16-a3-b7-c3-2d-2d     静态
  224.0.0.22           01-00-5e-00-00-16     静态
  224.0.0.251          01-00-5e-00-00-fb     静态
  224.0.0.252          01-00-5e-00-00-fc     静态
  239.255.255.250      01-00-5e-7f-ff-fa     静态
  255.255.255.255      ff-ff-ff-ff-ff-ff     静态

C:\Users\Administrator>arp -d 192.168.1.102
C:\Users\Administrator>arp -a -N 192.168.0.103
接口: 192.168.0.103 --- 0xe
  Internet 地址         物理地址              类型
  192.168.0.1          24-69-68-c7-f8-e0     动态
  192.168.0.255        ff-ff-ff-ff-ff-ff     静态
  224.0.0.22           01-00-5e-00-00-16     静态
  224.0.0.251          01-00-5e-00-00-fb     静态
  224.0.0.252          01-00-5e-00-00-fc     静态
  239.255.255.250      01-00-5e-7f-ff-fa     静态
  255.255.255.255      ff-ff-ff-ff-ff-ff     静态
```

图 4-56　删除 ARP 表项实例

4.4.4　代理 ARP

ARP 不仅仅解决了单个主机中 IP 数据报交付到底层网络中地址解析的问题，还可以为一组主机或一个子网实现 ARP。这就是代理 ARP（Proxy-ARP）。

代理 ARP 的原理就是当出现跨网段的 ARP 请求时，路由器将自己的 MAC 返回给发送 ARP 广播请求的发送者，实现 MAC 地址代理（善意的欺骗），最终使得主机能够通信。如图 4-57 所示，R1 和 R3 处于不同的局域网，R1 和 R3 在相互通信时，R1 先发送了一个 ARP 广播数据包，请求 R3 的 MAC 地址，但是由于 R1 是 10.12.1.0 网段，而 R3 是 10.23.1.0 网段，R1 和 R3 之间是跨网段访问的，也就是说 R1 的 ARP 请求会被 R2 拦截到，然后 R2 会封装自己的 MAC 地址为目的地址发送一个 ARP 响应数据包给 R1（善意的欺骗），然后 R2 会代替 R1 去访问 R3。整个过程 R1 以为自己访问的是 R3，实际上真正访问 R3 的是 R2，R1 却并不知道这个代理过程，这就是所谓的 ARP 代理，通常用于跨网段访问。

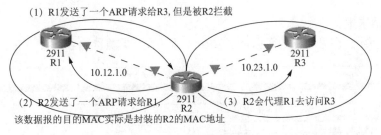

图 4-57　ARP 代理原理

注意：如果 R2 关闭了 ARP 的代理功能，那么 R1 再访问 R3 的时候，R2 并不会把自己的 MAC 地址给 R1，那么 R1 和 R3 之间就无法通信。默认情况下，思科的设备开启了 ARP 代理功能，也就是说，R2 会作为中间代理实现 R1 和 R3 之间跨网段通信。

4.4.5　RARP

RARP 可以实现从物理地址到 IP 地址的映射，主要被无盘计算机用来获取服务器分配给自己的 IP 地址。当无盘计算机被引导时，除了 IP 地址外，还需要获取更多的信息，如子网掩码、网关等。这些 RARP 无法满足，需要其他协议如 BOOTP 和 DHCP 来解决，目前 DHCP 已经取代 RARP。本书后续章节会介绍。

RARP 的报文格式与 ARP 的报文格式基本一样，只是操作码字段的值不同。与 ARP 一样，RARP 报文也封装在底层网络中，如果封装在以太网中，以太网帧的类型字段为 0x0835。

4.4.6 ARP 报文分析

ping 命令传送的是 ICMP 回送请求和应答报文，封装在 IP 数据报中进行传输。在两台主机间执行 ping 命令，以主机 A ping 同网一个网络中的主机 B。当主机 A 向主机 B 发送 IP 数据报时，主机 A 的 IP 层要将 IP 数据报封装成帧，首先要获取主机 B 的物理地址。主机 A 首先查找自己的 ARP 高速缓存，如果没有发现主机 B 的 IP 地址和物理地址的映射表项，就会广播一个 ARP 请求（帧的目的地址为广播地址），并获得响应。下面利用 Wireshark 软件捕获这个过程中的 ARP 报文，分析 ARP 协议的报文结构和解析过程。（本节配置主机 A 的 IP 地址为 192.168.50.2/24，主机 B 的 IP 地址为 192.168.50.1/24，读者操作时，IP 地址等信息会根据实际情况有所区别。）

配置主机 A 的 IP 地址为 192.168.50.2/24，主机 B 的 IP 地址为 192.168.50.1/24。

在主机 A 上启动 Wireshark 软件，选择 Capture/Options，在 Capture Filter 栏设置捕捉过滤器的过滤条件为 ether proto 0x0806，单击 Start 按钮开始捕获数据包。打开命令提示符窗口，在命令行中执行命令：

```
arp -d                  -- 清空 ARP 高速缓存
ping 192.168.50.1       -- 主机 A ping 主机 B
arp -a                  -- 查看主机 A 的 ARP 高速缓存中的所有项目
```

命令执行结果显示主机 B 的物理地址是 88-d7-f6-6c-78-60，如图 4-58 所示。

在 Wireshark 软件中，单击 Stop 按钮停止捕获。在封包列表中观察捕获的 ARP 报文。

图 4-58 ARP 高速缓存的内容

1. ARP 请求报文

如图 4-59 所示，序号为 1 的数据包是 ARP 请求报文，其具体内容分析如下：

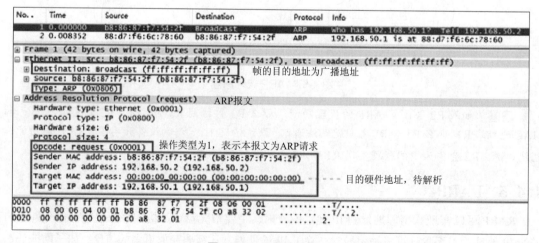

图 4-59 ARP 请求报文

第 4 章 数据链路层与网络层协议

（1）帧首部。

目的地址：FF:FF:FF:FF:FF:FF，ARP 请求以广播方式在物理网络中发送，因此这里使用广播地址。

源地址：B8:86:87:F7:54:2F，ARP 请求是由发送方生成的，此地址为发送方主机 A 的硬件地址。

类型：0x0806，表示帧中封装的是 ARP 报文。

（2）ARP 请求报文。

硬件类型：0x0001，表示物理网络的硬件类型为以太网。

协议类型：0x0800，表示使用 ARP 的协议是 IPv4。

硬件地址长度：0x06，以太网的硬件地址长度为 6 字节。

协议地址长度：0x04，IPv4 的地址长度是 4 字节。

操作类型：0x0001，表示本报文为 ARP 请求。

发送方硬件地址：B8:86:87:F7:54:2F，主机 A 的硬件地址。

发送方协议地址：192.168.50.2，主机 A 的 IP 地址。

目的硬件地址：00:00:00:00:00:00，主机 B 的硬件地址，待解析。

目的协议地址：192.168.50.1，主机 B 的 IP 地址。

2. ARP 应答报文

如图 4-60 所示，序号为 2 的数据包是 ARP 应答报文，其具体内容分析如下：

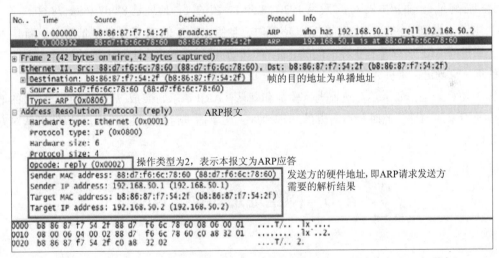

图 4-60 ARP 应答报文

（1）帧首部。

目的地址：B8:86:87:F7:54:2F，此应答发往 ARP 请求的发送方，即目的地址为主机 A 的硬件地址。注意：ARP 应答以单播方式在物理网络中发送。

源地址：88:d7:f6:6c:78:60，主机 B 的硬件地址。

类型：0x0806，表示帧中封装的是 ARP 报文。

（2）ARP 报文。

硬件类型：0x0001，表示物理网络的硬件类型为以太网。

协议类型：0x0800，表示使用 ARP 的协议是 IPv4。

硬件地址长度：0x06，以太网的硬件地址长度为 6 字节。

协议地址长度：0x04，IPv4 的地址长度是 4 字节。

操作类型：0x0002，表示本报文为 ARP 应答。

发送方硬件地址：88:d7:f6:6c:78:60，主机 B 的硬件地址，即为 ARP 请求发送方需要的解析结果。

发送方协议地址：192.168.50.1，主机 B 的 IP 地址。

目的硬件地址：B8:86:87:F7:54:2F，主机 A 的硬件地址。

目的协议地址：192.168.50.2，主机 A 的 IP 地址。

对捕获的报文进行分析可知，主机 A ping 同一网络中的主机 B（192.168.50.1），数据包封装成帧需要主机 B 的硬件地址，地址解析过程如下：

A 主机在自己的本地 ARP 缓存中检查主机 B 的匹配硬件地址。如果主机 A 在 ARP 缓存中没有找到主机 B 的 IP 地址和物理地址的映射，将以广播方式发送一个 ARP 请求，询问本地网络上的所有主机："我的 IP 地址是 192.168.50.2，硬件地址是 B8:86:87:F7:54:2F，我想知道主机 192.168.50.1 的硬件地址。"

本地网络上的每台主机都接收到这个 ARP 请求并且检查是否与自己的 IP 地址匹配。如果其他主机发现请求的 IP 地址与自己的 IP 地址不匹配，它将丢弃 ARP 请求。

主机 B 确定 ARP 请求中的 IP 地址与自己的 IP 地址匹配，则将主机 A 的 IP 地址和硬件地址映射添加到本地 ARP 缓存中，并将包含其硬件地址的 ARP 应答直接发送回主机 A（帧的目的地址为单播地址），通知主机 A："我是 192.168.50.1，我的硬件地址是 88:d7:f6:6c:78:60。"

当主机 A 收到从主机 B 发来的 ARP 应答时，会用主机 B 的 IP 和硬件地址映射更新其 ARP 缓存。主机的 ARP 缓存是有生存时间的，生存时间到期后，将再次重复上面的过程。主机 B 的硬件地址一旦确定，主机 A 就能向主机 B 发送 IP 数据包了。

需要注意的是，如果是对地址进行验证和确认，ARP 请求封装成帧时，帧首部的目的地址也可以使用单播地址，此时知道对方的物理地址，用单播进行针对性的解析，以便确认对方地址的正确性。

4.5 网络地址转换（NAT）

4.5.1 NAT 的基本概念

网络地址转换（Network Address Translation，NAT）是 1994 年提出的。NAT 技术是为了解决 IP 地址短缺及隐藏内部网络地址的问题。

从缓解 IP 地址短缺的角度，NAT 技术主要用于四类应用：ISP、ADSL、有线电视与无线移动接入的动态 IP 地址分配。在使用私有地址划分子网的内部网络中，如果内部网络的主机要访问 Internet 或其他外网时，需要使用 NAT 技术，内部网络中主机使用的私有 IP 地址转换成全局 IP 地址后才可以访问外网。图 4-61 给出了 ISP 使用 NAT 技术的结构。

第 4 章 数据链路层与网络层协议

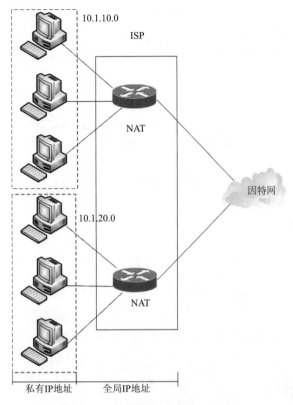

图 4-61 ISP 使用 NAT 技术的结构

4.5.2 NAT 的类型

NAT 的类型有三种，即静态 NAT、动态 NAT 和端口复用 NAPT。

（1）静态 NAT：内部本地地址一对一转换成内部全局地址。内部本地的每一台 PC 都绑定了一个全局地址，即使这个地址没有被使用，其他主机也不能拿来转换使用，这样容易造成 IP 地址的资源浪费，一般是用于在内网中对外提供服务的服务器。

（2）动态 NAT：在内部本地地址转换的时候，在地址池中选择一个空闲的、没有正在被使用的地址来进行转换，一般选择的是在地址池定义中排在前面的地址，当数据传输或者访问完成时就会放回地址池中，以供内部本地的其他主机使用。但是，如果这个地址正在被使用，是不能被另外的主机拿来进行地址转换的。

（3）端口复用 NAPT：路由器通过地址、端口号进行转换，多个内部本地转换成一个内部全局，通过 IP 地址、端口号、标识不同的主机，一个 IP 地址可用端口数为 4 000 个。

4.5.3 NAT 的工作原理

图 4-62 给出了 NAT 的基本工作原理，图中 NAT 的工作过程可以分为以下四步：

（1）如果内部 IP 地址为 10.1.10.1 的主机希望访问 Internet 上地址为 202.0.1.1 的 Web 服务器，它产生一个源地址 S=10.1.10.1，端口号为 3342，目的地址 D=135.2.1.1，端口号为 80 的报文①。

（2）当报文①到达执行 NAT 功能的路由器时，它将报文①的源地址从内部专用 IP 地址转换成全局 IP 地址。报文①的专用地址从 10.1.10.1 转换成 202.0.1.1，同时传输层客户进程的端口号也需要转换，图中是从 3342 转换为 5001。NAT 使用全局 IP 地址 202.0.1.1 发送 IP 数据报。

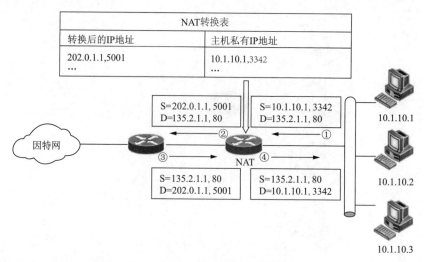

图 4-62　NAT 工作过程示意图

（3）目的主机地址为 135.2.1.1、传输层端口号为 80 的 Web 服务器收到报文②，返回报文③，传送到 NAT。

（4）NAT 接收到报文③之后，根据转换表产生报文④，内部网络专用 IP 地址为 10.1.10.1 的主机接收报文④。

4.5.4　NAT 的优缺点

NAT 的优缺点如表 4-7 所示。

表 4-7　NAT 的优缺点

NAT 的优点	NAT 的缺点
节省 IP 地址空间	增加转发延迟
解决 IP 地址重叠问题	丧失端到端的寻址能力
增加网络的连入 Internet 的弹性	某些应用不支持 NAT
当网络变更的时候减少更改 IP 重编址的麻烦	需要一定的内存空间支持动态存储 NAT 表项
对外隐藏内部地址，增加网络安全性	需要耗费一定 CPU 资源进行 NAT 操作

4.6　因特网控制报文协议（ICMP）

IP 协议是一种不可靠的协议，无法进行差错控制，因特网控制报文协议 ICMP 设计的目的主要是用于 IP 层的差错报告。后来大量用于传输控制报文，包括拥塞控制、路径控制及路由器或主机信息的探测查询。ICMP 属于网络层协议，是 IP 协议的重要补充。

4.6.1　ICMP 报文格式与类型

1. ICMP 报文格式

ICMP 报文由首部和数据部分组成。首部是定长的 8 字节，前 4 个字节是通用部分，后 4 个字节随报文类型的不同而不同。ICMP 报文格式如图 4-63 所示。

第 4 章 数据链路层与网络层协议

图 4-63 ICMP 报文格式

ICMP 首部分为通用部分和其他部分。通用部分由类型、代码和校验和三个字段构成。

（1）类型字段：占 1 字节，用于指示 ICMP 报文的类型。

（2）代码字段：占 1 字节，提供关于报文类型的进一步信息。例如，类型字段为 3 表示目的地不可达，代码为 0 表示产生目的地不可达报文的原因是网络不可达。

（3）校验和字段：占 2 字节，提供整个 ICMP 协议报文的校验。

2．ICMP 报文类型

ICMP 报文虽然细分为很多类，但总地来看可以分为三大类：差错报告、控制报文和请求应答报文。差错报告报文负责向源主机报告路由器或目的主机在处理 IP 数据报时可能遇到的一些问题。控制报文引发源主机进行拥塞控制和路径控制。请求应答报文帮助主机或管理员从一台路由器或主机得到特定的信息。

查询报文以请求/应答的形式成对出现，帮助主机或管理员从一台路由器或主机得到特定的信息。ICMP 报文类型如表 4-8 所示。

表 4-8 ICMP 报文类型

大 类	类 型 代 码	说 明
差错报告报文	3	目的地不可达（Destination Unreachable）
	11	超时（Time Exceeded）
	12	参数问题（Parameter Problem）
控制报文	4	源抑制（Source Quench）
	5	重定向（Redirect）
请求应答报文	8 或 0	回送或回送应答（Echo or Echo Reply）
	13 或 14	时间戳或时间戳应答（Timestamp or Timestamp Reply）
	17 或 18	地址掩码请求或地址掩码应答（Address Mask Request or Address Mask Reply）
	10 或 9	路由器请求与路由器通告（ICMP Router Solicitation or ICMP Router Advertisement）

4.6.2 ICMP 报文的封装

ICMP 是网络层协议，ICMP 不直接封装上层来的数据，而是转换成 ICMP 报文，ICMP 报文再封装在 IP 数据报中。这里存在着两层封装。ICMP 的封装如图 4-64 所示。

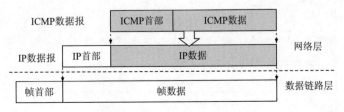

图 4-64 ICMP 的封装

4.6.3 ICMP 报文分析

ping 是工作在 TCP/IP 网络体系结构中应用层的一个服务命令，它利用 ICMP 回应请求和应答报文来实现。ping 发送一个 ICMP 回送请求消息给目的地并报告是否收到所希望的 ICMP 回送应答。ping 命令通常用于测试目的主机或路由器的可达性，可以很好地帮助测试者分析和判定网络故障。

下面是一个应用 ping 命令的例子。

配置主机 A 的 IP 地址为 192.168.50.2/24，主机 B 的 IP 地址为 192.168.50.1/24。（本节配置主机 A 的 IP 地址为 192.168.50.2/24，主机 B 的 IP 地址为 192.168.50.1/24，读者操作时，IP 地址等信息会根据实际情况有所区别。）

在主机 A 上启动 Wireshark 软件，选择 Capture/Options，在 Capture Filter 栏设置捕捉过滤器的过滤条件为 ip proto 0x01，单击 Start 按钮开始捕获数据包。

在主机 A 上 ping 同网段的主机 B，在命令提示符窗口中执行命令：

```
ping 192.168.50.1
```

在 Wireshark 软件中，单击 Stop 按钮停止捕获。

下面通过分析 Wireshark 捕获的 ICMP 回送请求和应答报文，来理解 ICMP 报文的封装过程。

图 4-65 显示的是 ping 命令执行过程中所产生的一系列数据包。对捕获的数据包分析可知，数据包按请求与应答成对产生，主机 A 向主机 B 发送了四个 ICMP 回送请求包，主机 B 对这四个请求进行响应，向主机 A 发送了四个 ICMP 回送应答报文。

No.	Time	Source	Destination	Protocol	Info
1	0.000000	192.168.50.2	192.168.50.1	ICMP	Echo (ping) request
2	0.006291	192.168.50.1	192.168.50.2	ICMP	Echo (ping) reply
3	1.005542	192.168.50.2	192.168.50.1	ICMP	Echo (ping) request
4	1.008038	192.168.50.1	192.168.50.2	ICMP	Echo (ping) reply
5	2.021971	192.168.50.2	192.168.50.1	ICMP	Echo (ping) request
6	2.022931	192.168.50.1	192.168.50.2	ICMP	Echo (ping) reply
7	3.026928	192.168.50.2	192.168.50.1	ICMP	Echo (ping) request
8	3.028958	192.168.50.1	192.168.50.2	ICMP	Echo (ping) reply

图 4-65 ping 命令所产生的数据包

以序号为 1 和 2 的这对数据包为例，图 4-66 和图 4-67 中显示的是这对 ICMP 回送请求与应答报文。分析可知，表示 ICMP 报文是封装在 IP 协议中进行发送的，IP 数据报首部的协议字段值为 0x01。ICMP 回送请求报文的类型值是 8，代码是 0；ICMP 回送应答报文的类型值是 0，代码是 0；这对报文的标识符均为 0x0001，序列号均为 0x00be。

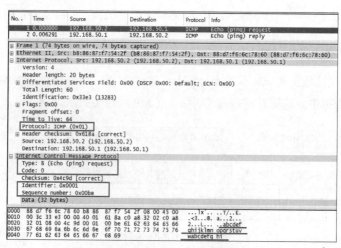

图 4-66 ICMP 回送请求报文

第 4 章　数据链路层与网络层协议

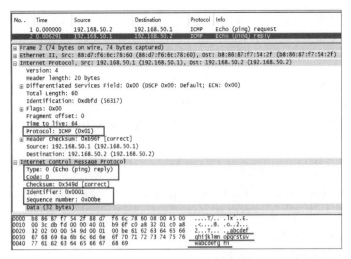

图 4-67　ICMP 回送应答报文

ICMP 的标识符和序列号字段通常用于匹配请求与应答报文。标识符字段一般设置为发送进程的 ID 号。序列号从 0 开始，每发送一个新的回送请求就会自动加 1。数据字段的内容是以 ASCII 码表示的字符串 abcdefghijklmnopqrstuvwabcdefghi（32 字节，没有使用字母 xyz），这是 Windows 操作系统中 ping 命令统一采用的数据。

分析捕获的这四对报文可知，它们的标识符和数据部分完全一致，每一对 ICMP 回送请求与应答报文的序列号相同。（请读者思考，图 4-65 中序号为 3 的数据包中，ICMP 的序列号字段的值是多少？）

4.6.4　ICMP 协议的应用

ICMP 最常见的用法是对网络进行测试和故障诊断。ICMP 有两个典型的应用工具：Ping 和 Traceroute。

1. 使用 Ping 测试网络连通性

使用 Ping 测试网络的连通性时，Windows 系统自带的 Ping 程序默认连续发送四个 ICMP 回送请求包。用户可以在 Ping 命令中指定参数，如 ICMP 报文长度、发送的 ICMP 报文个数、生存时间等，设备根据配置的参数来构造并发送 ICMP 回送请求报文。收到 ICMP 回送请求报文的设备会返回一个 ICMP 回送应答报文。

Windows 的 Ping 命令的语法格式如下：

```
ping [-t] [-a] [-n count] [-l size] [-f] [-i TTL] [-v TOS] [-r count] [-s count] [[-j host-list] | [-k host-list]] [-w timeout] [-R] [-S srcaddr] [-c compartment] [-p] [-4] [-6] target_name
```

各个参数说明如下：

-t：Ping 指定的主机，直到停止。若要查看统计信息并继续操作，可按【Ctrl+Break】组合键若要停止，可按【Ctrl+C】组合键。

-a：将地址解析为主机名。

-n count：要发送的回显请求数。

-l size：发送缓冲区大小。

-f：在数据包中设置"不分段"标记（仅适用于 IPv4）。

-i TTL：生存时间。

-v TOS：服务类型（仅适用于 IPv4。该设置已被弃用，对 IP 标头中的服务类型字段没有任何影响）。

-r count：记录计数跃点的路由（仅适用于 IPv4）。

-s count：计数跃点的时间戳（仅适用于 IPv4）。

-j host-list：与主机列表一起使用的松散源路由（仅适用于 IPv4）。

-k host-list：与主机列表一起使用的严格源路由（仅适用于 IPv4）。

-w timeout：等待每次回复的超时时间（毫秒）。

-R：同样使用路由标头测试反向路由（仅适用于 IPv6）。根据 RFC 5095，已弃用此路由标头。如果使用此标头，某些系统可能丢弃回显请求。

-S srcaddr：要使用的源地址。

-c compartment：路由隔离舱标识符。

-p：Ping Hyper-V 网络虚拟化提供程序地址。

-4：强制使用 IPv4。

-6：强制使用 IPv6。

如果想测试本机到百度 Web 服务器的连通性并希望回显五个包。可以使用命令 ping -n 5 www.baidu.com，如图 4-68 所示。

2. 使用 Tracert 跟踪路由

ICMP 的另一个典型应用是 Tracert。Tracert 是用来侦测源主机到目的主机所经路由的工具，可以获取到所经路由器的 IP 地址。Tracert 收到目的主机的 IP 后，首先给目的主机发送一个 TTL=1 的 IP 数据包，而经过的第一个路由器收到这个数据包以后，就自动将 TTL 减 1。TTL 变为 0 以后，路由器就抛弃这个数据包，同时产生一个主机不可达的 ICMP 数据包给源主机。源主机收到这个数据包以后就发送一个 TTL=2 的数据包给目的主机，然后刺激第二个路由器给源主机发送 ICMP 数据包，如此反复直到到达目的主机。这样，Tracert 就获取了所有的经过路由器的 IP 地址，从而避免了 IP 头只能记录有限的路由 IP 的问题。

Tracert 命令的语法格式如下：

```
tracert [-d] [-h maximum_hops] [-j host-list] [-w timeout] [-R] [-S srcaddr] [-4] [-6] target_name
```

各个选项、参数含义说明如下：

-d：不将地址解析成主机名。

-h maximum_hops：搜索目标的最大跃点数。

-j host-list：与主机列表一起的松散源路由（仅适用于 IPv4）。

-w timeout：等待每个回复的超时时间（以毫秒为单位）。

-R：跟踪往返行程路径（仅适用于 IPv6）。

-S srcaddr：要使用的源地址（仅适用于 IPv6）。

-4：强制使用 IPv4。

-6：强制使用 IPv6。

图 4-69 所示为在 Windows 主机上使用 tracert 命令跟踪百度网站的路由的例子。

图 4-68 使用 ping 命令 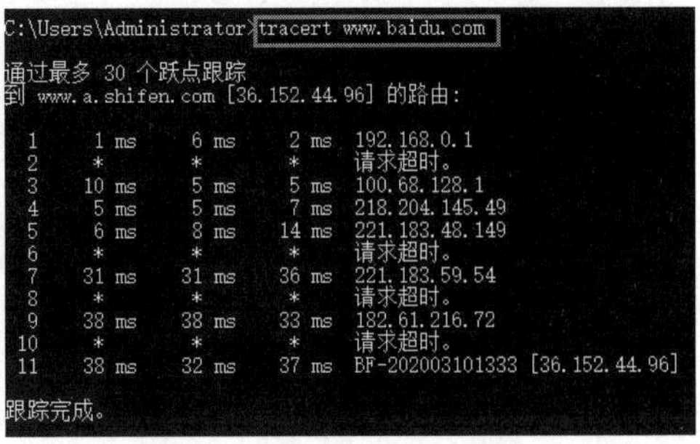　　　　　　图 4-69 使用 tracert 命令

4.7 IP 组 播

4.7.1 IP 组播概述

1. IP 组播的发展

当人们在某平台观看主播直播带货时，往往是大量用户同时在线观看并在某一个时间段内一起下单购物。这个时候如果采用一对一的方式进行通信，就属于单播形式。如果采用一对多的方式进行通信，就属于组播形式。显然，对于像直播、新闻、股市与金融信息发布、视频会议、网络游戏等由多个用户参与的交互式网络应用，单播的工作效率很低，并且会浪费大量网络资源。

IP 组播是 1988 年提出的。1989 年，IP 组管理协议 IGMP 在 RFC 1112 中定义。为了适应交互式音频和视频信息的组播，在 1992 年开始试验虚拟的组播主干网 MBONE（Multicast Backbone On the InterNET）。1997 年公布的 IGMPv2 已经成为 Internet 的标准协议。

2. IP 组播与单播比较

与单播相比，组播可以大大节约网络资源。图 4-70 所示视频服务器用单播方式向 60 台主机传送同样的视频节目。视频服务器需要发送 60 个单播。图 4-71 所示视频服务器用组播方式向同一组内成员传送节目。视频服务器只需把视频节目当作组播数据发送一次即可。

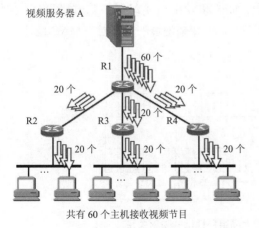

图 4-70 单播传送视频节目

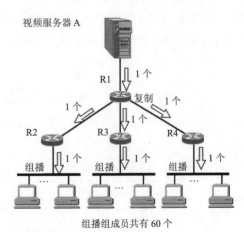

图 4-71 组播传送视频节目

3. IP 组播地址

IP 组播可以分为两类：一类是在 Internet 范围内进行组播；另一类是在局域网内进行组播。因此，会有两类组播地址：一类是 IP 组播地址；另一类是 Ethernet 组播地址，也称"Ethernet 硬件组播地址"。

IP 组播地址有以下几个方面需要注意：

（1）IP 组播的报文使用的是 IP 组播地址。IP 组播地址只能用于目的地址，不能用于源地址。

（2）分类的 IP 地址是为 IP 组播定义的。D 类 IP 地址的前 4 位是 1110，D 类地址的范围在 224.0.0.0～239.255.255.255。每个 D 类地址用于标识一个组播的组，则 D 类地址能标识出 2^{28} 个组播组。

（3）组播数据报和一般的 IP 数据报的区别就是它使用 D 类 IP 地址作为目的地址，并且首部中的协议字段值是 2，表明使用 IGMP。

（4）组播数据报的传输也是"尽力而为"的，它不能保证组播数据报能传送给组播组里所有的组成员。

（5）对组播数据报不产生 ICMP 差错报文。因此，若在 ping 命令后面输入组播地址，将永远不会收到响应。

（6）IP 组播地址分为两类：永久组播地址与临时组播地址。永久组播地址需要向 IANA 申请，临时组播地址只能在一段时间内使用。

（7）RFC 3330 对组播地址做了一些规定。具体如表 4-9 所示。

表 4-9　组播地址及其意义

地　　址	意　　义	地　　址	意　　义
224.0.0.0	被保留	224.0.1.0～238.255.255.255	为在全球范围 Internet 上使用的组播地址
224.0.0.1	指定为本网中所有参加组播的主机使用	239.0.0.0～239.255.255.255	限制在一个组织中使用的组播地址
224.0.0.2	指定为本网中所有参加组播的路由器使用		

（8）组播 MAC 地址的高 24 位为 01-00-5E，第 25 位为 0，即高 25 位为固定值。MAC 地址的低 23 位为组播 IP 地址的低 23 位。D 类 IP 地址与以太网组播地址的映射关系如图 4-72 所示。由于 IP 组播地址的前 4 位是 1110，代表组播标识，而后 28 位中只有 23 位被映射到 MAC 地址，这样 IP 地址中就有 5 位信息丢失，导致的结果是 32 个 IP 组播地址映射到同一 MAC 地址上。

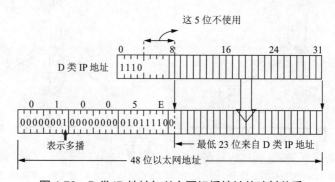

图 4-72　D 类 IP 地址与以太网组播地址的映射关系

4.7.2 因特网组管理协议（IGMP）

IGMP 是 TCP/IP 协议族中负责 IP 组播成员管理的协议，用来在 IP 主机和与其直接相邻的组播路由器之间建立、维护组播组成员关系。

当一台主机加入一个新的组时，它发送一个 IGMP 消息到组地址以宣告它的成员身份，多播路由器和交换机就可以从中学习到组的成员。利用从 IGMP 中获取到的信息，路由器和交换机在每个接口上维护一个组播组成员的列表。

IGMP 数据报与 ICMP 一样，也被当作 IP 数据报的一部分，如图 4-73 所示。

IGMP 协议目前有三个版本。IGMPv1 数据报的基本格式如图 4-74 所示。各个字段说明如下：

图 4-73　IGMP 报文封装在 IP 数据报中　　　　图 4-74　IGMP 报文格式

（1）版本：占 4 位，表示 IGMP 的版本号。

（2）类型：占 4 位，为 1 说明是由多播路由器发出的查询报文，为 2 说明是主机发出的报告报文。

（3）未用：占 8 位，未使用。

（4）校验和：占 16 位，检验和字段覆盖整个 IGMP 报文。使用的算法和 IP 首部校验和算法相同。IGMP 的检验和是必需的。

（5）组地址：在报告报文中指定为组播组地址，在查询报文中该字段为 0。

4.8　下一代因特网协议（IPv6）

世界标准时间 UTC+1 2019 年 11 月 25 日 15:35（北京时间 22:35），负责英国、欧洲、中东和部分中亚地区互联网资源分配的欧洲网络协调中心（Reseaux IP Europeens Network Coordination Center，RIPE NCC）对可用地址池中的剩余地址进行了最后的分配。至此，全球所有 43 亿个 IPv4 地址已全部分配完毕，这意味着没有更多的 IPv4 地址可以分配给 ISP（网络服务提供商）和其他大型网络基础设施提供商。

虽然这并不意味着 IPv4 地址空间完全枯竭。RIPE 还会从停止运营或需求减少的企业和机构手中回收 IPv4 地址，但少量回收的地址是远远无法满足需求的。这一事件是迈向全球 IPv4 地址空间枯竭的又一步。新兴的 IPv4 流转市场和运营级网络地址转换（Carrier Grade Network Address Translation，CGNAT）虽然能延缓但无法解决真正的问题。它呼吁大规模部署 IPv6。

4.8.1　IPv4 协议存在的问题

IPv4 简单、易于实现，已成为最基础最成功的网络协议之一。但是 IPv4 的不足也随着广泛的应用凸显出来，主要表现在以下几个方面：

1. IP 地址短缺

IPv4 地址 32 位决定了可以分配 43 亿个 IP 地址，但是 IPv4 的分级结构使得实际上的可用空间要小得多。随着网络应用的发展，移动设备和消费类电子设备大量接入上网，IP 地址的需求巨大，全球有效的 IP 地址严重短缺。

2. 路由效率低

IPv4 地址分配不连续，不能有效聚合路由，分层的结构导致主干路由器中的路由表项过于庞大，这就会增加路由寻址和存储转发数据报的开销。

3. 复杂的地址配置

IPv4 的地址配置需要人工设定或者使用 DHCP 协议，无法做到真正的即插即用。

4. 缺乏服务质量

IPv4 为用户提供尽最大可能的服务，面对要求实时的多媒体应用，无法提供如带宽、抖动和延迟等服务质量。

5. 安全性问题

IPv4 协议并没有对安全性进行设计。所有数据以明文形式传输，没有加密，没有认证。

4.8.2 IPv6 数据报的格式

IPv6 数据报由两大部分构成：基本首部（Base Header）和有效载荷（Payload）。有效载荷允许有零个或多个扩展首部（Extension Header），后面是数据部分。具有多个可选扩展首部的 IPv6 数据报如图 4-75 所示。

IPv6 将首部进行简化，去掉了一些不必要的功能。主要修改的首部字段有以下部分：

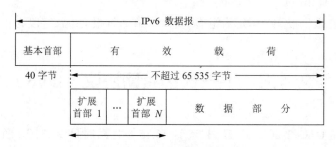

图 4-75　IPv6 数据报一般格式

（1）取消了六个 IPv4 首部字段，首部长度、服务类型、标识、标志、分片偏移以及首部校验和。

（2）修改三个 IPv4 首部字段，分别是总长度、协议、生存时间。

（3）添加了两个字段，通信量类和流标号。

IPv6 基本首部格式如图 4-76 所示。各个字段说明如下：

（1）版本（Version）：占 4 位，它指明了协议版本，其值为 6。

（2）通信量类（Traffic Class）：占 8 位，用于标识 IPv6 数据报的类别或优先级。

（3）流标号（Flow Label）：占 20 位，用于标识从源点到特定终点的一系列数据报，它可以更好地支持服务质量。

（4）有效载荷长度（Payload Length）：占 16 位，指明 IPv6 数据报基本首部以外的字节数（所有扩展首部都算入有效载荷长度内）。当负载大于 65 535 字节时，将本字段的值设为 0，实际的报文分组长度将存放在逐跳（Hop-by-Hop）选项扩展首部的巨型有效负载选项中。

（5）下一个首部（Next Header）：占 8 位，用来标识紧跟在 IPv6 首部后面的下一个首部的类型，类似于 IPv4 协议字段或可选字段。

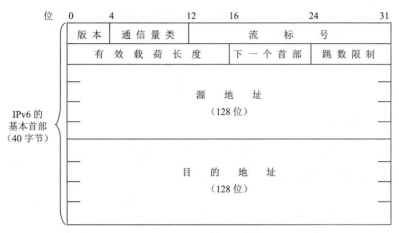

图 4-76 IPv6 基本首部格式

（6）跳数限制（Hop Limit）：占 8 位，源站在数据报发出时即设定跳数限制。路由器在转发数据报时将跳数限制字段中的值减 1。当跳数限制的值为零时，就将此数据报丢弃。

（7）源地址（Source Address）：占 128 位，是数据报发送方的 IP 地址。

（8）目的地址（Destination Address）：占 128 位，是数据报接收方的 IP 地址。

IPv6 把原来的 IPv4 首部的选项的功能都放在扩展首部里，并将扩展首部留给路径两端的发送方和接收方主机来处理。而数据报中途经过的路由器都不需要处理这些扩展首部（只有逐跳选项例外），这样就大大提高了路由器的处理效率。

IPv6 主要定义了六种扩展首部：逐跳选项、路由选择、分片、鉴别、封装安全有效荷载、目的站选项。

4.8.3 IPv6 地址

1. IPv6 的地址类型

根据 IPv6 数据报的目的地址可以将 IPv6 地址分为三类：

（1）单播（Unicast）：单播地址是单个接口的标识。

（2）组播（Multicast）：组播是一组接口的标识（分组被送往这一地址指定的所有接口）。

（3）任播（Anycast）：任播也是一组接口的标识（但报文只送往这组接口中按路由协议量度距离最近的一个接口）。任播可以理解成组播和单播的组合。

IPv6 去除了广播地址，其功能被组播地址代替。IPv6 的一个主机或路由器接口可以有多个地址。

2. IPv6 地址表示方法

在 IPv6 中，每个地址占 128 位，地址空间大于 3.4×10^{38}。为了使地址可读性高，使用冒号十六进制记法（Colon Hexadecimal Notation，Colon Hex）。

采用冒号十六进制记法，IPv6 的 128 位地址分成 8 段，每段 16 位，每个 16 位的值用 4 位十六进制表示，每段之间用冒号 ":" 分隔，如 68E6:8C43:FFFF:FFFF:0000:1680:430A:FFFF。

为了简便，在该种记法中，允许省略多个零，如前例中的 0000 可以进一步省略成 0，因此，可以简化为 68E6:8C43:FFFF:FFFF:0:1680:430A:FFFF。

当使用该种记法时遇到连续多个零，可以采用零压缩法（Zero Compression），即一串连续的零可以以一对冒号所取代。如 FA03:0:0:0:0:0:0:EA 可压缩为 FA03::EA。值得注意的是在任一地址中只能使用一次零压缩。

冒号十六进制记法还可以结合使用点分十进制记法的后缀，这种结合在 IPv4 向 IPv6 的转换阶段特别有用。如 0:0:0:0:0:0:129.10.2.6 可以压缩为 ::129.10.2.6。

CIDR 的斜线表示法也可以使用。如有 60 位前缀 12FF00000000FA8 的地址可记为 12FF:0000:0000:FA80:0000:0000:0000:0000/60 或 12FF::FA80:0:0:0:0/60（零压缩）或 12FF:0:0:FA80::/60（零压缩）。

3．IPv6 地址的分类

IPv6 地址类型如表 4-10 所示。

表 4-10　IPv6 地址类型

地 址 类 型	二进制前缀	冒号十六进制记法	说　　　明
未指明地址	00…0（128 位）	::/128	这个地址不能作为目的地址使用，该类地址只有一个
环回地址	00…1（128 位）	::1/128	与 IPv4 的环回地址作用一样，该类地址只有一个
组播地址	11111111（8 位）	FF00::/8	这类地址占 IPv6 地址总数的 1/256
本地链路单播地址	1111111111（10 位）	FF80::/10	类似于 IPv4 的私有地址，占 IPv6 地址总数的 1/1 024
全球单播地址	除上述四种外的任何一种		是使用最多的地址

其中，全球单播地址的划分方法很灵活，如图 4-77 所示。也就是说，可把整个 128 位作为一个节点地址，也可看成由 n 位子网前缀和 $128-n$ 位的接口标识符组成，还可看成由 n 位全球路由选择前缀、m 位子网标识符和 $128-n-m$ 位的接口标识符构成。

节　　点　　地　　址（128 位）	
子 网 前 缀（n 位）	接 口 标 识 符（$128-n$）位

| 全球路由选择前缀（n 位） | 子网标识符（m 位） | 接口标识符（$128-n-m$）位 |

图 4-77　全球单播地址的划分

4.8.4　从 IPv4 向 IPv6 过渡

由于目前的互联网体量过大，如果强制要求所有的主机（路由器）统一改用 IPv6，肯定是不合适的。因此，向 IPv6 过渡应该采用逐步演进的办法，也就是说 IPv6 系统必须能够接收和转发 IPv4 数据报。

IPv4 向 IPv6 过渡的策略有两种：双协议栈和隧道技术。

1．双协议栈

双协议栈（Dual Stack）是指在完全过渡到 IPv6 之前，使一部分主机（或路由器）装有两个协议栈，一个 IPv4 和一个 IPv6。因此，双协议栈的主机（或路由器）同时具有两种 IP 地址。一个是 IPv4 地址，一个是 IPv6 地址。当双协议栈主机（或路由器）与 IPv6 主机通信时采用 IPv6 地址，当与 IPv4 主机通信时就采用 IPv4 地址。

图 4-78 给出了使用双协议栈进行从 IPv4 到 IPv6 的过渡的示例。这里要注意图中 R1 和 R4 路由器是双协议栈路由器，它们完成 IPv6 和 IPv4 数据报的转换。数据报的首部在转换的过程中有些字段是无法恢复的。如图 4-78 中的流标号字段就无法恢复。

第 4 章 数据链路层与网络层协议

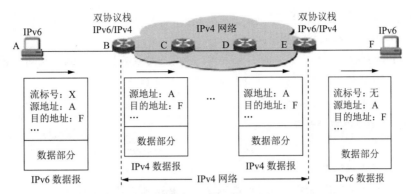

图 4-78 使用双协议栈进行从 IPv4 到 IPv6 的过渡

2. 隧道技术

隧道技术（Tunneling）是在 IPv6 数据报要进入 IPv4 网络时，把 IPv6 数据报封装成为 IPv4 数据报，整个的 IPv6 数据报变成了 IPv4 数据报的数据部分。当 IPv4 数据报离开 IPv4 网络中的隧道时，再把数据部分（即原来的 IPv6 数据报）交给主机的 IPv6 协议栈。图 4-79 给出了使用隧道技术进行从 IPv4 到 IPv6 的过渡。

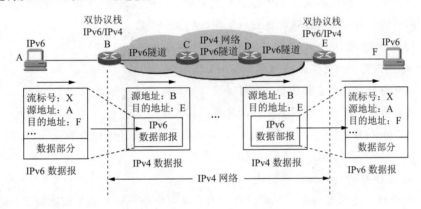

图 4-79 使用隧道技术进行从 IPv4 到 IPv6 的过渡

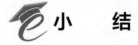

小　　结

本章详细介绍了数据链路层、网络层的相关协议及主要概念，通过抓包工具分析了数据链路层与网络层典型的协议。通过本章内容的学习，读者可以更好地理解数据链路层及网络层协议，为后续数据链路层及网络层协议的攻击与防御章节的学习打下基础。

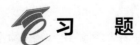

习　　题

一、选择题

1.（　　）被称为"下一代的 IP"。

　　A. IPv4　　　　　　　B. IPv5　　　　　　　C. IPv6　　　　　　　D. 5G

2. 下面（　　）不是 TCP/IP 的特点。
   A. TCP/IP 是开放的协议标准
   B. TCP/IP 提供统一的网络地址分配方案，所有网络设备在 Internet 中都有唯一的 IP 地址
   C. TCP/IP 只能运行在特定的计算机硬件与操作系统上
   D. TCP/IP 可以运行在局域网、广域网，更适用于互联网络

3. TCP/IP 参考模型中的最高层是（　　）。
   A. 网络层　　　　　B. 应用层　　　　　C. 表示层　　　　　D. 数据链路层

4. 下列说法不正确的是（　　）。
   A. 应用层包括各种标准的网络应用协议，其数据单元是 Message
   B. 运输层的任务就是负责向两台主机中的会话进程之间的通信提供通用的数据传输服务
   C. 网络层处理网络的路由选择，其数据单元是分组
   D. 某种意义上说网络接口层包含数据链路层和网络层的功能

5. 以下（　　）不是 PPP（Point-to-Point Protocol）协议的特点。
   A. PPP 协议只支持全双工通信，可以支持异步通信或同步通信
   B. PPP 协议在网络层实现 PPP 数据帧的封装、传输与解封，CRC 校验功能
   C. PPP 协议可以实现链路的建立、配置、认证和管理
   D. PPP 协议的认证方式有 PAP 和 CHAP 两种

6. 下列关于 PPP 协议说法正确的是（　　）。
   A. PPP 协议封装来自物理层的数据并交付给网络层进行传输
   B. PPP 协议使用标志字段实现帧的定界，其长度为 2 字节
   C. PPP 协议链路的建立、配置、管理、测试与关闭主要通过 LCP 协议和 NCP 协议来实现
   D. PP 协议认证中 PAP 方式比 CHAP 方式更安全

7. 下列有关 IP 地址的说法正确的是（　　）。
   A. IP 地址是运输层的寻址机制，用来为互联网中每一台主机（或路由器）的每个接口分配一个在全球范围内的唯一的 48 位的标识符
   B. 分类的 IP 地址分为网络号和主机号两个部分
   C. E 类地址主要用于多播地址
   D. 子网掩码和 IP 地址一样，都是 32 位的

8. 下列说法正确的是（　　）。
   A. IP 数据报中使用协议字段来标识 IP 数据报分片的信息
   B. ARP 协议使用单播发送请求，使用广播发送响应报文
   C. NAT 的类型有三种，即静态 NAT、动态 NAT 和端口复用 NAPT
   D. ICMP 最典型应用有 Ping 和 Ifconfig

9. 下列说法不正确的是（　　）。
   A. IGMP 协议是 TCP/IP 协议族中负责 IP 组播成员管理的协议，用来在 IP 主机和与其直接相邻的组播路由器之间建立、维护组播组成员关系
   B. IPv6 地址占 128 位，地址类型增加了 IPv4 地址没有的任播
   C. IPv4 向 IPv6 过渡的策略有两种：双协议栈和隧道技术
   D. 在 IPv6 中，采用点分十进制记法表示地址，如果有多个零可以省略

10. Ping 主要使用的 ICMP 报文是（　　）。

    A. 差错报告报文　　　B. 查询报文　　　C. 差错查询报文　　　D. 查询差错报文

二、填空题

1. TCP/IP 是一个四层的体系结构，它包含了_____、_____、_____和_____。

2. 数据链路层的数据单元是_____。

3. 在以太网中，采用_____地址进行寻址来处理以太网帧，该地址也称硬件地址，其长度为_____位。

4. 数据链路层的能传输的最大的数据单元称为_____。

5. IP 协议不是单独工作，通常 IP 协议与_____、_____、_____、_____这四种协议相互作用，共同工作。

6. IPv4 数据报首部最大长度是_____字节。

7. ARP 协议解决的是将_____地址映射为_____地址。

8. IP 地址 68E6:AAAA:FFFF:0000:0000:0000:0000:FFFF 可以简化为_____。

9. 使用命令_____可以查看本机的 ARP 表项。

10. C 类地址的默认子网掩码是_____。

三、判断题

1. 从形状上看，TCP/IP 协议栈像沙漏一样。（　　）

2. 子网掩码中的 1 表示 IP 地址中对应位是网络号和子网号，子网掩码中的 0 表示 IP 地址中对应位是主机号。（　　）

3. IP 地址 202.192.10.6 属于 A 类地址。（　　）

4. IP 协议是一个无连接、不可靠、点对点的协议，传输数据只能"尽力而为"。（　　）

5. TTL 占 16 位，一般用数据报在网络中能够通过的路由器数的最大值表示。（　　）

四、简答题

1. 数据链路和链路有什么区别？

2. 辨认以下 IP 地址的网络类别。

  （1）128.36.199.3　　　　（2）21.12.240.17　　　　（3）183.194.76.253

  （4）192.12.69.248　　　（5）89.3.0.1　　　　　　（6）200.3.6.2

3. 有如下的四个 /24 地址块，试进行最大可能的聚会。

212.56.132.0/24　　　　　　　　212.56.133.0/24

212.56.134.0/24　　　　　　　　212.56.135.0/24

4. 某 ISP 供应商拥有的地址块为 128.56.96.0/19。现有四个单位向该 ISP 供应商购买 IP 地址块，购买 IP 地址数量分别如下：公司甲为 910；公司乙为 3568；公司丙为 1116；公司丁为 956。现请以 ISP 供应商的角度为这四个公司分配地址块。

5. IPv4 中哪些地址是私有地址？

第 5 章

数据链路层和网络层协议攻击与防御

本章针对数据链路层、网络层协议的缺陷和漏洞,讲解它们主要面临的攻击风险以及相应的防御手段。

学习目标

通过对本章内容的学习,学生应该能够做到:

(1)了解:数据链路层、网络层协议的缺陷和漏洞。

(2)理解:MAC 泛洪攻击、ARP 协议攻击、IP 欺骗与 ICMP 相关攻击的原理。

(3)应用:掌握 MAC 泛洪攻击、ARP 协议攻击、IP 欺骗与 ICMP 相关攻击的方法,并能够针对这些攻击方式进行相应的防御。

5.1 MAC 泛洪攻击与防御

MAC 泛洪就是交换机和网桥使用的一种数据流传递技术,将某个接口收到的数据流从除该接口之外的所有接口发送出去。MAC 泛洪攻击就是通过利用这个原理,使攻击者可以窃取本局域网内其他用户的流量信息,进而通过流量分析以达到其他目的。

5.1.1 MAC 泛洪攻击原理

在局域网中,当交换机收到数据帧的时候,先查看帧的源 MAC 地址,并且关联自己接收数据的这个接口,把关联的 MAC 地址和接口的信息更新到 MAC 地址表里面。然后查看帧的目的 MAC 地址,查询 MAC 地址表,根据表中目的 MAC 地址所对应的接口将这个数据转发出去,网络的拓扑结构如图 5-1 所示。

MAC 地址表有大小限制,不同的交换机的 MAC 地址表的大小各有不同,越是高端的交换机,MAC 地址表的空间越大。交换机为了完成数据的快速转发,MAC 地址表具有自动学习机制,会自动学习并记录 MAC 地址。而攻击者就利用交换机的 MAC 地址学习机制,不断地进行 MAC 地址刷新,迅速填满交换机的 MAC 地址表,以至交换机 MAC 地址表溢出,映射功能崩溃。MAC 地址表中的条目等待自然老化,因此交换机将不得不使用广播发包。黑客通过对这些广播包进行流量分析，能够监视和窃取整个局域网下的用户信息。

MAC 泛洪并不是交换机正常情况下的功能。下面举例分析 MAC 地址泛洪攻击的详细过程及原理。

如图 5-2 所示，本实例用到三台计算机：服务器为客户机提供 FTP 文件传输服务；装有 Kali 操作系统的计算机作为攻击主机，Kali 自带用于 MAC 攻击的工具 macof 和用于流量分析的工具 Wireshark；客户机是一台安装 Windows 10 操作系统的计算机。三台计算机都在同一个网络下，并且三台计算机可以相互 ping 通。具体配置信息如下，读者操作时，IP 地址等信息可以根据实际情况有所区别。

FTP 服务器：IP 地址 192.168.159.128，操作系统 Ubuntu Server 20.10。

攻击主机：IP 地址 192.168.159.130，操作系统 Kali，MAC 泛洪工具 macof，抓包工具 Wireshark。

客户机：IP 地址 192.168.159.1，操作系统 Windows 10。

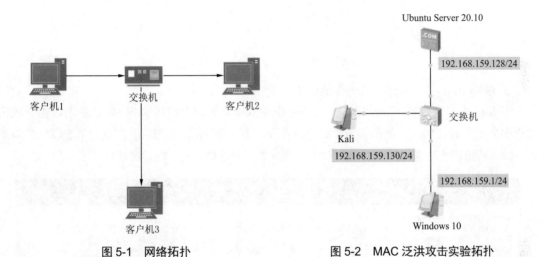

图 5-1　网络拓扑　　　　　　　图 5-2　MAC 泛洪攻击实验拓扑

1. 测试网络的连通性

在客户机上打开 cmd 命令行窗口，输入 ping 192.168.159.128，测试客户机和 FTP 服务器的连通性。如图 5-3 所示，若可以 ping 通，则客户机与服务器之间的 TCP/IP 协议是正常的；若 ping 失败，则说明客户机与服务器网络连接失败。

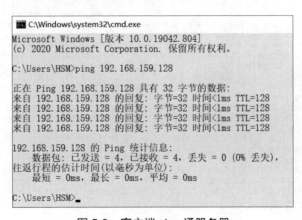

图 5-3　客户端 ping 通服务器

2. 测试 FTP 是否正常

在客户机的 cmd 命令行窗口中，输入 ftp 进入 FTP 程序控制台，如图 5-4 所示，使用 open 命令使客户机与服务器建立 FTP 连接，在连接的过程中需要输入 FTP 服务器的登录账号和密码，连接成功，即可以对文件执行下载、上传等操作。

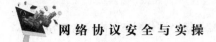

图 5-4　客户端正常访问 FTP 服务器

3. 使用 macof 工具进行 MAC 地址泛洪攻击

在 Kali 中打开终端（Terminal），在终端中输入 macof 命令即可实现 MAC 泛洪攻击。攻击过程中会产生日志信息，如图 5-5 所示。同时开启多个 macof，短时间内把交换机的 MAC 地址表填满。若要停止攻击，单击终端窗口中任意位置，按【Ctrl+C】组合键即可。

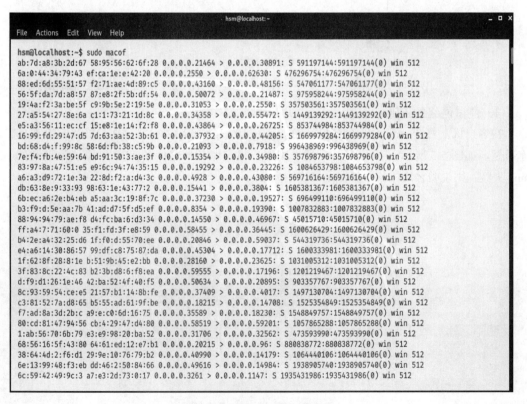

图 5-5　开启 MAC 泛洪攻击

第 5 章 数据链路层和网络层协议攻击与防御

4. 在攻击机上开启 Wireshark 软件进行抓包

在攻击机（Kali）中启动 Wireshark，选择所有（All）接口或者选择与客户机在同一个局域网下的网络接口，进入 Wireshark 监控台后，设置显示过滤器的过滤条件为 tcp.port == 21，过滤 FTP 协议的流量包，开始抓包，如图 5-6 所示。

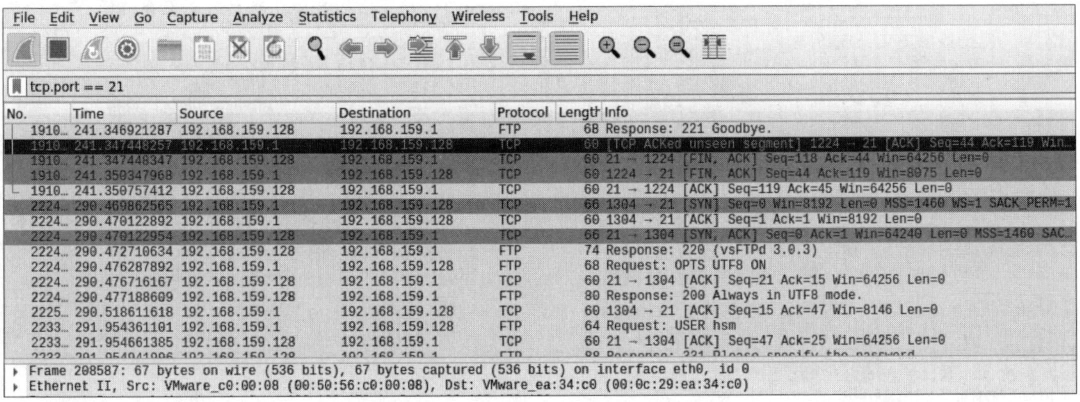

图 5-6 使用 Wireshark 软件抓包

5. 在客户机上登录 FTP 服务器

在客户机（Windows 10）上登录 FTP 服务器，当显示 230 代码时，表示登录成功，如图 5-7 所示。

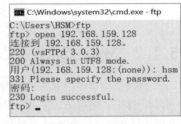

图 5-7 客户机登录 FTP 服务器

6. 分析抓包结果

在攻击机 Kali 的 Wireshark，正常情况下一般不会捕捉到局域网其他客户机发给局域网其他主机的数据包。执行 MAC 泛洪攻击之后，如果客户端向服务端请求文件的时候，CAM 表（用于二层交换的地址表）已无多余空间，交换机会将数据帧进行复制，由单播变为广播，从交换机的各个接口转发出去。由于 FTP 协议是使用明文传播的，此时在攻击机 Kali 上可以捕获到客户端登录 FTP 服务器 Ubuntu Server 的明文信息。从捕获的数据包中可以看到，客户机用于登录 FTP 服务器的账号为 hsm，如图 5-8 所示。密码是 905008，如图 5-9 所示。抓包结果说明，已经成功执行 MAC 泛洪攻击。

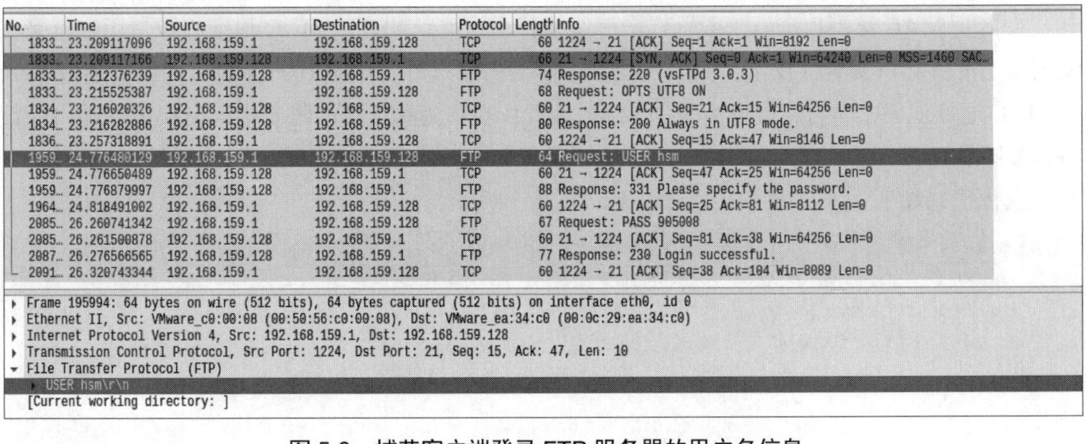

图 5-8 捕获客户端登录 FTP 服务器的用户名信息

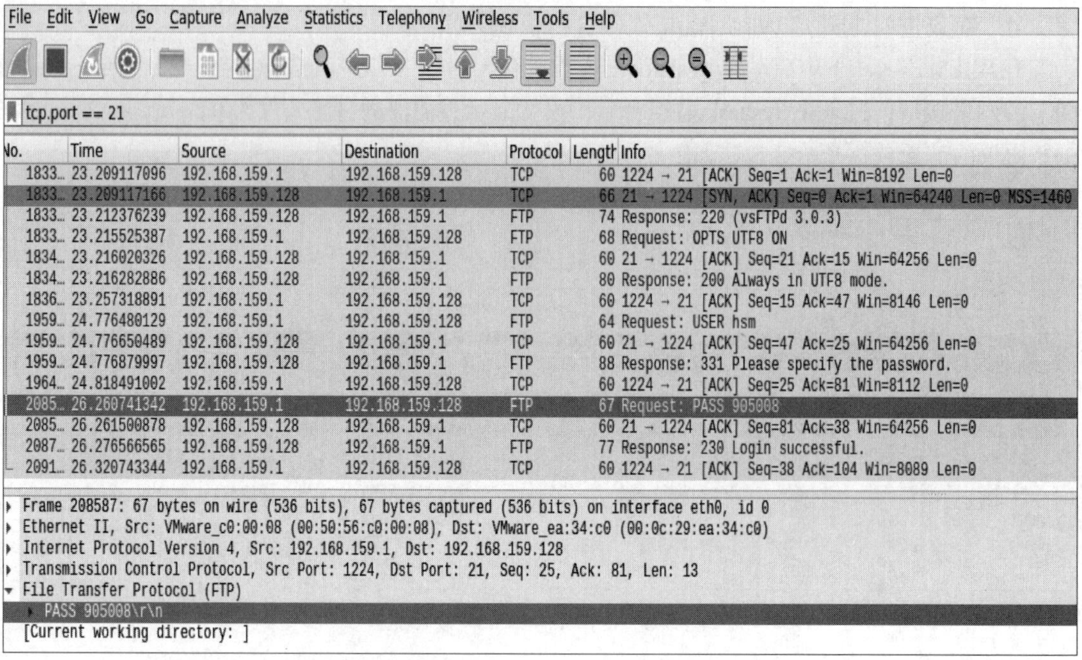

图 5-9　捕获客户端登录 FTP 服务器的密码信息

5.1.2　MAC 泛洪攻击防御

交换机和在路由器中，通过 Port Security 功能可以有效地防范 MAC 泛洪攻击。Port Security 可以控制每个端口所能发送的源 MAC 地址数量，甚至可以自动或手动绑定一个 MAC 地址到特定端口。如果 MAC 地址个数超过最大值，就会发生安全违规（Violation）。

Port Security 定义了三种 MAC 地址方式：

（1）Static Secure MAC Addresses：通过 switchport port-security mac-address 1111.1111.1111 接口命令静态手工定义的 MAC 地址，将会保存到交换机的配置文件中。

（2）Dynamic Secure MAC Addresses：交换机自动学习，交换机重启后会重新学习。

（3）Sticky Secure MAC Addresses：可以通过手工指定或者自动学习，将信息保存在配置文件和 CAM 表中。当保存到配置文件中时，交换机重启后不需要重新学习。

要防止 MAC 泛洪攻击，一般可以限制交换机上所允许的有效 MAC 地址的数量，也就是在交换机上配置端口安全性技术。例如，设置交换机的端口可以学习 10 个 MAC 地址，超过了 10 个 MAC 地址就停止学习，丢弃后来的 MAC 地址。在华为路由器上限制接入交换机的端口的数量，如图 5-10 所示。

具体代码如下：

```
[Huawei-Ethernet0/0/0] port-security enable
[Huawei-Ethernet0/0/0] port-security mac-address sticky
[Huawei-Ethernet0/0/0] port-security protect-action protect
[Huawei-Ethernet0/0/0] port-security max-mac-num x
```

第 5 章 数据链路层和网络层协议攻击与防御

```
<Huawei>sys
Enter system view, return user view with Ctrl+Z.
[Huawei]int e0/0/0
[Huawei-Ethernet0/0/0]port-security enable
[Huawei-Ethernet0/0/0]port-security mac-address sticky
[Huawei-Ethernet0/0/0]port-security protect-action protect
[Huawei-Ethernet0/0/0]port-security max-mac-num 10
[Huawei-Ethernet0/0/0]
```

图 5-10　在华为路由器上限制接入交换机的端口的数量

注意：x 是指设置的可以学习的 MAC 地址的数量。其中 Violation 模式有三种。

（1）protect：如果 MAC 地址超过定义数量（默认为 1），则新的无定义源 MAC 地址的封包进入交换机，交换机将直接丢弃该报文。

（2）restrict：如果 MAC 地址超过定义数量（默认为 1），则新的无定义源 MAC 地址的封包进入交换机，交换机将直接丢弃该报，并向 SNMP 发送 trap 报文。

（3）shutdown：如果 MAC 地址超过定义数量（默认为 1），则新的无定义源 MAC 地址的封包进入交换机，交换机端口直接变为 err-disable 状态，并向 SNMP 发送 trap 报文。

各种交换机型号能够存储的最大 MAC 条目如表 5-1 所示。

表 5-1　各种交换机型号的最大存储 MAC 条目

交换机型号	最大存储 MAC 条目
Cisco Catalyst 2940/50/55/60/70	8 000
Cisco Catalyst 3500XL	8 192
Cisco Catalyst 3550/60	12 000（取决于型号）
Cisco Catalyst 3750/3750M	12 000
Cisco Catalyst 4500	32 768
Cisco Catalyst 4949	55 000
Cisco Catalyst 6500/7600	131 072（如果安装了分布式功能卡，则更多）

5.2　ARP 协议攻击与防御

ARP 攻击主要是通过设法伪造 IP 地址到 MAC 地址的映射进行欺骗，造成以太网数据帧的 MAC 源地址、目标地址混乱和 ARP 通信数量剧增，导致网络中断或中间人攻击。

5.2.1　ARP 欺骗原理

由于 ARP 协议是无连接且无状态的，它不会验证响应包是否合法，无条件地接收 ARP 响应包，也不会记录自己有没有发送过 ARP 请求包。也就是说，ARP 对局域网内的主机是信任的。实际运用中这的确可以提高网络通信的效率，但是其中的缺陷也可见一斑。即使主机本身没有收到 ARP 请求，也可以构造 ARP 响应包内容，并且发送给信源，信源接收到 ARP 响应包后，会根据响应包的内容更新自己的 ARP 缓存表。

攻击者可以利用 ARP 协议的这一缺陷，对网段内的 ARP 数据包进行监听，自己构造 ARP

响应包转发给信源。所构造的 ARP 响应包内，目标主机的 IP 地址映射的 MAC 地址设置成了攻击者主机的 MAC 地址，这样就会导致信源接下来发给目标主机的流量包会错误地流向攻击者，攻击者便可以作为中间人窃听数据，如图 5-11 所示。

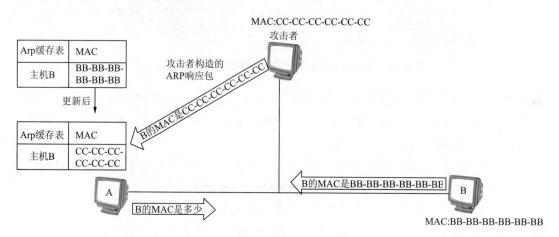

图 5-11　ARP 欺骗示意

例如，一个局域网有三台主机 A、B、C，IP 分别为 1.1.1.1、1.1.1.2、1.1.1.3，MAC 分别为 AA-AA-AA-AA-AA-AA、BB-BB-BB-BB-BB-BB、CC-CC-CC-CC-CC-CC。当主机 A 与主机 B 通信时，并不知道主机 B 的 MAC 地址，于是主机 A 向网段内广播发送 ARP 请求包。B 收到 ARP 请求后，发现 A 找的正是自己，于是给主机 A 发送 ARP 响应包，告诉主机 A 自己的 MAC 地址是 BB-BB-BB-BB-BB-BB。这时，主机 C 想要对主机 A 进行 ARP 欺骗攻击，于是也给主机 A 发送 ARP 响应包，告诉主机 A "主机 B 的 MAC 地址是 CC-CC-CC-CC-CC-CC"，并且重复大量发送。主机 A 收到 B 的响应包后，会将 B 的 MAC 地址设为 BB-BB-BB-BB-BB-BB 并存入缓存表，但随后又收到主机 C 发送的许多 ARP 响应包，因此主机 A 又会更新内存中的 ARP 映射表，将 B 的 MAC 地址更新为 CC-CC-CC-CC-CC-CC。这时，主机 A 将会使用 CC-CC-CC-CC-CC-CC 作为主机 B 的 MAC 地址，主机 C 就成功欺骗了主机 A。

ARP 欺骗攻击可大致细分为冒充网关、欺骗网关、欺骗主机和中间人欺骗攻击。

1. 冒充网关

局域网内主机访问外部网络需要经过网关，网关会将其 MAC 地址告诉内网的所有主机，但事实上内网的主机不会对网关的身份进行验证，只要接收到包含网关 MAC 地址的 ARP 响应数据包，主机就会将 ARP 缓存表的网关 MAC 地址进行更新。

冒充网关是对内网主机进行欺骗，让它们使用错误的网关 MAC 地址。攻击者可以向内网的其他主机发出 ARP 响应包，响应包内发送方 IP 地址是网关的 IP 地址，发送方 MAC 地址是伪造的一个错误的 MAC 地址（如把攻击者自己的 MAC 地址伪装成网关的 MAC 地址），目的 IP 地址和目的 MAC 地址是要攻击的主机的 IP 地址和 MAC 地址。这样，被攻击的主机就会替换自己的 ARP 缓存表里网关的 IP/MAC 地址对记录。此后，被攻击的主机就不能发送信息到网关，进而不能访问外网。冒充网关示意图如图 5-12 所示。

第 5 章 数据链路层和网络层协议攻击与防御

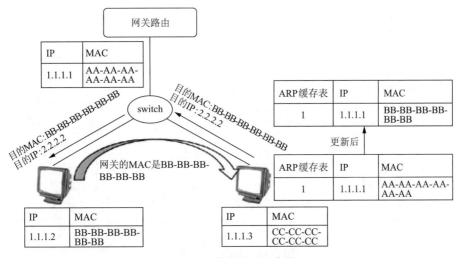

图 5-12 冒充网关示意图

2. 欺骗网关

与冒充网关不同，欺骗网关是对网关设备进行欺骗，让网关使用错误的内网某台主机 MAC 地址，这样，由网关发送给该主机的数据包则会全部重定向给一个错误的 MAC 地址，导致该主机无法正常获得外网的数据包，如图 5-13 所示。

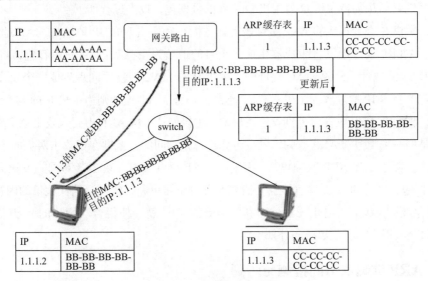

图 5-13 欺骗网关示意图

攻击者伪造一个 ARP 响应包，响应包的源主机 IP 地址是网段中随意一个合法用户的 IP 地址，源主机 MAC 地址是伪造的一个不存在的或错误的 MAC 地址，目的 IP 地址和 MAC 地址是该局域网网关的 IP 地址和 MAC 地址。

当网关收到这个响应包时，会根据这个响应包的内容把自己的 ARP 缓存表里相应的 IP/MAC 地址对记录替换掉，这样网关就不能正确地发送分组给那个合法用户，那个合法用户也就无法接收到外网传来的信息，但可以发送信息出去，只不过收不到回应。

3. 欺骗主机

欺骗主机是通过对同一内网的主机进行欺骗，让其他主机使用错误的 MAC 地址，导致受害主机无法和同网段内的主机进行通信，如图 5-14 所示。

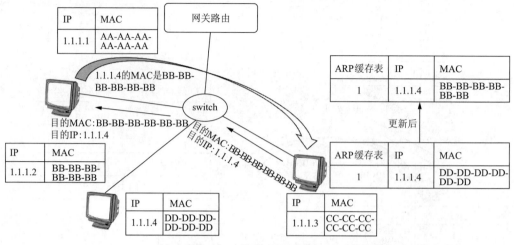

图 5-14 欺骗主机示意图

4. 中间人欺骗攻击

如果攻击者在 ARP 欺骗中的角色是充当一个中间人,即所谓的中间人欺骗攻击,那么攻击者在目标主机与另一方主机(可以是网关或服务器)进行正常通信的过程中,就可以进行拦截、插入、伪造、中断数据包,达到截获对方敏感数据、伪造身份等目的。

如果主机 B 希望劫持主机 C 与主机 D 之间的数据包,攻击过程如下:

首先,主机 B 查看本地的 ARP 缓存表得知主机 C 和主机 D 的 IP 地址与 MAC 地址。

然后,主机 B 通过数据包生成器生成一个目的地址为主机 C 的 ARP 应答包,将源 IP 地址改为主机 D 的 IP 地址,而源 MAC 地址则为主机 B 的 MAC 地址。同理生成一个发往主机 D 的 ARP 应答包,将源 IP 地址改为主机 C 的 IP 地址,而源 MAC 地址则为主机 B 的 MAC 地址。

最后,将两个 ARP 应答包分别发给主机 C、主机 D,一次 ARP 中间人攻击就实现了。

无论是哪一种类型的 ARP 欺骗,其攻击原理总是相同的,差别在于攻击对象的不同。

事实上,除了上述 ARP 欺骗攻击,还存在 ARP 泛洪攻击,攻击者对网关发送大量无意义的 ARP 数据包,网关的 ARP 缓存表会一直接收并且学习更新,这样会消耗大量的内存资源,直到 ARP 缓存表被占满后,再也无法学习新的 ARP 表项,就会使得合法用户的 ARP 信息不能被记录,导致合法用户不能正常访问外部网络。

5.2.2 ARP 欺骗攻击的检测与防御

当遭受 ARP 欺骗攻击时,受害网络的稳定性会面临很大的威胁,网段内用户的信息数据也存在很大的安全隐患,因此对于 ARP 欺骗攻击的检测以及防御十分必要。当网络被 ARP 欺骗攻击时,一般会有这些现象:网络连接不稳定,延时高,经常掉线甚至无法访问网络,硬件如 CPU 使用率升高,发热等。下面介绍若干检测与防御 ARP 欺骗攻击的方法,使网络尽量免受 ARP 欺骗攻击的威胁。

1. ARP 欺骗攻击的检测

针对 ARP 攻击的检测,可采取以下几种方法:

(1)手动检测。当怀疑网络在被 arp 攻击时,可利用 arp 命令来进行一定程度的排查,通过命令行执行 arp -a 命令来查看 ARP 的缓存表,若发现相关表项的数据异常,基本就可以判定该网络遭受了 ARP 攻击。这些异常情况包括网关的 MAC 地址被篡改、ARP 表项异常繁多、一个 MAC 地址对应许多不同的 IP 地址等。

（2）主动检测。收到一个 ARP 响应包时，可以将其中的目的 MAC 提取出来，并且构造一个 RARP 请求包，向所在网络广播出去，把逆向解析得到的 IP 地址与 ARP 响应包中的对应 IP 进行比较，如果不相同则可以说明存在伪造的 ARP 响应包。

（3）网络管理检测。对网络管理中心主机根据实际情况配置手工维护的 ARP 映射表，可以与对网内主机正常 ARP 扫描获得的映射表进行比较，来判断是否存在 ARP 欺骗攻击。

（4）生存时间检测。一般情况下，ARP 缓存表的表项是存在生存时间的，在一个固定周期内存活，超过周期时间，该表项就会作废，因为存在这种机制，攻击者为了能够长期进行 ARP 欺骗，就必须要周期性地维护相关 ARP 映射表项，具体表现为会在一个生存时间周期内发送不止一个 ARP 响应包，接收方则会更新表项并且重新计时，以此来维持 ARP 表项的有效性。可以通过对网络的监听，检查是否存在一个周期内反复存在的 ARP 响应包，来检测是否存在 ARP 欺骗攻击。

2．ARP 欺骗攻击的防御

了解 ARP 欺骗的检测方法之后，下面介绍针对 ARP 欺骗攻击的防御方法。

（1）配置静态 ARP 映射表。利用 arp 命令为主机配置静态的 ARP 映射表记录。那么即使有人恶意地向主机发送大量 ARP 应答数据包，由于 ARP 映射表是静态的，机器接收到 ARP 应答数据包后也不会去更新 ARP 缓存表，这样也就避免了遭受 ARP 欺骗攻击的风险。这种方法在一定程度上限制了冒充网关的欺骗攻击行为，但同时存在着以下局限性：

① 需要网络管理员手动设定静态 ARP 缓存，这无疑增加了网络管理员的工作量，而且不够灵活，较为刻板。如果设备重新分配到其他 IP 地址，或者安装了新的网络适配器，网络管理员之前设置的静态 ARP 缓存表就不能继续使用，需要重新设定。

② 攻击者可以对 ARP 病毒进行优化，通过相应的代码，破坏甚至修改网络管理员在各种终端设备上所做的 IP-MAC 绑定。

③ 设置 ARP 静态缓存表实际上就是为了让一些设备，比如路由器、一些主机，不去关注自己收到的 ARP 数据包。即使如此，也可能存在一些黑客发出大量的 ARP 数据包，形成 ARP Flood 攻击，造成设备资源的大量消耗，引起网络的堵塞，甚至崩溃，干扰用户对网络数据的正常收发。

（2）交换机端绑定。在网关（汇聚交换机）上实现 IP 地址和 MAC 地址的绑定。在交换机内为每台主机建立 IP 地址和 MAC 地址对应的映射表。用户发送数据包时，若交换机获得的 IP 和 MAC 地址与先前建立的映射表匹配，则发送的包能通过，若不匹配则丢弃该数据包。

（3）VLAN 划分。由于 ARP 的作用域是一个网段，因此 ARP 欺骗有不会发生跨网段攻击的特点。在使用三层交换机的网络中，可以通过划分 VLAN 的方法减小 ARP 攻击的影响范围。VLAN 可以不考虑网络的实际地理位置，用户可以根据不同客户端的功能、应用等将其从逻辑上划分在一个相对独立的组中，每个客户端的主机都连接在支持 VLAN 的交换机端口上，同一个 VLAN 内的主机形成一个广播域，不同 VLAN 之间的广播报文能够得到有效的隔离。这样就能缩小 ARP 欺骗的攻击范围，但同时也可能不够灵活，也不能避免网关遭受 ARP 攻击。如果网关沦陷，同样会造成大面积的掉线和网络瘫痪。这种方法也会大幅度增加网络设备的成本。

（4）DAI。在交换机上启用 DAI（Dynamic ARP Inspection，动态 ARP 检测）技术，可以将 ARP 攻击欺骗消灭在萌芽之中。目前，企业级的交换机都有支持 DAI 技术。在用户 PC 动态获取 IP 地址的过程中，通过接入层交换机的 DHCP Snooping 功能将用户 DHCP 获取到的、正确的 IP 与 MAC 信息记录到交换机的 DHCP Snooping 软件表；然后使用 DAI 功能校验进入交换机的所有 ARP 报文，将 ARP 报文里面的 Sender IP 及 Sender MAC 字段与 DHCP Snooping 表里面的 IP+MAC 记录信息进行比较，如果一致则放通，否则丢弃。这样如果合法用户获取 IP 地址后试图进行 ARP 欺骗，或者是非法用户私自配置静态的 IP 地址，他们的 ARP 校验都将失败，这样的用户将无法使用网络。

（5）利用 ARP 服务器。中心化 ARP 地址解析的过程。可以将一个网络中所有主机的 IP 地址与 MAC 地址的对应关系绑定起来，集中存储在中心的 ARP 服务器中。同时，通过设置让网络中的主机不会进行 ARP 的应答，只有 ARP 服务器可以应答。当网络内的主机需要知道相关 ARP 的关系时，全部对 ARP 服务器进行请求。这种方法的缺点是一定要保证 ARP 服务器的安全，如果 ARP 服务器被攻陷，就会导致网络瘫痪。

（6）数据加密。在 ARP 攻击中，攻击者的主要目的一般是截获两台主机之间的数据包，获取用户名、密码等一些隐私的、有价值的信息。可以通过对这些数据进行底层的加密处理后再发送，这样即使攻击者截获数据，也难以阅读、修改其内容，不能达到攻击目的。

（7）中间件技术。中间件技术的主要思想是在系统内核中增加一个 Checker 模块，它位于网卡驱动和上层驱动之间，主要负责对流入/流出的 ARP 报文进行监测并进行处理。其模块处理过程如下：

① 发送 ARP 请求报文时，Checker 将该请求添加到 ARP 请求报文列表。

② 接收 ARP 应答报文时，Checker 首先检查请求报文列表中是否存在对应的 ARP 请求。若存在，则进行转发并将之添加到 ARP 应答报文列表；若不存在，则再检查 ARP 应答报文列表中是否有对应的 ARP 应答记录，若有则进行转发，否则丢弃。

中间件技术的优点是修改了系统内核的主机可以有效地监测和防御 ARP 欺骗，并与局域网中其他内核未作改变的主机相兼容；缺点是需要修改系统的内核，而且没有考虑到本机对其他主机发起的 ARP 欺骗。一种改进的方法是修改系统内核发送 ARP 报文的处理策略。在系统内核发送 ARP 请求或应答报文时，Checker 首先检查 ARP 报文的合法性，如果 ARP 报文的源地址为本机，则进行转发，否则丢弃。

（8）ARP 防火墙软件。目前很多杀毒软件制造商都设计了个人 ARP 防火墙模块，该模块也是通过绑定主机和网关等其他方式，来避免遭受攻击者所冒充的假网关攻击，在一定程度上可以防御 ARP 欺骗攻击。

5.3 IP 源地址欺骗攻击与防御

IP 源地址欺骗（IP Spoofing）是指攻击者伪造具有虚假源地址的 IP 数据包进行发送，以达到隐藏发送者身份、假冒其他主机的目的。

5.3.1 IP 欺骗的原理

IP 源地址欺骗可以实现的根本原因在于，IP 协议在设计时只根据数据包中的目的地址进行路由转发，而不对源地址进行真实性的验证。

攻击者可以修改 IP 数据包的首部，使其源 IP 地址字段包含一个虚假 IP 地址，这样，数据包看起来像是另一个地址发出的，就达到了欺骗目标和隐藏发送源的目的。IP 欺骗示意图如图 5-15 所示。

IP 欺骗利用网络中设备之间的正常信任关系，给系统带来较大的安全隐患。例如，在 UNIX 内核的主机中，假设存在两台主机 A 和 B，A 主机和 B 主机分别有一个账户 admin。用户使用系统，使用主机 A 时，需要使用主机 A 上的 admin 账户登录系统。同样，在主机 B 上也必须使用 B 的 admin 账户登录系统。假如 admin 账户的拥有者是同一个人，需要经常在主机 A 和主机 B 上使用该账户，但主机 A 和 B 把 admin 账户当作两个完全独立没有关联的用户，使用存在一定的不便。为了能够更方便些，可以通过一些手段使这两个账户之间彼此信任。

在主机 A 和主机 B 上 admin 账户的 home 目录中创建 .rhosts 文件。在主机 A 上，在账户的 home 目录中使用命令 echo "B admin>" ~ /.hosts 实现 A 和 B 的信任关系，这时，用户在主机 B 上，就可以毫无阻碍地使用任何以 r 开头的远程调用命令，如 rlogin、rsh、rcp 等，而不需要口令验证就可以直接登录到主机 A 上。这些命令将允许以 IP 地址为基础的验证，允许或者拒绝以 IP 地址为基础的读取和写入服务。这里彼此信任的关系是以 IP 地址为基础的，如能够冒充主机 B 的 IP，就可以使用 rlogin 登录到 A，而不需任何口令验证。

下面介绍几种 IP 欺骗攻击的方法。

1. IP 源路由欺骗

通常情况下，信息包从起点到终点所走的路由是由位于这两点间的路由器决定的，数据包本身只知道去往何处，而不知道该如何去。IP 报文首部可选项中的源路由选项，可使信息包的发送者将此数据包要经过的路径写在数据包里，使数据包循着一个对方不可预料的路径到达目的主机。某些路由器对源路由包的反应是使用其指定的路由，并使用其反向路由来传送应答数据，这就导致了源路由 IP 欺骗的可能性。

如图 5-16 所示，主机 C 进行源路由欺骗，伪装成 B 的 IP 地址，给服务器 A 发送了一个包。A 收到数据包后要发送响应信息，正常情况因为源地址是 B，应该返回给 B，但是由于源路由信息记录了来时的路线，反推回去就把信息给了 C，而 A 没有意识到问题，B 对此一无所知，因此 C 就成功地以 B 的名义接收到了数据。

流程具体如下：

（1）迫使主机 B 下线或停止运行，可以通过拒绝服务攻击或 ARP 欺骗等手段。

（2）主机 C 伪装成 B 的 IP 去和 A 进行通信，并且开启源路由功能。

（3）C 发送的数据包经过路线为 C-R1-R2-R3-R5-A。

（4）尽管 A 收到的数据包中源 IP 地址是 B，但是根据源路由的记录，会将响应包反推回去，因此响应包的路线是 A-R5-R3-R2-R1-C。

（5）于是 C 便可以用 B 的身份与服务器 A 进行通信，从而以被信任的身份和权限访问相关的受保护的资源数据，进行破坏活动，进一步入侵。

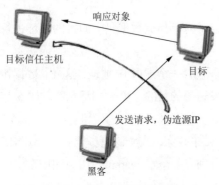

图 5-15 IP 欺骗示意图

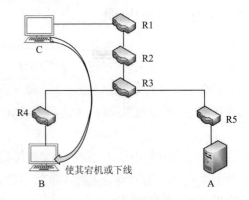

图 5-16 源路由欺骗示意拓扑

2. TCP 会话劫持

TCP 会话劫持的目的是劫持通信双方已建立的 TCP 会话连接，利用 IP 欺骗，假冒其中一方（通常是客户端）的身份，与另一方进行进一步通信。

TCP 是一种面向连接的协议，也是一种可靠的协议。在通信双方传输数据之前，需要通过三次握手建立一个连接。攻击者使用 IP 地址欺骗技术，将自己伪装成被信任主机，向目标主机发送连接请求，目标主机会发送确认信息给被信任主机。这时，被信任主机会发现连接是非法的，会发送一个复位信息给目标主机，请求释放连接，IP 欺骗就会被发现。

因此，此时进行 IP 欺骗，应当有如下步骤：

（1）让冒充的被信任主机丧失正常的工作能力。攻击者为了让自己伪装成被信任主机后不被发现，需要利用其他手段使被信任主机完全无法正常运行，保证实际的被信任主机不会收到任何有效的网络数据，以及不能发送其他数据，否则将有很大可能攻击会失败。有很多方法可以达到这个目的，如 SYN 泛洪、ARP 欺骗等。

（2）连接到目标机的某个端口来猜测初始序列号 ISN 的基值和增加规律。当攻击者一旦估算出 ISN 的大小，就会开始着手进行攻击。攻击者构造的虚假 TCP 数据包到达目标主机时，如果估计的序列号是准确的，传入的数据将被放置在目标机的缓冲区中。

（3）攻击者构造虚假的数据包，把数据包的源地址伪装成被信任主机的地址，发送带有 SYN 标志的数据包请求建立连接，最后再次伪装成被信任主机向目标机发送的 ACK 包，此时发送的数据段带有预测的目标机的 ISN+1。

（4）成功建立连接后，即可以发送命令和请求进行交互。

3. 分布式拒绝服务攻击

拒绝服务攻击（Denial of Service，DoS）是指向目标发送大量的垃圾请求，让目标去处理这些没有意义的请求信息，以此来空耗目标的硬件和软件资源，让其处于严重负载状态，当有正常的访问请求时，由于目标主机一直处于繁忙状态，无法提供正常的服务。分布式拒绝服务攻击（Distributed Denial of Service，DDoS）是在此基础上的演化，是一种更大规模的流量攻击，如图 5-17 所示，由一个主控机操控若干不同的代理机，向目标发送攻击请求。

拒绝服务攻击常常伴随着 IP 欺骗攻击，生成的大量假冒源 IP 的数据包，使目标无法得知真实的攻击源，通过这种手段可以隐藏攻击者的真实 IP。常见的 TCP SYN 攻击就是一种典型的 DoS 和 DDoS 攻击。

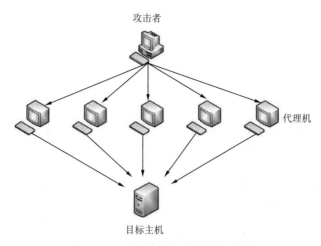

图 5-17 分布式拒绝服务攻击示意图

5.3.2 IP 源地址欺骗攻击的防护措施

IP 源地址欺骗攻击主要针对 IP 协议本身的缺陷，其相关防护措施在当前的 TCP/IP 协议结构下具有一定的局限性，但实施一些措施也可以在一定程度上有效防范 IP 欺骗攻击。下面列举几种较为有效的防护手段。

1. 避免采用基于 IP 地址的信任策略

大多数 IP 欺骗攻击得以产生有效侵害，是因为主机之间的相互信任关系。为了使一些服务更加方便，许多服务会采用 IP 地址信任的机制进行身份验证，以此提高通信效率，但这也给了黑客可乘之机。因此，在进行信任策略的配置时，选择其他的验证方式如口令验证是比较好的方式。如果主机不存在信任的 IP 对象，冒充者便没有突破口。如果一定要配置 IP 信任关系，也应该设法减小这种信任关系的暴露程度。

2. 合理配置路由功能

对于 IP 源路由欺骗，可以通过对路由器进行配置，禁用源路由的记录功能。在正常的通信流量中，源路由其实并非是必需的，所以禁用相关设置与流量不会妨碍网络的正常工作。

3. 使用随机化的初始序列号

使用随机化的初始序列号，使得攻击者无法猜测到通过 IP 源地址欺骗建立 TCP 连接所需的序列号，降低被源地址欺骗的风险。

4. 设置合理的访问控制策略

访问控制列表对流量可以起到一定的过滤作用，大多数 IP 信任关系是存在于一个网络内部。IP 欺骗攻击往往是从外部网络入侵内部网络，因此应该在路由器和网关上实施包过滤，禁止放出内部网络的通信流量，以及不允许外部流量且源地址是内网 IP 的数据包通过。

5. 采用网络层安全传输协议

通过对数据进行加密处理，可以在一定程度阻止黑客获取信息。可以使用网络层安全传输协议如 IPSec，对传输数据包进行加密，避免信息泄露。

6. 入侵检测系统

部署入侵检测系统，针对网络数据包的流量以及相关活动进行侦测，及时发现异常行为并且向网络管理员发出警报。

5.4 ICMP 相关攻击与防御

ICMP 协议非常容易被黑客用来进行网络攻击,如利用 ping 发送大量数据包造成主机死机等。下面介绍 ICMP 相关攻击的原理及防御方法。

5.4.1 ICMP 重定向攻击与防御

ICMP 重定向攻击是指攻击者伪装成路由器发送虚假的 ICMP 重定向报文,使得受害主机选择攻击者指定的路由路径,从而进行嗅探或假冒攻击的一种技术。

1. ICMP 重定向攻击原理

当网络中的路由器收到数据包时,如果发现存在通往目的地址的更优路由,将向信源发送 ICMP 重定向报文,提示信源主机选择更优的路由节点,这就是 ICMP 重定向的过程。ICMP 重定向报文会更改流量包通往某地址的路由。

ICMP 重定向过程如图 5-18 所示,过程如下:

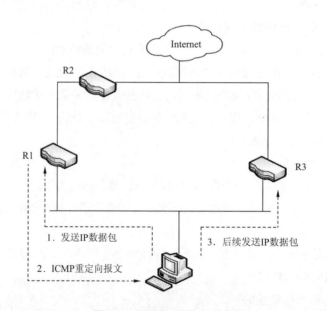

图 5-18　ICMP 重定向示意图

(1)主机向 R1 发送访问 Internet 的 IP 数据包。
(2)R1 发现 R3 为去往目的地址的更优路由,于是发送 ICMP 重定向报文给主机。
(3)主机更改路由信息,后续去往同一个目的地址的数据包将送往 R3。

与 ARP 协议相似,ICMP 重定向报文不存在验证机制,也不会对数据包状态进行检查,因此也和 ARP 协议有着相似的安全隐患。攻击者可以通过向目标主机发送伪造的 ICMP 重定向报文,让目标主机发送的数据包流向攻击者,继而攻击者可以对流量进行截取、监听等。

第 5 章 数据链路层和网络层协议攻击与防御

2. ICMP 重定向攻击的过程

主机与服务器正常通信时,数据包经由交换机转发给网关,网关将数据包发给服务器,主机得以和服务器进行通信。

ICMP 重定向攻击的过程大致如下:

(1)攻击者冒充网关 IP 地址,向被攻击节点主机发送伪造的 ICMP 重定向报文。

(2)主机接收到该报文后,选择攻击节点作为新路由器,将流量发送给伪装成网关的攻击者。

(3)攻击者成功实施攻击后,可以开启路由转发,充当中间人,对通信流量全程嗅探监听。

攻击者可以截取数据包进行分析,并且可以修改主机发送的数据包,最终导致不可预测的安全隐患。

3. ICMP 重定向攻击实施

Netwox 工具包中包含了超过 200 个不同功能的网络报文生成工具,每个工具都拥有一个特定的编号。可以利用 Netwox 的第 86 号工具进行 ICMP 重定向攻击,如:

```
netwox 86 -f "tcp and host 192.168.1.130" -g 192.168.1.100 -i 192.168.1.1
```

其中,-f 为过滤器,-g 为重定向的网关 IP,-i 为原来的网关 IP。

4. ICMP 重定向攻击防御

防范 ICMP 重定向攻击,在网关端,可以关闭 ICMP 重定向,使用变长子网掩码划分网段,使用网络控制列表(ACL)和代理;在主机端,可以使用防火墙等过滤掉 ICMP 报文,或使用反间谍软件监控,同时结合防 ARP、IP 欺骗等进行防御。

5.4.2 ICMP 隧道攻击与防御

ICMP 隧道攻击是一种主流且实用的网络攻击手段,常用于命令控制、反弹 Shell 等攻击目的。在深入了解之前,有必要了解网络中"隧道"的概念和原理。

1. ICMP 隧道攻击原理

隧道(Tunnelling)的目的是让数据可以在异构的网络环境中正常传输,例如,在某些协议不被支持的网络环境中,可以将数据封装在合法的协议内,以此在信源和信宿之间建立起以该合法协议为载体的数据通道。将数据封装在 TCP 协议中进行传输其实也可以称其为一条 TCP 隧道。理论上来说,所有的网络协议全部可以作为数据的载体充当隧道。图 5-19 为隧道示意图。

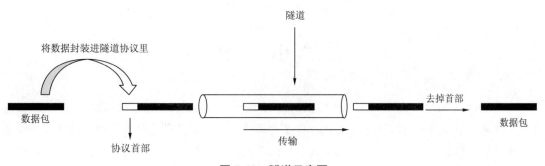

图 5-19 隧道示意图

由于隧道技术常被别有用心的人用来入侵网络，随着网络安全技术的发展，诸如 TCP 等 Socket 隧道往往会被入侵检测系统（Intrusion Detection System, IDS）识别拦截，降低入侵风险。与此同时，一些难以被禁用的协议便被黑客利用，作为网络入侵的隧道协议，如 ICMP 协议。

在测试网络连通性时经常用到的 ping 命令，使用的就是 ICMP 协议。在诸多网络环境里，ICMP 协议是必不可少的，用来测试网络状态。因此 ICMP 协议流量包往往会被防火墙等检测系统允许通过，因此，ICMP 协议便成为了攻击者建立攻击隧道的常用协议之一。

攻击者往往会将数据封装在 ICMP 协议的数据包内，ICMP 数据包的结构如图 5-20 所示。使用 ping 去测试网络时，ICMP 数据包的数据部分其实是没有意义的，仅用于测试，由系统默认生成。而利用 ICMP 协议作为隧道，就是将这些数据部分更改为需要的数据，同时其他字段如 Checksum 字段也应做出相应的处理。

0	7	15	31
Type	Code	Checksum	
Identifier		Sequence Number	
Data			

图 5-20 ICMP 报文结构

内网中的大多数系统位于防火墙和企业代理之后，以便控制入口以及出口流量。单纯的反弹 Shell 容易被防火墙发现，但 ICMP 协议基本上是不拦截的。因此，为了获得 Shell 并在目标主机上执行命令，可以将其用 ICMP 协议封装起来。使用 ICMP 协议作为隐藏通道进行连接，绕过防火墙的概率就会更大。目前，icmpsh 等攻击工具可用来执行此攻击。

2. ICMP 隧道攻击防御

只需要禁止 ping 就可以完全屏蔽 ICMP 隧道攻击的风险，但如果要考虑用户体验，就只有解析包体，然后做否定判定。也就是说，只要 ping 包中的数据不是标准的 Windows、Linux 等操作系统的 ping 数据包的内容，则判定非法，报警拦截即可。建议安全防御者先解析包体，然后分析合法数据，形成白清单，然后再做否定判定。

5.4.3 ICMP Flood 攻击与防御

ICMP Flood 攻击发送速度极快的 ICMP 报文，当一个程序发送数据包的速度达到了每秒 1 000 个以上，它的性质就成了洪水产生器，大量的 ICMP Echo Request 报文发送给攻击目标，攻击目标就不得不回复很多 ICMP Echo Reply 或 ICMP 不可达报文，攻击者伪造了虚假源地址后，攻击目标就会徒劳地回复大量 ICMP 报文给虚假地址，从而消耗自身的系统资源，最终可能导致服务器停止响应。

针对 ICMP Flood 攻击，没有有效的防范措施，出现 ICMP Flood 攻击的时候，只要禁止 ping 就可以了。

小　结

本章介绍了 MAC 泛洪攻击、ARP 欺骗、IP 欺骗以及 ICMP 相关攻击的原理，并针对这几种常见的数据链路层和网络层的攻击，分析了具体的防护措施。通过对本章内容的学习，读者可以更好地理解数据链路层、网络层协议的缺陷和漏洞，当面临攻击风险时，能够采取相应的防御手段。

习 题

一、选择题

1. ARP 毒化可能会致使受害主机（　　）。
   A. 无法开机
   B. 无法发送 ARP 报文
   C. 无法接收 ARP 报文
   D. 无法访问网络

2. 当主机收到 ARP 请求包时，以下情况正确的是（　　）。
   A. 当目的 IP 地址不是自己时，广播发送 ARP 应答包告知此 IP 不是自己
   B. 当目的 IP 地址不是自己时，单播发送 ARP 应答包告知此 IP 不是自己
   C. 当目的 IP 地址是自己时，广播发送 ARP 应答包通告自己的 MAC 地址
   D. 当目的 IP 地址是自己时，单播发送 ARP 应答包告知自己的 MAC 地址

3. ARP 欺骗攻击产生的主要原因是（　　）。
   A. ARP 协议是无状态的
   B. ARP 协议存在验证机制
   C. ARP 协议是网络层协议
   D. ARP 协议比较落后

4. （多选）防范 ARP 欺骗攻击的方法有（　　）。
   A. 安装 ARP 欺骗工具的防护软件
   B. 采用静态的 ARP 缓存
   C. 在网关上绑定各主机的 IP 和 MAC 地址
   D. 检查系统的物理环境

5. IP 欺骗属于（　　）。
   A. 一种攻击手段
   B. 防火墙技术
   C. IP 通信的一种模式
   D. 交换机的专门技术

6. 黑客进行网络攻击时，为了避免自己被发现，常用（　　）技术来隐藏自己。
   A. ARP 欺骗
   B. IP 欺骗
   C. DNS 劫持
   D. 网络穿透

7. 利用 IP 欺骗技术，必须先要知道（　　）。
   A. 目标服务器是否存在漏洞
   B. 目标服务器的操作系统
   C. 目标服务器的型号
   D. 以上都是非必需的

8. IP 首部（　　）选项的不慎使用可能会导致 IP 源路由欺骗攻击。
   A. 类型
   B. 校验和
   C. 源路由
   D. 服务类型

9. 为了从一定程度上避免 IP 欺骗，可以采取的措施有（　　）。
   A. 不使用 TCP/IP 协议
   B. 配置路由时，开启源路由功能
   C. 禁止设置访问控制列表
   D. 合理配置 IP 的信任关系

10. ICMP 协议容易被黑客利用，是因为（　　）。
    A. ICMP 协议过于简单
    B. ICMP 协议已经过时
    C. ICMP 协议本身的功能机制
    D. ICMP 协议最初是为网络安全而创造

11. ICMP 重定向攻击的效果和（　　）攻击比较类似。
    A. IP 欺骗
    B. ARP 欺骗
    C. 跨站请求伪造
    D. 拒绝服务

12. 黑客常使用 ICMP 隧道进行网络穿透攻击，是因为（　　）。

A. ICMP 协议比较可靠

B. 入侵检测系统不会理会 ICMP 数据包

C. ICMP 协议很难被识别

D. ICMP 协议由于其功能，其流量很难被杜绝

13. 针对 MAC 地址欺骗攻击的描述，错误的是（   ）。

A. MAC 地址欺骗攻击主要利用了交换机 MAC 地址学习机制

B. 攻击者可以把伪造源 MAC 地址的数据帧发送给交换机来实施 MAC 地址欺骗攻击

C. MAC 地址欺骗攻击造成交换机学习到错误的 MAC 地址与 IP 地址的映射关系

D. MAC 地址欺骗攻击会导致交换机要发送到正确目的地的数据被发送给攻击者

14. MAC 泛洪攻击是指（   ）。

A. 攻击者伪造过多源 IP 地址变化的报文，导致交换机的 IP 地址表溢出

B. 攻击者伪造过多源 MAC 地址变化的报文，导致交换机的 MAC 地址表溢出

C. 攻击者伪造过多目的 IP 地址变化的报文，导致交换机的 IP 地址表溢出

D. 攻击者伪造过多目的 MAC 地址变化的报文，导致交换机的 MAC 地址表溢出

15. Linux 泛洪攻击的命令为（   ）。

A. macof　　　　　B. mac　　　　　C. apt-get　　　　　D. yum

二、填空题

1. 局域网内，当一台主机无法被 ping 通，而 ping 其他主机没有任何问题，若网络配置完全没问题，则考虑存在_____攻击。

2. ARP 欺骗攻击需要给目标不停地发送 ARP 数据包，是为了保持_____的生存时间。

3. 可以通过划分 VLAN 来减小 ARP 欺骗的攻击影响，是因为 ARP 欺骗具有_____的特点。

4. IP 欺骗攻击可借由主机之间_____来发动。

5. 冒充信任主机发动攻击时，需要先保证被冒充的主机_____，否则可能会被发现。

6. 拒绝服务攻击常常也伴随着_____攻击，让目标难以确定攻击源。

7. 禁用路由器的_____记录功能，可避免 IP 源路由欺骗的发生。

8. 存在 ICMP 重定向攻击，是由于 ICMP 重定向报文缺乏_____。

9. 隧道攻击技术常用于_____、_____等攻击目的。

10. ARP 欺骗、ICMP 重定向攻击均可实现_____攻击。

三、简答题

1. ARP 欺骗攻击具有可行性的原因是什么？

2. 当主机受到 ARP 欺骗攻击时可能会有哪些表现？

3. 针对 ARP 欺骗，可以采取哪些防护措施？

4. IP 欺骗攻击可以用来实现什么目的？

5. 简述利用 IP 欺骗进行会话劫持的过程。

6. 为什么 IP 欺骗难以杜绝？

7. 简述 ICMP 重定向攻击实现的过程。

8. 简述为什么 ICMP 协议可以作为很好的隧道协议用于网络攻击。

9. 简述 MAC 泛洪攻击原理。

第 6 章

传输层协议

传输层提供面向连接的和非面向连接的数据传递以及进行重传前的差错检测，本章详细介绍传输层的两个重要协议：TCP 和 UDP。

学习目标

通过对本章内容的学习，学生应该能够做到：

（1）了解：TCP 协议的特点，UDP 协议的特点。

（2）理解：TCP 是面向连接的，提供可靠交付的，面向字节流的，支持一对一的通信；UDP 是无连接的，尽最大努力交付，它面向报文，支持一对一、一对多、多对一和多对多的交互通信。

（3）应用：掌握 TCP 和 UDP 报文分析，为后续章节更深入的学习打好基础。

6.1 传输层协议概述

6.1.1 进程间的通信

从通信和信息处理的角度看，传输层向它上面的应用层提供通信服务。下面通过图 6-1 说明传输层的作用，假设局域网 1 上的主机 A 和局域网 2 上的主机 B 通过互连的广域网进行通信。

网络层为主机之间提供逻辑通信，而传输层是为应用进程之间提供逻辑通信。

从图 6-1 中可以看出，传输层的一个重要功能就是复用和分用。这里"复用"是指发送方不同的应用进程都可以使用同一个传输层协议传送数据，而"分用"是指接收方的传输层在剥去报文首部后能够把这些数据正确交付到目的应用进程。

传输层要对收到的报文进行差错检测。因为在网络层，IP 数据报首部中的校验和字段，只检验首部是否出现差错而不检查数据部分。

根据应用程序的不同需求，传输层有两种不同的传输协议，即面向连接的 TCP 和无连接的 UDP。

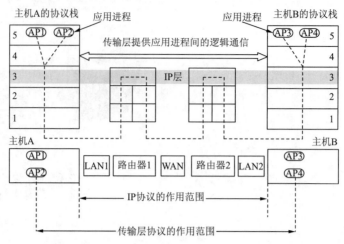

图 6-1 传输层为相互通信的应用进程提供了逻辑通信

6.1.2 传输层的主要协议

传输层的两个协议分别是 TCP 和 UDP。这两种协议在协议栈中的位置如图 6-2 所示。

TCP 提供面向连接的服务。在传送数据之前必须先建立连接，数据传送结束后要释放连接。TCP 提供可靠交付，它面向字节流，支持一对一的通信，不提供广播或多播服务。

图 6-2 TCP/IP 体系中的传输层协议

UDP 在传送数据之前不需要先建立连接。远地主机的传输层在收到 UDP 报文后，不需要给出任何确认。虽然 UDP 不提供可靠交付，但在某些情况下 UDP 却是一种最有效的工作方式。UDP 提供尽最大努力交付，它面向报文，支持一对一、一对多、多对一和多对多的交互通信。

一些应用和应用层协议主要使用的传输层协议（TCP 或 UDP）如表 6-1 所示。

表 6-1 使用 TCP 和 UDP 协议的各种应用和应用层协议

应 用	应用层协议	传输层协议	应 用	应用层协议	传输层协议
名字转换	DNS	UDP	IP 电话	专业协议	UDP
文件传送	TFTP	UDP	流式多媒体通信	专业协议	UDP
路由选择协议	RIP	UDP	电子邮件	SMTP	TCP
IP 地址配置	BOOTP、DHCP	UDP	远程终端接入	TELNET	TCP
网络管理	SNMP	UDP	万维网	HTTP	TCP
远程文件服务器	NFS	UDP	文件传送	FTP	TCP

6.1.3 传输层的端口

前面讲到传输层一个很重要的功能是复用和分用，应用层所有的应用进程都可以通过传输层再传送到网络层，即为复用。传输层从网络层收到数据后必须交付给指明的应用进程，即为分用。因此，给应用层的每个应用进程赋予一个非常明确的标志是至关重要的。

传输层使用协议端口号（通常简称端口），虽然通信的终点是应用进程，但是只要把要传送的报文交到目的主机的某一个合适的目的端口，剩下的工作，即最后交付给目的进程就由传输层协议来完成。

TCP/IP 的传输层用一个 16 位的端口号来标志一个端口。注意：端口号只具有本地意义，它只是为了标志本计算机应用层中各个进程和传输层交互时的层间接口。

传输层的端口号分为下面两大类：

1. 服务器端使用的端口号

这里又分为两类，即熟知端口号和登记端口号。熟知端口号的数值为 0 ～ 1 023，由互联网数字分配机构（Internet Assigned Numbers Authority, IANA）指派。一些常用的熟知端口号如表 6-2 所示。

登记端口号的数值为 1 024 ～ 49 151。这类端口号是为没有熟知端口号的应用程序使用的，使用这类端口号必须在 IANA 按照规定的手续登记，以防止重复。

表 6-2　常用熟知端口号

协议	熟知端口号	协议	熟知端口号	协议	熟知端口号
FTP	21	DNS	53	HTTPS	443
Telnet	23	TFTP	69	SNMP	161
SMTP	25	HTTP	80	SNMP（trap）	162

2. 客户端使用的端口号

客户端使用的端口号数值为 49 152 ～ 65 535，这类端口号仅在客户进程运行时才动态选择，所以又叫短暂端口号。这类端口号是留给客户进程选择暂时使用。当服务器进程收到客户进程的报文时，就知道了客户进程所使用的端口号，通信结束后，刚才使用过的客户进程就不复存在，这个端口号就可以供其他客户进程以后使用。

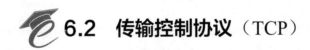

6.2　传输控制协议（TCP）

6.2.1　TCP 报文段的格式

TCP 报文段的首部格式如图 6-3 所示，下面给出各字段具体含义。

1. 源端口、目的端口

各占 2 字节。分别写入源端口号和目的端口号，TCP 的复用和分用功能通过端口号实现。

2. 序号

占 4 字节。序号范围是 $0 \sim 2^{32}-1$，共 2^{32} 个序号。序号增加到 $2^{32}-1$ 后，下一个序号就又回到 0。TCP 是面向字节流的。在一个 TCP 连接中传送的字节流中的每一个字节都按顺序编号。

3. 确认号

占 4 字节。是接收方期望收到发送方发送的下一个报文段的第一个数据字节的序号。

4. 数据偏移

占 4 位。它指出 TCP 报文段的数据起始处距离 TCP 报文段的起始处有多远，实际是指出

TCP 报文段的首部长度。数据偏移以 4 字节为单位，4 位二进制数能够表示的最大值为 15，因此，TCP 首部的最大长度为 60 字节。TCP 报文段首部的固定部分为 20 字节，因此选项字段的长度为 0～40 字节。

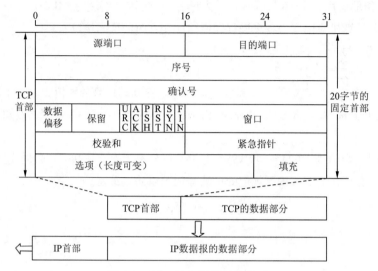

图 6-3　TCP 报文段的首部格式

5. 保留

占 6 位。保留为今后使用，目前置为 0。

6. 紧急 URG

当 URG=1 时，表明紧急指针字段有效，报文段中有紧急数据，应尽快传送，紧急数据在数据字段的位置由紧急指针字段给出。

7. 确认 ACK

仅当 ACK=1 时确认号字段才有效。

8. 推送 PSH

当发送方 TCP 把报文段的 PSH 置 1，发送缓冲区即使有发送窗口限制，也要立即发送；接收方 TCP 收到 PSH=1 的报文段，不需要在接收缓冲区中排队，可尽快地交付给接收应用进程。

9. 复位 RST

当 RST=1 时，表明 TCP 连接中出现严重差错，如由于主机崩溃或其他原因，必须释放连接，然后再重新建立连接。

10. 同步 SYN

当 SYN=1 而 ACK=0 时，表明这是一个 TCP 连接请求报文段。若对方同意建立连接，则响应报文段中 SYN=1，ACK=1。SYN=1 表示这是一个连接请求或连接接收报文。

11. 终止 FIN

当 FIN=1 时，表明发送方的数据已发送完毕，要求释放连接。

12. 窗口

占 2 字节。窗口值是 0～$2^{16}-1$ 之间的整数。窗口指的是发送本报文段的一方的接收窗口。窗口值告诉对方：从本报文段首部中的确认号算起，接收方目前允许对方发送的数据量。窗口值作为接收方让发送方设置其发送窗口的依据。

13. 校验和

占 2 字节。校验和字段检验的范围包括首部和数据两部分。计算校验和时，要在 TCP 报文段的前面加上 12 字节的伪首部。伪首部的格式如图 6-4 所示。接收方收到此报文段后，仍要加上这个伪首部来计算校验和。伪首部的内容将在 6.3.2 节中介绍。

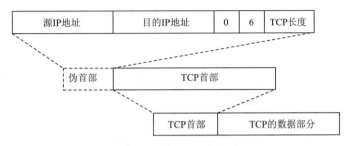

图 6-4　TCP 报文段的伪首部

14. 紧急指针

占 2 字节。紧急指针仅在 URG=1 时才有意义，它指出本报文段中的紧急数据的字节数。

15. 选项

长度可变，最长可达 40 字节。当没有使用选项时，TCP 的首部长度是 20 字节。

6.2.2　TCP 可靠传输的实现

TCP 在数据传输过程中，通过以下方式保证数据传输的可靠性。

1. 序列号，ACK 信号

发送方按照顺序给要发送的报文段的每个字节都标上编号。接收方接收到发送方的数据包之后，回传一个 ACK 信号，标识下一个需求的报文段初始字节编号。

2. 超时重传

在等待接收方回传的 ACK 信号超时后，发送方重发报文段。一旦开始重传，下一次等待的时间间隔指数增长，重发一定次数后还是收不到 ACK 信号，将强制终止连接。

3. 滑动窗口

TCP 的滑动窗口是以字节为单位的。滑动窗口中，窗口前端为已发送但未收到 ACK 的报文段，后端为允许发送但还未发送的报文段。

发送端一次发送窗口中的多个报文段，接收端回传所收到的按序到达的报文段的 ACK 信号。发送端收到 ACK 信号时，窗口向前依次移动，直到遇到有数据未确认时停止。

发送端发送一个报文段后，就启动一个定时器并等待确认信息；接收端成功接收这个报文段后返回确认信息。若定时器超时，数据未能被确认，发送端 TCP 将重传这个报文段。在重传一定次数还没有成功时，放弃并发送一个复位信号。

对于未按序到达的报文段，接收端先将其暂存于接收缓存内，待所缺序号的报文段收齐后再一起上交应用层。

下面通过一个例子来描述用滑动窗口机制实现可靠传输的原理。

假定数据传输只在一个方向上进行，即 A 发送数据，B 给出确认，TCP 的滑动窗口是以字节为单位的。为了便于说明，字节编号取得很小。先假定 A 收到 B 发来的确认报文字段，其中窗口是 20 字节，而确认号是 31 字节，表明 B 期望接收到的下一个序号是 31，序号 30 之前的数据已经收到了，如图 6-5 所示。

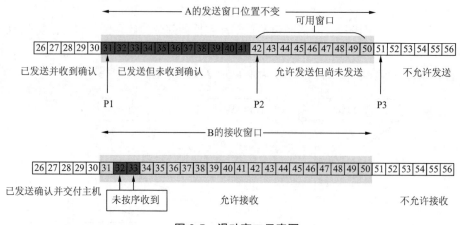

图 6-5 滑动窗口示意图

（1）A 的发送窗口。

在没有收到 B 的确认的情况下，可以连续把窗口内的数据发送出去。凡是已经发送过的数据，在未收到确认之前都必须暂时保留，以便超时重传使用。

发送窗口有如下特点：第一，发送窗口里面的序号表示允许发送的序号（如图 6-4 中 31～50）；第二，发送窗口的位置由窗口的前沿和后沿的位置共同确定。在没有收到确认时发送窗口的后沿不动，在收到新的确认时窗口的后沿前移。发送窗口的前沿通常是不断向前移动，但也可能收到新的确认，但因对方通知的窗口缩小而不动。

要描述一个发送窗口的状态需要三个指针：P1、P2、P3。小于 P1 的是已发送并收到确认的部分，大于 P3 的是不允许发送部分，P3–P1=A 的发送窗口，P2–P1= 已发送但尚未收到确认的字节数，P3–P2= 允许发送但尚未发送的字节数，又称可用窗口或有效窗口。

现在假定 A 发送了序号为 31～41 的数据，这时，发送方的发送窗口位置未改变，P2 指针指向序号为 42 的数据。

（2）B 的接收窗口。

B 的接收窗口大小为 20。在接收窗口外面，到 30 号为止的数据均发送过确认并交付主机使用，因此 B 不再保留之前的数据。B 收到了序号为 32 和 33 的数据，这些数据没有按序到达，因为序号为 31 的数据没有收到。由于 B 只能对按序到达的数据中的最高序号给出确认，因此 B 的发送的确认号仍然是 31，而不是 32 或 33。

现在假定 B 收到序号为 31 的数据，并把序号为 31～33 的数据交付给主机，然后 B 删除这些数据。接着把接收窗口向前移动 3 个序号，同时给 A 发出确认。其窗口值仍为 20，但确认号 34，表明 B 已经接收到序号 33 为止的数据。

按照以上的方式发送数据。当发送窗口已满，可用窗口减小到 0，发送停止。如果发送窗口内所有数据都正确到达 B，而发出的确认由于网络问题没有到达 A，为保证传输，此时 A 只能认为 B 还没有收到这部分数据。于是 A 经过一段时间后重传这部分数据，经过的时间由超时计时器控制，直到收到 B 的确认为止。

6.2.3 TCP 连接的建立与释放

TCP 是面向连接的协议。传送 TCP 报文的运输连接有三个阶段，即连接建立、数据传送和连接释放。

在 TCP 连接建立过程中要解决三个问题：第一，要使每一方能够确知对方的存在；第二，要允许双方协商一些参数，如最大窗口值、是否使用窗口扩大选项和时间戳选项以及服务质量等；第三，能够对运输实体资源，如缓存大小、连接表中的项目等进行分配。

TCP 连接的建立采用客户／服务器方式。主动发起连接建立的应用进程叫做客户，而被动等待连接建立的应用进程叫做服务器。

TCP 把连接作为最基本的抽象。TCP 连接的端口称为套接字（Socket）或插口。端口号拼接到 IP 地址即构成套接字。套接字的表示方法是在点分十进制的 IP 地址后面写上端口号，中间用冒号或逗号隔开。例如，若 IP 地址是 192.1.2.3 而端口号是 80，那么得到的套接字就是 192.1.2.3:80。总之，套接字 Socket=(IP 地址 : 端口号)，每条 TCP 连接唯一地被通信两端的两个端点，即两个套接字确定。即

```
TCP 连接:: ={Socket1, Socket2}={(IP1:Port1), (IP2:Port2)}
```

这里 IP1 和 IP2 分别是两个端点主机的 IP 地址，而 Port1 和 Port2 分别是两个端点主机中的端口号，Socket1 和 Socket2 是 TCP 连接的两个套接字。

1. TCP 的连接建立

TCP 的连接建立过程叫做三次握手。TCP 建立连接的过程如图 6-6 所示。假定 A 运行 TCP 客户程序，B 运行 TCP 服务器程序。最初两端的 TCP 进程都处于 CLOSED（关闭）状态。注意：A 主动打开连接，B 被动打开连接。

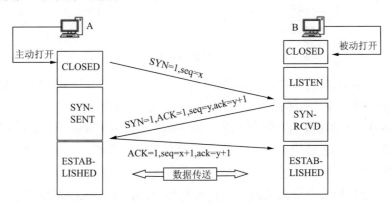

图 6-6 用三次握手建立 TCP 连接

B 的 TCP 服务器进程准备接收客户进程的连接请求，然后服务器进程处于 LISTEN（监听）状态，等待客户的连接请求。若收到请求则做出响应。

A 的 TCP 客户进程向 B 发出连接请求报文段，这时首部中的同步位 SYN=1，同时选择一个初始序号 seq=x。这时 TCP 客户进程进入 SYN-SENT（同步已发送）状态。

B 收到连接请求报文段后，若同意建立连接，则向 A 发送确认。在确认报文段中 SYN 和 ACK 都置为 1，确认号是 ack=x+1，同时为自己选择一个初始序号 seq=y。这时，TCP 服务器进程进入 SYN-RCVD（同步收到）状态。

A 的 TCP 客户进程收到 B 的确认后，还要向 B 给出确认。确认报文段的 ACK 置为 1，确认号 ack=y+1。这时，TCP 连接已经建立。A 进入 ESTABLISHED（已建立连接）状态。

当 B 收到 A 的确认后，也进入 ESTABLISHED 状态。

2. TCP 的连接释放

TCP 连接的释放过程比较复杂，下面结合双方状态的改变来阐明链接释放的过程。

数据传输结束后，通信双方都可释放链接。现在 A 和 B 都处于 ESTABLISHED 状态。TCP 连接的释放过程如图 6-7 所示。A 的应用进程先向其 TCP 发出连接释放报文段，并停止再发送数据，主动关闭 TCP 连接。连接释放文段首部的终止控制位 FIN 置为 1，其序号 seq=u，u 等于前面已发送的数据的最后一个字节的序号加 1，这时 A 进入 FIN-WAIT-1（终止等待 1）状态，等待 B 的确认。

B 收到连接释放报文段后即发出确认，确认号是 ack=u+1，而这个报文的序号是 v，等于 B 前面已经发送的数据的最后一个字节的序号加 1。然后 B 进入了 CLOSE-WAIT(关闭等待)状态。这时的 TCP 连接处于半关闭（HALF-CLOSE）状态。即 A 已经没有数据要发送了，但是 B 有数据发送，A 还是会接收。也就是说从 B 到 A 的连接并没有关闭，这个状态可能会持续一段时间。

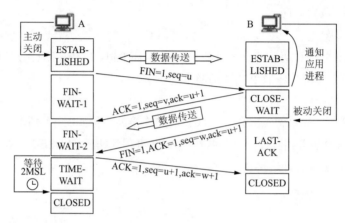

图 6-7　TCP 连接释放

A 收到 B 的确认后，就进入 FIN-WAIT-2(终止 - 等待 -2)状态，等待 B 发出连接释放的报文。

若 B 已经没有要向 A 发送的数据，其应用进程就通知 TCP 释放连接。这时 B 发出的连接释放报文中 FIN=1。现假定 B 的序号为 w，序号 w 表示在半关闭状态 B 可能又发送了一些数据。B 还必须重复上次已发送过的确认号 ack=u+1。这时 B 就进入 LAST-ACK（最后确认）状态，等待 A 的确认。

A 收到 B 的连接释放报文段后，必须对此发出确认，在确认报文段中把 ACK 置为 1，确认号 ack=w+1，而自己的序号是 seq=u+1。然后进入 TIME-WAIT（时间等待）状态。请注意，现在的 TCP 连接还没有释放掉。必须经过时间等待计时器设置的时间 2MSL 后，A 才进入 CLOSED 状态。MSL 叫做最长报文段寿命（Maximum Segment Lifetime），通常是 2 min。因此，A 进入到 TIME-WAIT 状态后，要经过 4 min 才能进入到 CLOSED 状态，才能开始建立下一个新的连接。

为了保证 A 发送的最后一个 ACK 报文能够到达 B。这个 ACK 报文有可能丢失，因而使处于在 LAST-ACK 状态的 B 收不到 A 发送的 FIN+ACK 报文段的确认。B 会超时重传这个 FIN+ACK 报文段，A 就能在 2MSL 时间内收到这个重传的 FIN+ACK 报文段。接着 A 重传一次确认，重新启动 2MSL 计数器。最后 A 和 B 都正常进入 CLOSED 状态。

6.2.4　TCP 报文分析

TCP 向应用程序提供面向连接的服务，应用程序在通过 TCP 传送数据之前必须建立连接，并且在数据传输完成后要释放连接。

下面以访问 FTP 站点为例,来分析 TCP 连接建立和释放的过程(本节配置主机 A 的 IP 地址为 192.168.50.100/24,FTP 服务器的 IP 地址为 192.168.50.1/24,读者操作时,IP 地址等信息会根据实际情况有所区别)。

启动 Wireshark 软件,选择 Capture/Options,在 Capture Filter 栏设置捕捉过滤器的过滤条件为 ip host 192.168.50.1 and 192.168.50.100,单击 Start 按钮开始捕获数据包。

在客户端的浏览器地址栏中输入 ftp://192.168.50.1,访问 FTP 服务器。

单击 Stop 按钮停止捕获,分析捕获到的数据包。

1. 建立 TCP 连接

FTP 服务基于 TCP 协议。客户端要和服务器通信,首先要通过三次握手建立连接。如图 6-8 所示,封包列表中显示了通过三次握手建立 TCP 连接这一过程中的三个 TCP 报文段。

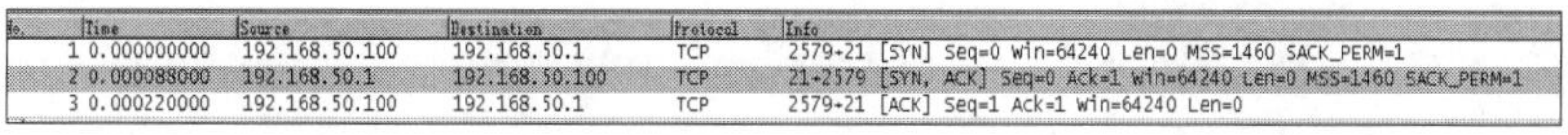

图 6-8 通过三次握手建立 TCP 连接过程中的数据包

TCP 连接的建立过程如下:

客户端向服务器请求建立连接,发送一个 SYN 报文段(TCP 首部的 SYN 位 =1),选择一个初始序号 X。

服务器收到连接请求报文段后,如果同意建立连接,发送一个 SYN/ACK 报文段(TCP 首部的 SYN 位和 ACK 位都置 1),选择一个初始序号 Y,确认号为 X+1。

客户端收到 SYN/ACK 报文段之后,发送一个 ACK 报文段给服务器(TCP 首部的 ACK 位置 1),序号为 X+1,确认号为 Y+1,这样就完成了通过三次握手建立连接的过程。

注意:TCP 规定,SYN 和 SYN/ACK 报文段不能携带数据,但要消耗掉一个序号,ACK 报文段如果不携带数据,则不消耗序号。也就是说,服务器发往客户端的下一个数据报文段的序号应为 Y+1;客户端发往服务器的下一个数据包的序号仍为 X+1。

根据上述过程,分析用于建立连接的三个数据包。

(1)第一次握手。

序号为 1 的数据包是客户端发往服务器的第一次握手的数据包,如图 6-9 所示,其中 SYN 位 =1,序号 =0(客户端的初始序号)。

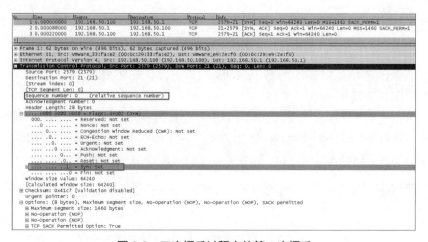

图 6-9 三次握手过程中的第一次握手

（2）第二次握手。

序号为 2 的数据包是服务器发往客户端的第二次握手的数据包，如图 6-10 所示，其中 SYN 位 =1，ACK 位 =1，序列号 =0（服务器的初始序号），确认号 =1（客户端初始序号 +1）。

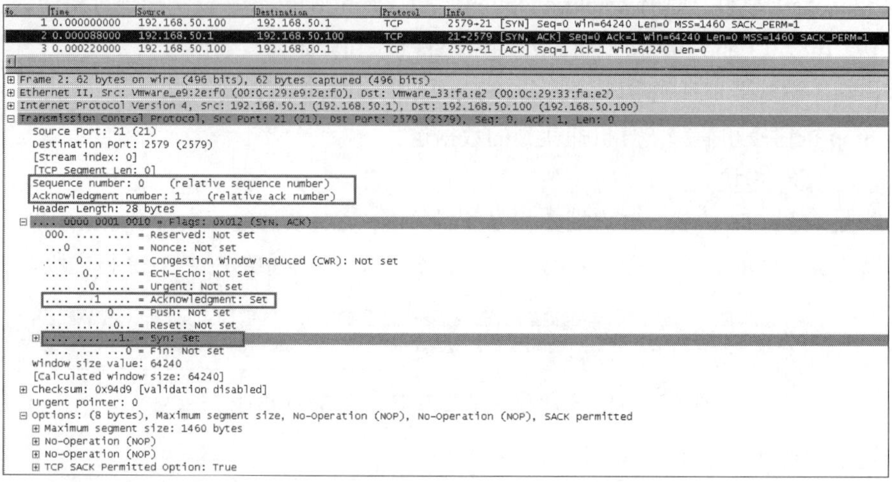

图 6-10　三次握手过程中的第二次握手

（3）第三次握手。

序号为 3 的数据包是客户端发往服务器的第三次握手的数据包，如图 6-11 所示，其中 ACK 位 =1，序列号 =1（客户端初始序号自加 1），确认号 =1（服务器初始序号加 1）。

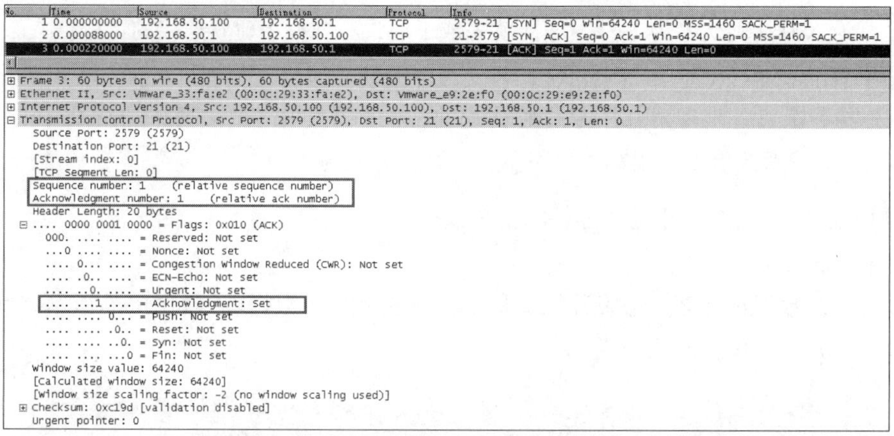

图 6-11　三次握手过程中的第三次握手

在 TCP 连接建立后，客户端和服务器之间就可以进行双向的数据传输。

2. 释放 TCP 连接

释放 TCP 连接是一个四次挥手的过程。TCP 在连接的一方结束数据发送后还能接收来自另一方的数据，即所谓的半关闭。参加数据交换的任一方（客户端或服务器）都可以发出半关闭。

图 6-12 是释放连接过程的数据包，由客户端主动关闭这个 TCP 连接，分析如下：

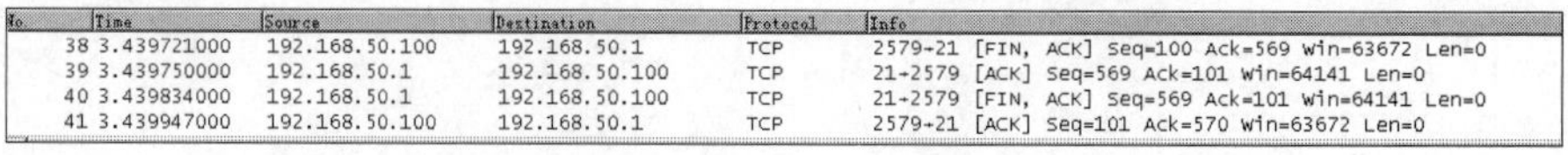

图 6-12　通过四次挥手释放 TCP 连接过程中的数据包

（1）第一次挥手。

序号为 38 的数据包是释放 TCP 连接过程第一次挥手的数据包，如图 6-13 所示，客户端作为先断开连接的一方（即数据先传送完毕，以下称为 A），向另一方（以下称为 B）发送 FIN 报文段，其中 FIN 位 =1，ACK 位 =1，序号 =100，确认号 =569。

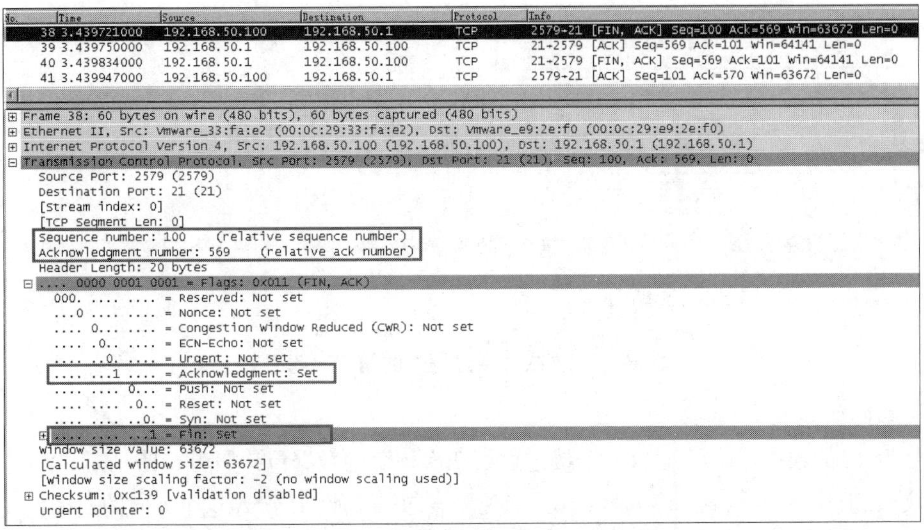

图 6-13　四次挥手过程中的第一次挥手

（2）第二次挥手。

序号为 39 的数据包是释放 TCP 连接过程第二次挥手的数据包，如图 6-14 所示，B 向 A 发送 ACK 报文段，其中 ACK 位 =1，序号 =569，确认号 =101。此时，A 到 B 这个方向的连接已经关闭，但 B 到 A 这个方向的连接尚未关闭。

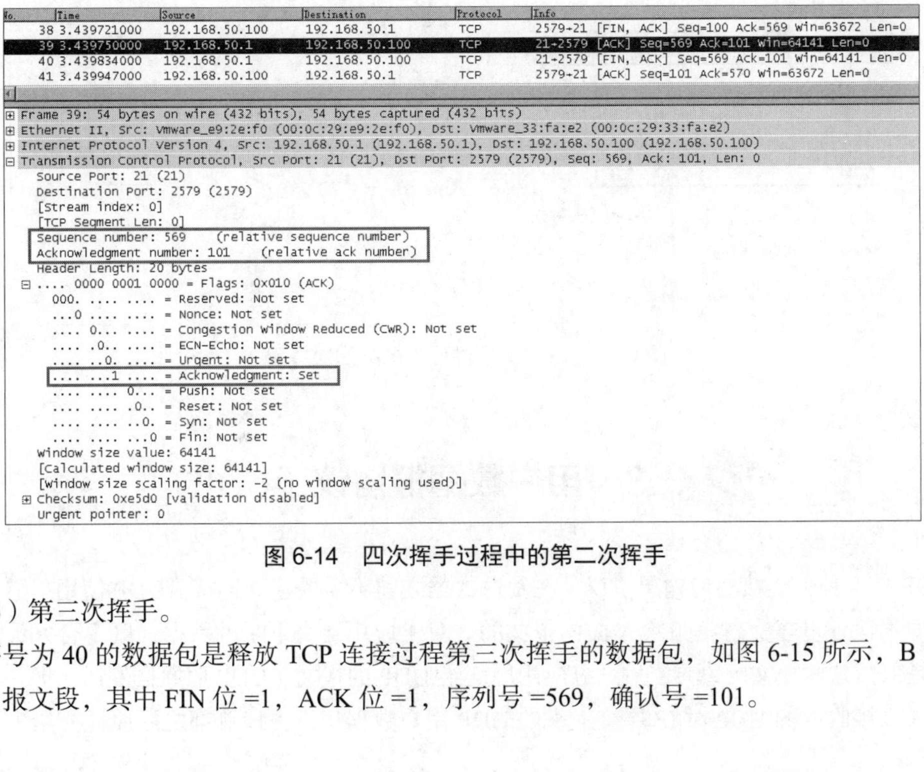

图 6-14　四次挥手过程中的第二次挥手

（3）第三次挥手。

序号为 40 的数据包是释放 TCP 连接过程第三次挥手的数据包，如图 6-15 所示，B 向 A 发送 FIN 报文段，其中 FIN 位 =1，ACK 位 =1，序列号 =569，确认号 =101。

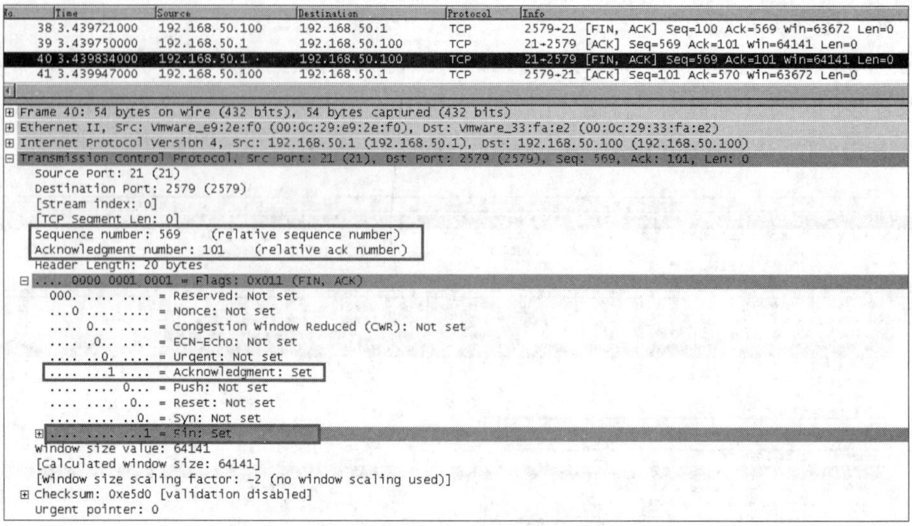

[图 6-15 四次挥手过程中的第三次挥手]

（4）第四次挥手。

序号为 41 的数据包是释放 TCP 连接过程第四次挥手的数据包，如图 6-16 所示，A 向 B 发送 ACK 报文段，其中 ACK 位 =1，序列号 =101，确认号 =570。至此，B 到 A 这个方向的连接也关闭了，这个 TCP 连接已经被释放。注意：TCP 规定，FIN 报文段即使不携带数据，也会占用一个序号。

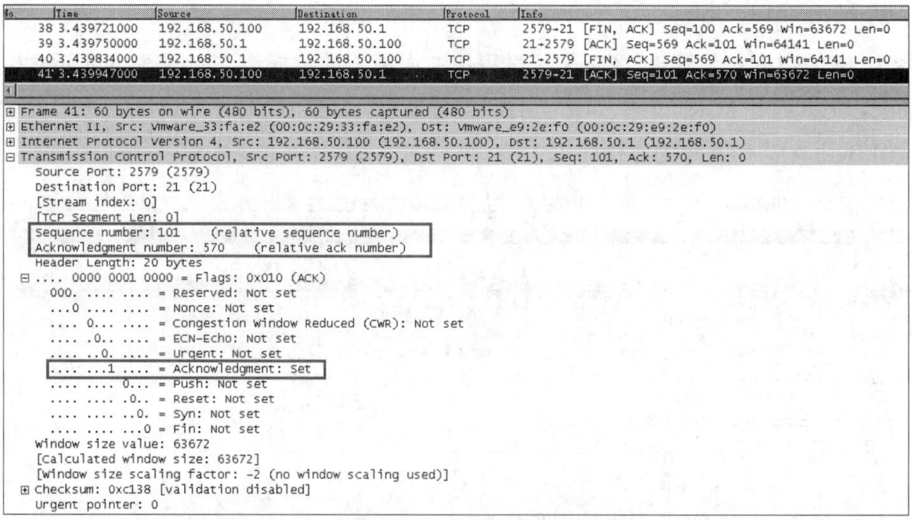

图 6-16 四次挥手过程中的第四次挥手

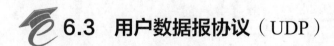

6.3 用户数据报协议（UDP）

UDP 是一种无连接的传输层协议，在发送数据之前不需要建立连接。UDP 使用尽最大努力交付，即不保证可靠交付。UDP 是面向报文的。对于应用层交下来的数据，既不合并，也不拆分，而是保留这些报文的边界。发送方应用层交给 UDP 的报文，UDP 照原样发送，即一次发送一个报文。接收方的 UDP 对 IP 层交上来的 UDP 用户数据报，去掉首部之后原样交给上层的应用进程,即一次交付一个完整的报文。若报文太长,UDP 把它交给 IP 层后,IP 层在传送时可能要进行分片。

6.3.1 UDP 数据报的格式

UDP 在 IP 协议基础上,增加了复用和分用以及差错检测的功能。如图 6-17 所示,UDP 首部只有 8 个字节。各字段意义如下:

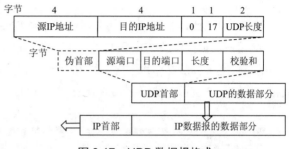

图 6-17 UDP 数据报格式

1. 源端口

源端口号,长度为 16 位。该字段是可选项,在需要对方回信时选用,不需要时该字段可置为 0。

2. 目的端口

目的端口号,长度为 16 位。在终点交付报文时必须要用到。

3. 长度

UDP 用户数据报的长度,最小值是 8,表示仅有首部。

4. 校验和

检验 UDP 用户数据报在传输过程中是否有错,有错就丢弃。

6.3.2 伪首部

伪首部并不是 UDP 用户数据报真正的首部。只是在计算校验和时,临时添加在 UDP 用户数据报前面,得到一个临时的 UDP 用户数据报。校验和就是按照这个临时的 UDP 用户数据报来计算的。伪首部既不向下传送也不向上递交,而只是用于校验 UDP 报文段。

伪首部共有 12 个字节,包括 32 位源 IP 地址、32 位目的 IP 地址、8 位协议、16 位 UDP 长度字段,图 6-16 的最上面给出了伪首部各字段的内容。TCP 在计算校验和时使用的伪首部,格式和 UDP 的伪首部格式相同。

添加伪首部计算的校验和,既校验了 UDP 用户数据报的源端口号和目的端口号以及用户数据报的数据部分,又检验了 IP 数据报的源 IP 地址和目的 IP 地址,保证 UDP 数据单元到达正确的目的地址。

UDP 计算校验和的方法和计算 IP 数据报首部校验和的方法相似,不同的是,IP 数据报的校验和只检验 IP 数据报的首部,而 UDP 的校验和是把首部和数据部分一起检验。在计算校验和时,UDP 需要把伪首部和 UDP 用户数据报串接起来。其中,UDP 首部中校验和部分的 16 位需要置 0。校验和的计算步骤如下:

(1)将 UDP 伪首部、UDP 首部和数据部分看作许多 16 位的字。

(2)将第一个 16 位数与第二个 16 位数相加,得到一个 32 位的数,如果 32 位数的高 16 位大于 0,需要将高 16 位与低 16 位再相加,得到一个 32 位的数,直到高 16 位为 0,得到这一次相加的结果。

(3)将上一步得到的 16 位数与第三个 16 位数相加,重复上一步,直到累加完所有的 16 位数,并且得到的结果为 16 位数。

（4）将累加最后得到的 16 位数取反，得到校验和。

6.3.3 UDP 报文分析

在 Internet 上，DNS 可以使用 UDP，也可以使用 TCP。要捕获 UDP 数据包，可以捕获 DNS 数据包。

如图 6-18 所示，序号为 1 的数据包是一个 DNS 查询报文。分析可知，这个 DNS 报文封装在 UDP 用户数据报中，UDP 用户数据报的源端口是 65 331，目的端口是 53，整个 UDP 用户数据报的总长度（包括首部和数据）是 36 字节，校验和是 0xAEFB。UDP 用户数据报封装在 IP 数据报中传输，IP 首部的协议字段的值是 17（0x11）。

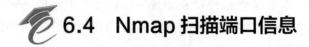

图 6-18 UDP 用户数据报

6.4 Nmap 扫描端口信息

Nmap 是一款优秀的开源扫描工具，其设计目标是快速地扫描大型网络或单个主机。Nmap 使用原始的 IP 报文来发现网络上有哪些主机、这些主机提供哪些服务（应用程序名和版本）、服务运行在什么操作系统（包括版本信息），使用的数据包过滤器 / 防火墙的类型，等等。Nmap 的主要功能包括主机发现、端口扫描、服务和版本检测、操作系统检测、NSE 脚本等。本节介绍使用 Nmap 进行端口探测扫描。

Nmap 有命令行版本和 GUI 版。Nmap 官方提供了图形界面使用方法 Zenmap，通常随 Nmap 的安装包发布。由于篇幅原因，Nmap 的下载安装过程以及详细的扫描参数请读者自行查阅相关资料。

1. Nmap 语法格式

Nmap 的语法格式为：

```
nmap  [Scan Type(s)]  [Options]  {target specification}
```

命令各部分之间用空格进行分隔。例如，扫描目标地址 192.168.1.100 的 21 和 80 端口，命令如下：

```
nmap -p 21,80  192.168.1.100
```

2. 使用 Nmap 进行端口探测扫描

Nmap 扫描技术的常见参数如表 6-3 所示，Nmap 的端口参数与扫描顺序设置参数如表 6-4 所示。可以使用 Nmap 进行端口扫描。例如，使用 TCP SYN 扫描的方式扫描 192.168.2.0/24 这个网段的 80 端口，命令如下：

```
nmap -vv -p 80 -sS 192.168.2.0/24
```

其中，参数 -v 表示提高输出信息的详细度，使用 -vv 会提供更详细的信息，-sS 表示使用 TCP SYN 扫描，-p 指定要扫描的端口。

读者可以尝试使用 Wireshark 进行抓包，观察整个扫描的过程。

表 6-3　Nmap 扫描技术的常见参数

选 项	解 释
-sS/sT/sA/sW/sM	指定使用 TCP SYN/Connect()/ACK/Window/Maimon 扫描的方式来对目标主机进行扫描
-sU	指定使用 UDP 扫描方式确定目标主机的 UDP 端口状况
-sN/sF/sX	指定使用 TCP Null/FIN/Xmas 隐蔽扫描方式来协助探测对方的 TCP 端口状态
--scanflags <flags>	定制 TCP 扫描的 flags
-sI <zombie host[:probeport]>	指定使用空闲扫描方式来扫描目标主机
-sY/sZ	使用 SCTP INIT/COOKIE-ECHO 扫描来扫描 SCTP 协议端口的开放情况
-sO	使用 IP 协议扫描确定目标机支持的协议类型
-b <FTP relay host>	使用 FTP bounce 扫描方式

表 6-4　Nmap 的端口参数与扫描顺序设置参数

选 项	解 释
-p <port ranges>	指定要扫描的端口，可以是一个单独的端口，也可以用逗号分隔开多个端口，或者使用 "-" 表示端口范围。例如，-p 22;-p 1-65535;-p U:53,111,137,T:21-25,80,139,8080（其中，T 代表 TCP 协议，U 代表 UDP 协议）
-F	Fast mode，快速模式。在 Nmap 的 nmap-services 文件中指定想要扫描的端口
-r	不进行端口随机打乱的操作（如无该参数，Nmap 会将要扫描的端口以随机顺序方式扫描，以让 Nmap 的扫描不易被对方防火墙检测到）
--top-ports <number>	扫描开放概率最大的 number 个端口（最有可能开放端口的列表参见 nmap-services 文件。默认情况下，Nmap 会扫描最有可能的 1 000 个 TCP 端口）
--port-ratio <ratio>	扫描指定频率以上的端口。这里以概率作为参数，概率大于 ratio 的端口才被扫描。参数必须在 0～1 之间，具体范围概率情况可以查看 nmap-services 文件

小　　结

本章首先介绍了进程间的通信和端口，然后对传输层的 TCP 和 UDP 协议进行了详细的讲解，着重介绍了 TCP 和 UDP 协议的报文格式，TCP 连接的建立与释放，TCP 可靠传输的实现，TCP 和 UDP 报文分析，最后介绍了使用 Nmap 进行端口扫描。通过对本章内容的学习，读者能够加深对传输层协议的理解，为后续网络安全与防御的学习打下良好的基础。

习　题

一、选择题

1. 下列关于 UDP 的描述正确的是（　　）。
   A. UDP 是一种面向连接的协议，用于在网络应用程序间建立虚拟线路
   B. UDP 为 IP 网络的可靠通信提供错误检测和故障恢复功能
   C. 文件传输协议 FTP 是基于 UDP 协议工作的
   D. UDP 服务器必须在约定端口收听服务请求，否则该事务可能失败

2. 下列恰当地描述了建立 TCP 连接时"第一次握手"所做工作的是（　　）。
   A. "连接发起方"向"接收方"发送一个 SYN+ACK 段
   B. "接收方"向"连接发起方"发送一个 SYN+ACK 段
   C. "连接发起方"向目标主机的 TCP 进程发送一个 SYN 段
   D. "接收方"向源主机的 TCP 进程发送一个 SYN 段作为应答

3. 下列不属于 TCP 协议功能的是（　　）。
   A. 最高效的数据包传递　　　　　　　B. 流控制
   C. 数据包错误恢复　　　　　　　　　D. 多路分解多个应用程序

4. 端口扫描技术（　　）。
   A. 只能作为攻击工具
   B. 只能作为防御工具
   C. 只能作为检查系统漏洞的工具
   D. 既可以作为攻击工具，也可以作为防御工具

5. Nmap 指定扫描端口的参数是（　　）。
   A. -p　　　　　　B. -sV　　　　　　C. -sP　　　　　　D. -A

二、填空题

1. 在 TCP 报文首部中，SYN=1，ACK=0 表明这是一个＿＿＿＿报文；当 SYN=1，ACK=1 表明这是一个＿＿＿＿报文。
2. 熟知端口号数值为＿＿＿＿，登记端口号数值为＿＿＿＿。
3. 接收端收到有差错的 UDP 用户数据报时做＿＿＿＿处理。
4. 运输连接有三个阶段，即＿＿＿＿、＿＿＿＿和＿＿＿＿。
5. ＿＿＿＿通信是指不同进程间进行数据共享和数据交换。
6. TCP 的连接建立过程叫做＿＿＿＿。
7. 在 Internet 上，DNS 可以使用＿＿＿＿，也可以使用＿＿＿＿。
8. TCP 的＿＿＿＿和＿＿＿＿功能通过端口号实现。
9. TCP 协议通过＿＿＿＿和＿＿＿＿来区分不同的连接。

三、判断题

1. 主动发起 TCP 连接建立的应用进程称为客户，而被动等待连接建立的应用进程称为服务器。（　　）
2. 网络层为主机之间提供逻辑通信，而传输层为应用进程提供端到端的逻辑通信。（　　）

3. TCP 协议仅通过端口号就可以实现区分不同的连接。 ( )
4. 虽然 UDP 不提供可靠交付,但在某些情况下 UDP 却是一种最有效的工作方式。( )
5. UDP 是用户数据报协议,是一个简单的面向无连接的协议,提供可靠的通信服务。
( )
6. 两台计算机中的进程要互相通信,不仅要知道对方的 IP 地址,还要知道对方的端口号。
( )
7. TCP/IP 的传输层用一个 32 位的端口号来标志一个端口。 ( )
8. 传输层从 IP 层收到数据后必须交付给指明的应用进程,即为复用。 ( )
9. TCP 不提供广播或多播服务。 ( )
10. 客户端使用的端口号数值为 49152～65535,这类端口号仅在客户进程运行时才动态选择,所以又称短暂端口号。 ( )

四、简答题

1. 简述传输层在协议栈中的地位和作用。
2. 传输层的通信和网络层的通信有什么重要的区别?
3. 举例说明为什么有些应用程序愿意采用不可靠的 UDP,而不愿意采用可靠的 TCP。
4. 端口的作用是什么?
5. 简述 TCP 的三次握手机制。
6. TCP 协议的可靠服务是如何实现的?
7. 简述传输层中伪首部的作用。
8. 简述为什么突然释放传输连接就可能会丢失用户数据,而使用 TCP 的连接释放方法就可保证不丢失数据。

第 7 章

传输层协议攻击与防御

TCP/IP 传输层的两个主要协议是 TCP 和 UDP。本章主要介绍针对 TCP 和 UDP 协议的攻击方式以及防御方法。

学习目标

通过对本章内容的学习,读者应该能够做到:
(1)理解:传输层协议攻击的原理。
(2)掌握:针对传输层协议攻击的防御方式。

7.1 TCP 协议相关攻击与防御

TCP 协议在设计之初并没有考虑到安全性问题。首先,TCP 协议以明文形式传输数据,这在一定程度上导致数据安全存在很大的隐患。其次,TCP 协议对于数据发送的源头缺乏验证机制,即使数据报中存在 TCP 协议的源端口字段(以及 IP 数据报首部的源 IP 字段),也无法确认这个数据报确实是源方(源 IP 字段指定的客户端)发送来的未经修改或未经窃取的数据报。另外,TCP 是一个面向连接的网络协议,TCP 所进行的数据交互都是在一个连接周期中进行的,如果要对某个客户端的发起攻击,劫持(或窃听)该客户端和某网络应用的一个 TCP 连接,就可以获取连接上的关键数据。下面介绍如何利用这些漏洞。

7.1.1 SYN 泛洪攻击与防御

SYN 泛洪攻击,又称 SYN Flood 攻击,利用的是 TCP 协议实现上的缺陷,其目的就是耗尽服务器 TCP 连接的资源,从而让目标服务器无法正常工作,是一种常见的 DoS 攻击。

1. SYN 泛洪方式原理

客户端与服务器正常通信时,需要通过 TCP 三次握手建立连接。在 TCP 的三次握手期间,当服务器收到来自客户端的 SYN 连接请求时,向客户端返回一个 SYN+ACK 报文段。服务器在等待客户端的最终 ACK 报文段时,该连接一直处于半连接状态(Half-Open),如图 7-1 所示。如果服务器无法收到客户端的 ACK 报文段,一般会超时重传(再次发送 SYN+ACK 给客户端），并等待一段时间后丢弃这个未完成的连接，这段时间的长度称为 SYN Timeout，大约为 0.5～2 min。在这段时间内，攻击者可能将数十万个 SYN 连接请求发送到开放的端口，并且不回应服务器的 SYN+ACK 报文段。服务器为了维护半连接列表将消耗非常多的资源，内存很快就会超过负荷，停止响应正常的连接请求。这种情况称服务器受到了 SYN 泛洪攻击。

攻击者通常不接收来自服务器的 SYN+ACK 报文段，因此他们可以伪造 SYN 信息的源地址，这就使发现攻击的真实来源更加困难。

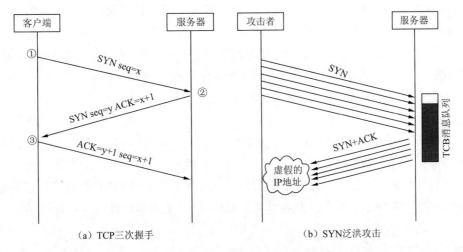

图 7-1 TCP 三次握手与 SYN 泛洪过程

2. SYN 泛洪方式

SYN 泛洪能够以三种不同的方式发生。

（1）直接攻击：攻击者不伪造 IP 地址，直接采用真实的 IP 地址发起攻击。在此攻击中，攻击者根本不会屏蔽其 IP 地址。由于攻击者使用具有真实 IP 地址的单一源设备来创建攻击，因此攻击者极易受到发现和屏蔽。

为了在目标机器上创建半开放连接状态，攻击者可以通过防火墙规则来阻止客户端响应服务器的 SYN+ACK 数据包。通过防火墙规则的设置，可以通过除 SYN+ACK 数据包之外的其他发送数据包。实际上，这种直接攻击方式很少使用。对付此类攻击方式相当简单，服务器只需阻止攻击者的 IP 地址即可。

（2）欺骗攻击：攻击者伪造每个 SYN 数据包的 IP 地址，以便抑制服务器阻止攻击者的真实 IP 地址，并使其身份难以发现。虽然数据包可能是欺骗性的，但如果互联网服务提供商（ISP）同意提供帮助，那么这些伪造的数据包仍可能会被追溯到其源头。

（3）分布式攻击：分布式攻击借助于客户/服务器技术，将多个计算机联合起来作为一个攻击平台，对一个或者是多个目标发动攻击，从而成倍提高攻击威力。例如，利用僵尸网络[①]发动分布式攻击，这使得攻击溯源的可能性大大降低。

3. SYN 泛洪攻击防御

防御 SYN 泛洪攻击，可以采取下面的方法：

---

① 僵尸网络：采用一种或多种传播手段，将大量主机感染 bot 程序（僵尸程序）病毒，从而在控制者和被感染主机之间所形成的一个可一对多控制的网络。

（1）TCP 源认证。

源认证是 Anti-DDoS 防御 SYN Flood 攻击的常用手段，从 SYN 报文段建立连接的行为入手，判断是不是真实源发出的请求。源认证包括基本源认证和高级源认证两种方式。

① 基本源认证。

基本源认证的原理是 Anti-DDoS 系统代替服务器向客户端响应 SYN+ACK 报文段，报文段中带有错误的确认序号。真实的客户端收到带有错误确认序号的 SYN+ACK 报文段后，会向服务器发送 RST 报文段，要求重新建立连接；而虚假源收到带有错误确认序号的 SYN+ACK 报文段，不会做出任何响应。Anti-DDoS 系统通过观察客户端的响应情况，来判断客户端的真实性。

基本源认证方式存在一定的局限性，如果网络中某些设备会丢弃带有错误确认序号的 SYN+ACK 报文段，或者有的客户端不响应带有错误确认序号的 SYN+ACK 报文段，基本源认证就不生效了。此时，可以使用高级源认证来验证客户端的真实性。

② 高级源认证。

高级源认证的原理也是 Anti-DDoS 系统代替服务器向客户端响应 SYN+ACK 报文段，但与基本源认证不同的是，SYN+ACK 报文段中带有正确的确认序号。真实的客户端收到带有正确确认序号的 SYN+ACK 报文段后，会向服务器发送 ACK 报文段；而虚假源收到带有正确确认序号的 SYN+ACK 报文段后，不会做出任何响应。Anti-DDoS 系统通过观察客户端的响应情况，来判断客户端的真实性。

高级源认证的过程如下：

当连续一段时间内去往目标服务器的 SYN 报文段超过告警阈值后，Anti-DDoS 系统就启动源认证机制，如图 7-2 所示。源认证机制启动后，Anti-DDoS 系统将会代替服务器向客户端响应带有正确确认序号的 SYN+ACK 报文段。

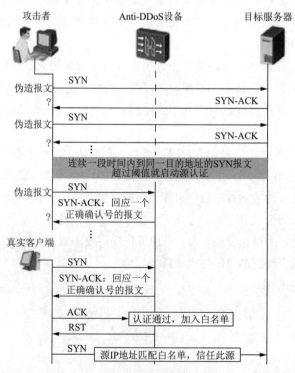

图 7-2　利用 Anti-DDoS 高级源认证防御 SYN Flood 攻击

如果这个源是虚假源,是一个不存在的地址或者是存在的地址但却没有发送过 SYN 报文段,就不会做出任何响应。

如果这个源是真实客户端,则会向服务器发送 ACK 报文段,对收到的 SYN+ACK 报文段进行确认。Anti-DDoS 系统收到 ACK 报文段后,将该客户端的源 IP 地址加入白名单。同时,Anti-DDoS 系统会向客户端发送 RST 报文段,要求重新建立连接。

后续这个客户端发出的 SYN 报文段命中白名单直接通过。

(2)首包丢弃。

无论是基本源认证还是高级源认证,其原理都是 Anti-DDoS 系统发送 SYN+ACK 报文段来对源进行认证。如果网络中存在海量的 SYN 报文段,那么 Anti-DDoS 系统也会反弹海量的 SYN+ACK 报文段,这样势必会造成网络拥塞。为了减少 SYN+ACK 报文段对网络拥塞的影响,Anti-DDoS 系统提供了首包丢弃功能。

TCP 的可靠性保证除了面向连接(三次握手/四次挥手)之外,还体现在超时与重传机制。TCP 协议规范要求发送端每发送一个报文段,就启动一个计时器并等待确认信息;如果在计时器超时前还没有收到确认,就会重传报文段。

首包丢弃功能利用 TCP 的超时重传机制,Anti-DDoS 系统对收到的第一个 SYN 报文段直接丢弃,然后观察客户端是否重传。如果客户端重传了 SYN 报文段,再对重传的 SYN 报文段进行源认证,即发送 SYN+ACK 报文段,这样就可以大大减少 SYN+ACK 报文段的数量。

实际部署时,将首包丢弃和源认证结合使用。防御 SYN Flood 攻击时,先通过首包丢弃功能来过滤掉一些攻击报文段,当重传的 SYN 报文段超过告警阈值后,再启动源认证。这样就能够减少反弹的 SYN+ACK 报文段的数量,缓解网络拥塞情况。对于虚假源攻击,尤其是对于不断变换源 IP 和源端口的虚假源攻击,可以达到最佳防御效果。

(3)Linux 内核参数调优。

① 增大 tcp_max_syn_backlog。

tcp_max_syn_backlog 变量告诉你在内存中可以缓存多少个 SYN 请求,当等待的请求数大于 tcp_max_syn_backlog 时,后面的会被丢弃。该变量需要打开 tcp_syncookies 才有效。如果服务器负载很高,可以尝试提高该变量的值,提高握手的成功率。

② 减小 tcp_synack_retries。

tcp_synack_retries 变量用于 TCP 三次握手机制中第二次握手,当收到客户端发来的 SYN 连接请求后,服务器将回复 SYN+ACK 包,并等待客户端发来的回复 ACK 包。如果服务器没有收到客户端的 ACK 包,会重新发送 SYN+ACK 包,直到收到客户端的 ACK 包。该变量设置发送 SYN+ACK 包的次数,超过这个次数,服务器将放弃连接。默认值是 5。

显然攻击者是不会完成整个三次握手的,因此服务器在发出 SYN+ACK 包没有回应的情况下,会重试发送。为了防止服务器做这种无用功,可以把 tcp_synack_retries 设置为 0 或者 1。对于正常的客户端,如果它接收不到服务器回应的 SYN+ACK 包,它会再次发送 SYN 包,客户端还是能正常连接的,只是可能在某些情况下,建立连接的速度会变慢一些。

③ 启用 tcp_syncookies。

当半连接的请求数量超过了 tcp_max_syn_backlog 时,内核就会启用 SYN Cookie 机制,不再把半连接请求放到队列里,而是用 SYN Cookie 来检验。

（4）SYN-Cookie。

SYN Cookie 是对 TCP 服务器端的三次握手协议作一些修改，专门用来防范 SYN Flood 攻击的一种手段，将一些本应该在本地保存的信息编码到返回给客户端的 SYN+ACK 的初始化序列号或者时间戳里面。它的基本原理非常简单，那就是"完成三次握手前不为任何一个连接分配任何资源"。

以下是 SYN-Cookie 标准的实现。

发起一个 TCP 连接时，客户端将一个 SYN 包发送给服务器。作为响应，服务器将 SYN + ACK 包返回给客户端。这个 SYN+ACK 数据包中的初始序号，即 SYN Cookie，是利用 SYN 包，根据以下规则构造的：

① 令 t 为一个缓慢递增的时间戳。

② 令 m 为服务器会在 SYN 队列条目中存储的最大报文段大小（Maximum Segment Size，MSS）。

③ 令 s 为一个加密散列函数对服务器和客户端各自的 IP 地址、端口号以及 t 进行运算的结果。返回得到的数值 s 必须是一个 24 位值。

初始 TCP 序号，即 SYN Cookie，按照如下算法得到：

① 头五位：t mod 32。

② 中三位：m 编码后的数值（注意，Linux 并不是这么实现的）。

③ 末 24 位：s 本身。

注意：此时服务器不分配专门的缓冲区。收到 ACK 包时，服务器对这个 ACK 包中的确认号减 1，以便还原向客户端发送的 SYN Cookie 值（确认号 =Cookie+1），即服务器端的初始序号。然后服务器根据这个 Cookie 值，进行以下检查，检查 TCP ACK 包的合法性。

① 根据当前的时间以及 t 来检查连接是否过期。

② 重新计算 s 来确认这是不是一个有效的 SYN Cookie。

③ 从三位编码中解码 m，以便之后用来重建 SYN 队列条目。

如果合法，再分配资源，建立连接。

7.1.2 TCP RST 攻击与防御

正常情况下，客户端与服务器建立的 TCP 连接是通过四次挥手来关闭的。在网络通信中，TCP 连接并不能保证每次都是正常的连接。为此，TCP 协议设计了 RST 标志来处理这种不正常的 TCP 连接，即关闭异常连接。作为攻击者，也可以利用 RST 标志，伪造重置报文段，使通信双方正常的 TCP 连接异常断开。TCP RST 攻击除了在恶意攻击中使用之外，有些网络入侵检测和防御系统也使用该项技术手段来阻断攻击连接。

1. RST 标志位

TCP 报头共有六个标志位：URG、ACK、PSH、RST、SYN 和 FIN。正常关闭连接的时候使用 FIN，即发送 FIN 标志位置 1 的报文段。如果关闭异常连接，则使用 RST，即发送 RST 标志位置 1 的报文段。RST 报文段与 FIN 报文段存在两点不同：

（1）发送 RST 报文段，不必等缓存区中数据包都发送出去，而是丢弃缓存区中的数据包，直接发送 RST 报文段；而发送 FIN 报文段之前，需要先处理完缓存区中的数据包。

（2）接收端收到 RST 报文段后，不必发送 ACK 报文段来确认；而收到 FIN 报文段需要发送 ACK 报文段来确认。

第 7 章　传输层协议攻击与防御

2. TCP 处理程序发送 RST 报文段常见的情况

（1）客户端 A 向服务器 B 发起 TCP 连接，但服务器 B 响应端口未打开，这时服务器 B 上的 TCP 处理程序会发送 RST 报文段。

（2）请求超时。假设有主机 A 和主机 B 两台主机，要建立 TCP 连接。首先，主机 A 向主机 B 发送了一个 SYN 报文段，表示希望建立连接。主机 B 收到主机 A 的 SYN 报文段后，向主机 A 发送了一个 SYN+ACK 报文段，表示可以连接。但主机 A 收到 SYN+ACK 报文段超时，这时，主机 A 向主机 B 发送 RST 报文段，表示拒绝进一步发送数据。

（3）向一个已经关闭的连接发送数据。

（4）向一个已经崩溃的对端发送数据（连接之前已经被建立）。

（5）在一个已关闭的 Socket 上收到数据。假设有主机 A 和主机 B 两台主机，主机 A、B 已经正常建立起 TCP 连接。主机 A 和主机 B 正常通信时，主机 A 向主机 B 发送了 FIN 报文段要求关闭连接，主机 B 发送 ACK 报文段后发生网络中断，主机 A 未收到这个 ACK 报文段。主机 A 由于若干原因放弃了这个连接（例如进程重启）。当网络正常以后，主机 B 又开始发数据包。主机 A 收到主机 B 发送的数据包之后，不清楚为什么会收到主机 B 的数据包，于是就向主机 B 发送 RST 报文段，强制中断主机 A 与主机 B 之间的 TCP 连接。

（6）TCP 收到一个根本不存在的连接上的报文段。

3. 收到 RST 报文段后的表现

（1）TCP Socket 在任何状态下，只要收到 RST 报文，即可进入 CLOSED 初始状态。

（2）RST 报文段不会导致另一端产生任何响应，另一端根本不进行确认。收到 RST 的一方将终止该连接。

4. 长连接与短连接

长连接是指在基于 TCP 的通信过程中，一直保持连接，不管当前是否发送或者接收数据。长连接通信过程如下：

连接→传输数据→保持连接→传输数据→…→关闭连接

RST 攻击一般针对长连接的通信。在长时间 TCP 连接过程中，连接一直存在，这就为 TCP 重置攻击提供了机会。因此长连接与短连接相比，通信安全性更差。

短连接是指建立 Socket 连接后，数据发送后，接收完数据马上断开连接。短连接通信过程如下：

连接→传输数据→关闭连接

短连接在通信结束后立即关闭链接，因此安全性较高，缺点是比较消耗资源。

5. TCP 重置攻击原理

TCP 重置攻击，也称 TCP RST 攻击，其原理是攻击者构造并发送一个伪造的 TCP 重置报文段，欺骗通信双方，以终止正常的 TCP 连接。下面举例说明 TCP 重置攻击的原理。

客户端 A 和服务器 B 之间已经建立了 TCP 连接，此时攻击者 C 伪造了一个 TCP 报文段，并发送给服务器 B，该报文段使服务器 B 异常断开与客户端 A 之间的 TCP 连接，这就是 RST 攻击的原理。攻击者 C 伪装成客户端 A 发送 RST 报文段，服务器 B 将会丢弃与客户端 A 缓冲区上的所有数据，并强制关掉连接。

一个 TCP 连接由一个四元组（源 IP、源端口、目标 IP、目标端口）来唯一确定。如果攻击者 C 要伪造客户端 A 发送给服务器 B 的报文段，就要知道伪造报文段的四元组。这里 B 作为服务器，目标 IP 和目标端口是公开的。客户端 A 是攻击目标，攻击者知道客户端 A 的 IP（源

IP），但不清楚客户端 A 的源端口，因为源端口可由客户端 A 随机生成。如果能够对常见的操作系统（如 Windows 和 Linux）找出生成源端口的规律，则可以解决客户端 A 的源端口问题。

在确定 TCP 连接的四元组后，就可以开始伪造报文段的序列号。如果序列号的值不在客户端 A 之前向服务器 B 发送数据时服务器 B 的滑动窗口之内，服务器 B 会主动丢弃伪造的报文段。

对于 TCP 重置报文段来说，接收方对序列号的要求更加严格。只有当其序列号正好等于下一个预期的序列号时才能接收，这使得伪造 RST 重置报文段的序列号更加困难，但依然可以通过泛洪攻击实现 TCP RST 攻击。因为 RST 重置报文段很简单，构造起来不会消耗大量资源，所以可以构造大量 RST 重置报文段，进行 RST 泛洪攻击，通过暴力获取正确的序列号。

6. TCP 重置攻击防御

防御 TCP 重置攻击，可以使用防火墙，通过防火墙的设置，将进来的带 RST 位的数据包丢弃。

7.1.3　TCP 会话劫持与防御

由于 TCP 协议并没有对 TCP 的传输包进行验证，所以知道一个 TCP 连接中的序列号和确认号信息后，可以很容易地伪造传输包，劫持通信双方已建立的 TCP 会话连接，假冒其中一方与另一方进行通信，这一过程称为 TCP 会话劫持（TCP Session Hijacking）。

通常一些网络服务会建立在 TCP 会话之后进行应用层的身份认证，客户端在通过身份认证之后，就可以通过 TCP 会话连接对服务器索取资源，且期间不用再次进行身份认证，而 TCP 会话劫持就为攻击者提供了一种绕过应用层身份认证的技术途径。

1. TCP 会话劫持简介

会话劫持结合了嗅探以及欺骗技术在内的攻击手段。例如，在一次正常的会话过程当中，攻击者作为第三方参与到其中，他可以在正常数据包中插入恶意数据，也可以在双方的会话当中进行监听，甚至可以代替某一方主机接管会话。

（1）中间人攻击和注射式攻击。

可以把会话劫持攻击分为两种类型：中间人攻击和注射式攻击。

① 中间人攻击。要想正确地实施中间人攻击，攻击者首先需要使用 ARP 欺骗或 DNS 欺骗，将会话双方的正常通信流暗中改变，而这种改变对于会话双方来说是完全透明的。中间人相当于会话双方之间的一个透明代理，可以得到一切想知道的信息。

② 注射式攻击。注射式攻击比中间人攻击实现起来简单一些，它不会改变会话双方的通信流，而是在双方正常的通信流中插入恶意数据。

在注射式攻击中，需要实现两种技术：IP 欺骗和预测 TCP 序列号。

如果是基于 UDP 协议的注射式攻击，只需伪造 IP 地址，然后发送就可以了，因为 UDP 没有 TCP 三次握手。有两种情况需要用到 IP 欺骗：隐藏自己的 IP 地址；利用两台机器之间的信任关系实施入侵。

对于基于 TCP 协议的注射式会话劫持，攻击者应先采用嗅探技术对目标进行监听，然后从监听到的信息中构造出正确的序列号，如果不这样做，攻击者就必须先猜测目标的 ISN（初始序列号），这样无形中增加了会话劫持的难度。

（2）被动劫持和主动劫持。

还可以把会话劫持攻击分为两种形式：被动劫持和主动劫持。

被动劫持就是在后台监视双方会话的数据流，从中获得敏感数据。

主动劫持则是将会话当中的某一台主机"踢"下线，然后由攻击者取代并接管会话，这种攻击方法危害非常大，攻击者可以做很多事情，如 cat etc/master.passwd（FreeBSD 下的 Shadow 文件）。

2. TCP 会话劫持原理

如同 TCP RST 攻击一样，伪造报文段并不困难，但是要让伪造的报文段被接收方接收，那么就必须获取通信双方的 TCP 会话特征（源 IP、源端口、目标 IP、目标端口）。在获取 TCP 会话特征后，还需要满足一个关键条件，就是 TCP 序列号。由于 TCP 存在滑动窗口机制，伪造的 TCP 报文段的序列号必须落在接收方的滑动窗口之内。

如图 7-3 所示，接收方已经收到了一些数据，序列号到 x，因此，下一个序列号应该是 $x+1$。如果伪造报文段不用 $x+1$ 作为序列号，而使用了 $x+\delta$，这样会成为一个乱序包。这个报文段中的数据会被存储在接收方的缓冲区中（只要缓冲区有足够的空间）。但是不在空余空间的开端（即 $x+1$），而是会被存在 $x+\delta$ 的位置，也就是在缓冲区中会留下 δ 个空间。

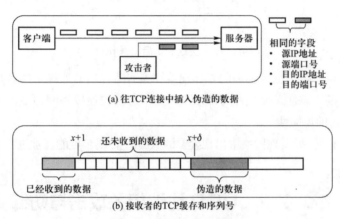

图 7-3　会话劫持攻击的原理

伪造的数据虽然存在缓冲区中，但不会被交给应用程序，因此暂时没有效果。只有当空间被后来的 TCP 报文段填满后，伪造 TCP 报文段中的数据才会被一起交给应用程序，从而产生影响。如果 δ 太大，伪造的 TCP 报文段就会落在缓冲区可容纳的范围之外，从而伪造的 TCP 报文段会因此被丢弃。

如果能够在伪造包中正确设置特征和序列号，就能让接收方接收伪造的 TCP 数据，好像它们来自合法的发送方一样，从而达成控制发送方和接收方会话的目的。

如果接收方是 Telnet 服务器，从发送方到接收方的报文段中是命令，那么一旦攻击者 C 控制了计算机 A 和 B 之间的会话，攻击者 C 就可以让 Telnet 服务器运行攻击者 C 的命令，这就是把这类攻击称为 TCP 会话劫持的主要原因。

下面举例说明 TCP 会话劫持攻击流程，以及所造成的严重后果。

通过 TCP 会话劫持攻击，攻击者 C 能够使用受害者（客户端 A）的权限在服务器 B 上运行任意命令。如图 7-4 所示，通过会话劫持，攻击者可以向服务器发送 rm 命令，删除受害者的任意文件。除此之外，如果攻击者可以在服务器中运行一个 Shell 程序，则会带来更大的危害，如创建一个反向 Shell。

3. TCP 会话劫持防御

防御 TCP 会话劫持，可以采用以下方法：

（1）使用交换式网络替代共享式网络，可以防范最基本的嗅探攻击。

（2）防范 ARP 欺骗。实现中间人攻击的前提是 ARP 欺骗，如能阻止攻击者进行 ARP 欺骗，攻击者也就无法进行中间人攻击了。

（3）最根本的解决办法是采用加密通信，对 TCP 会话加密。如使用 SSH 代替 Telnet、使用 SSL 代替 HTTP，或者使用 IPSec/VPN，这样会话劫持就无用武之地了。

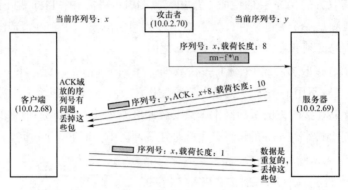

图 7-4　TCP 会话劫持后发送 rm 命令

（4）配置防火墙，阻止尽可能多的外部连接和连向防火墙的连接。大多数用户能够做到这一点，限制引入连接，通常又会允许内部用户用任何协议去连接外网的主机，这样可以减少敏感会话被攻击者劫持的可能性。

（5）监视网络流量，如发现网络中出现大量的 ACK 包，则有可能已被进行了会话劫持攻击。

7.2　UDP 协议相关攻击与防御

由于 UDP 是无连接协议，没有拥塞控制机制，使得攻击者发起 UDP 泛洪（UDP Flood）攻击更加简单，且破坏力更大。UDP 反射放大攻击实现和控制过程相对简单，成本较低，且放大效果显著、追溯困难。本节将介绍这两种基于 UDP 协议的攻击与防御。

7.2.1　UDP 泛洪攻击

在网络中经常可见泛洪攻击的发生，例如 Ping 泛洪、HTTP 泛洪和 SYN 泛洪。按照泛洪攻击发起的方式，泛洪攻击可以简单分为以下三类：

第一类以力取胜。海量数据包从互联网的各个角落蜂拥而来，堵塞 IDC 入口，让各种强大的硬件防御系统、快速高效的应用流程无用武之地。这种类型的攻击典型代表是 ICMPflood 和 UDP Flood，现在已不常见。

第二类以巧取胜。该攻击方式灵活而难以察觉。每隔几分钟发一个包甚至只需要一个包，就可以让服务器不再响应。这类攻击主要是利用协议或者软件的漏洞发起。如 Slowloris 攻击、Hash 冲突攻击等，需要在特定环境机缘巧合下才能实现。

第三类是上述两种的混合。该攻击方式轻灵浑厚兼而有之，既利用了协议、系统的缺陷，又具备了海量的流量。如 SYN Flood 攻击、DNS Query Flood 攻击，这是当前的主流攻击方式。

尽管 UDP 泛洪攻击现在已经不常见，但是将 UDP 泛洪结合一些协议或者软件的漏洞构成的第三类攻击却是当前的主流攻击，如 DNS Query Flood 攻击。

1. UDP 泛洪攻击原理

UDP 泛洪攻击利用 UDP 协议无状态的特性，向目标主机和网络发送大量的 UDP 数据包，造成目标主机显著的计算负载提升，或者目标网络的网络拥塞，从而导致目标主机和目标网络陷入不可用的状态，造成拒绝服务攻击。

UDP Flood 只是在短时间内发送尽可能多的 UDP 报文。而为了达到短时间内发送大量的流量，UDP Flood 一般会采用分布式拒绝服务攻击的方式，通过恶意代码的传播尽可能控制更多的主机，组成僵尸网络，然后由攻击者控制上传 UDP Flood 工具，并对指定的目标实施分布式拒绝服务攻击，完全耗尽目标网络的带宽，造成彻底的拒绝服务攻击。

同样，UDP Flood 通常会结合 IP 源地址欺骗技术，一方面避免反馈包淹没或消耗攻击机的网络带宽，另一方面也隐藏了攻击主机的真实 IP 地址。

2. UDP 泛洪攻击场景

Fraggle 攻击就是利用 UDP 7 号端口（UDP Echo Request），7 号端口的服务和 ICMP Echo 基本一样，都是把收到的报文载荷原封不动地回复回去，以测试源主机和目的主机之间的网络状况。攻击者把数据包的源地址伪造成目标主机的地址，目的地址写成某个广播地址，目的端口为 7，源端口可以不是 7，也可以是 7。如果该广播网络有很多主机都开启了 UDP Echo 服务，那么目标主机将收到很多回复报文，以此达到攻击的效果。

如果在服务器上接收到 UDP 用户数据报，根据 UDP 用户数据报所指定的端口，操作系统会检查该端口是否有侦听应用程序。如果没有找到应用程序，服务器则必须告知用户数据报的发送方数据不可达。由于 UDP 是一种无连接协议，因此服务器使用 ICMP 报文来通知发送方数据不可达。图 7-5 是另一个 UDP Flood 攻击的场景，流程如下：

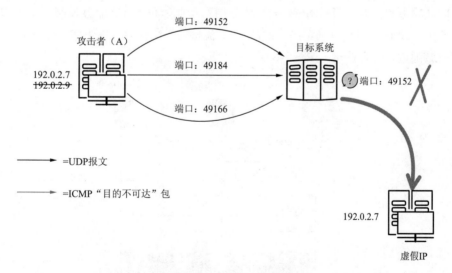

图 7-5 UDP Flood 攻击

（1）攻击者 A 构造一个 UDP 用户数据报发送到目标系统，其中 UDP 用户数据报中的源 IP 地址，是攻击者 A 构造的虚假 IP，目的端口号也是随机的。

（2）目标系统收到攻击者 A 构造的 UDP 数据包，会重复以下过程：

① 根据攻击者 A 发来的 UDP 用户数据报，检测该端口是否存在程序监听。因为该端口号是攻击者 A 随机构造的，所以一般是没有程序在监听的，因此会进行接下来的动作。

② 通过 ICMP 报文告知攻击者 A 所发的伪造用户数据报不可达。由于攻击者 A 发送的 UDP

用户数据报中的源 IP 地址是伪造的,所以发送的 ICMP 报文是没有回应的。

攻击者 A 通过发送大量 UDP 用户数据报,重复该过程已达到泛洪攻击的目的,其后果会消耗网络带宽资源,严重时会造成链路拥塞。

7.2.2　UDP 泛洪攻击防御

UDP 泛洪攻击可以通过传入网络流量的突然激增来识别。网络运维人员定期监控网络流量,在有任何攻击迹象时,可以采取措施将损害降至最低。防御 UDP 泛洪攻击的方法有以下几种:

(1)禁用或过滤监控和响应服务。

(2)禁用或过滤其他 UDP 服务。

(3)如果用户必须提供一些 UDP 服务的外部访问,那么需要在网络关键位置使用防火墙和代理机制来过滤掉一些非预期的网络流量来保护这些服务,使它不会被滥用。

(4)遭遇到超出网络带宽资源的分布式拒绝服务攻击流量时,终端无能为力,除了网络扩容和转移服务器位置之外,还应汇报给安全应急响应部门,对攻击者进行追溯和处置。

(5)一些 ISP 会提供流量清洗解决方案,能够为一些关键客户和服务尽可能地在源头上发现针对他们的分布式拒绝服务攻击,从而尽早地过滤掉这些攻击流量,避免它们进入目标网络中造成危害。

(6)关联 TCP 类服务防御 UDP Flood。UDP 是无连接的协议,因此无法通过源认证的方法来防御 UDP Flood 攻击。如果 UDP 业务流量需要通过 TCP 业务流量认证或控制,则当 UDP 业务受到攻击时,可以对关联的 TCP 业务强制启动防御,用 TCP 防御产生的白名单,来决定同一源的 UDP 用户数据报是丢弃还是转发。如有些游戏类服务,先通过 TCP 协议对用户进行认证,认证通过后使用 UDP 协议传输业务数据。此时可以通过验证 UDP 关联的 TCP 类服务来达到防御 UDP Flood 攻击的目的。当 UDP 业务受到攻击时,对关联的 TCP 业务强制启动防御,通过关联防御产生 TCP 白名单,以确定同一源的 UDP 流量的走向,即命中 TCP 白名单的同一源的 UDP 流量允许通过,否则丢弃,如图 7-6 所示。

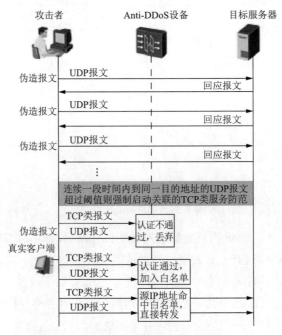

图 7-6　关联 TCP 类服务防御 UDP Flood

（7）指纹过滤。在服务器上通过防火墙进行过滤，可以拒绝可疑报文。

最初防火墙对 UDP Flood 的防御方式就是限流，通过限流将链路中的 UDP 用户数据报控制在合理的带宽范围之内。限流虽然可以有效缓解链路带宽的压力，但是这种方式简单粗暴，容易对正常业务造成误判。为了解决这个问题，防火墙进一步推出了针对 UDP Flood 的指纹过滤。

传统的 UDP 攻击报文通常会具有一定的特征，尤其在数据字段会有一些相同或者有规律变化的字段。后文 7.2.3 节提到的 UDP 反射放大攻击，虽然并不是攻击工具伪造的 UDP 报文，而是真实网络设备发出的 UDP 报文，在数据字段不具备相同的特征，但是目的端口却是固定的，所以也可以作为一种特征。确定攻击报文的特征后，就可以根据特征进行过滤。特征过滤也就是常说的指纹过滤，根据攻击报文的特征，自定义过滤属性。指纹过滤有两种方法：静态指纹过滤和动态指纹学习。

（1）静态指纹过滤。对于已知的攻击特征，可以直接配置到过滤器的参数中。配置静态指纹过滤后，Anti-DDoS 会对收到的报文进行特征匹配，对匹配到攻击特征的报文，进行丢弃、限流等操作。

（2）动态指纹学习。对于使用一些攻击工具发起的 UDP Flood 攻击，攻击报文通常都拥有相同的特征字段，比如都包含某一个字符串，或整个报文内容一致。指纹学习就是对一些有规律的 UDP 攻击报文负载特征进行识别，并且自动提取出指纹特征，然后把这个提取的特征作为过滤条件，自动应用并进行过滤。

当 UDP 流量超过阈值时，触发指纹学习。指纹由 Anti-DDoS 设备动态学习生成，将攻击报文的一段显著特征学习为指纹后，匹配指纹的用户数据报会被丢弃，如图 7-7 所示。动态指纹学习适用于用户数据报荷载具有明显特征，或者用户数据报负载内容完全一致的 UDP Flood 攻击。

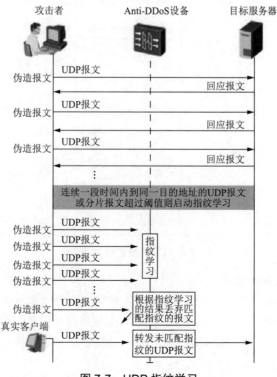

图 7-7　UDP 指纹学习

目前，指纹学习功能是针对 UDP Flood 攻击的主流防御手段，在华为防火墙产品中广泛应用。

7.2.3 UDP 反射放大攻击

传统的 UDP Flood 攻击，攻击者消耗对方资源的同时，也消耗自己的资源，实质就是拼资源，看谁的带宽大，看谁能坚持到最后。这种攻击方式没有技术含量，现在越来越少的黑客使用这种方式，取而代之的是 UDP 反射放大攻击。UDP 反射放大攻击的根本原理，是利用响应包比请求包大的特点（放大流量），伪造请求包的源 IP 地址，将响应包引向被攻击的目标（反射服务器）。

1. UDP 反射放大攻击原理

UDP 反射放大攻击一般伴随着僵尸网络存在。通常，被僵尸网络感染的设备一般会有恶意软件在后台偷偷运行，等待攻击者或僵尸网络主控服务器发出指令。

自我传播僵尸网络可通过各种不同渠道招募更多僵尸主机（被感染的设备，又称"肉鸡"）。感染路径包括利用网站漏洞、特洛伊木马恶意软件及破解弱身份验证来获得远程访问权限。获得访问权限后，所有这些感染方法都将在目标设备上安装恶意软件，以便僵尸网络操控者进行远程控制。一旦设备受到感染，可能会尝试通过向周边网络招募其他硬件设备，以达到自行传播僵尸网络恶意软件的目的。虽然无法确定特定僵尸网络中僵尸主机的确切数量，但根据估算，复杂僵尸网络中的僵尸主机数量从几千一直延伸到百万以上。

基于 UDP 的反射 DDoS 攻击是这类攻击的一种实现形式。攻击者不是直接发起对攻击目标的攻击，而是利用互联网中某些服务开放的服务器（如 Memcached），通过伪造被攻击者地址的方式，向该服务器发送基于 UDP 服务的特殊请求报文。数倍于请求报文的响应数据被发送到被攻击 IP，从而对后者间接形成 DDoS 攻击，如图 7-8 所示。

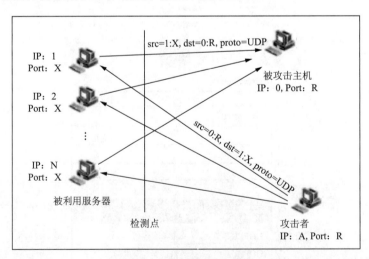

图 7-8　UDP 反射放大攻击

2. UDP 反射放大攻击场景

下面以 Memcached 服务作为实例介绍 UDP 反射放大攻击的原理。Memcached 是一款开源的、高性能分布式内存对象缓存系统，用于动态 Web 应用以减轻数据库负载。它通过在内存中缓存数据和对象，通过查询缓存数据库，直接返回访问请求，来减少对数据库的访问次数，从而提高动态、数据库驱动网站的速度，如图 7-9 所示。

第 7 章　传输层协议攻击与防御

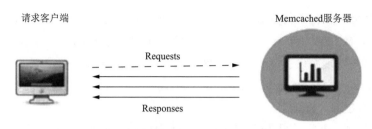

图 7-9　访问 Memcached 服务器过程

根据这种服务机制，攻击者可以借用正常服务，达到攻击的目的。Memcached 支持 UDP 协议的访问请求，默认将 UDP 端口 11211 对外开放，因此攻击者只需要通过快速的端口扫描，便可以收集到全球大量的开放了 UDP 11211 端口的 Memcached 服务器，并利用互联网中的这些服务器发起攻击。随后攻击者向 Memcached 服务器的 UDP 11211 端口，发送伪造源 IP（攻击目标的 IP）的小字节请求。服务器在收到该报文后，由于 UDP 协议并未正确执行，因此 Memcached 服务器产生了数万倍大小的响应，并将这一巨大的响应数据包发送给攻击目标。攻击者通过伪造源 IP 地址，诱骗 Memcached 服务器将过大规模的响应包发送给攻击目标的 IP 地址，如图 7-10 所示。

图 7-10　黑客借助 Memcached 服务器发动 UDP 反射放大攻击

攻击者如果利用恶意软件的传播，来控制大量僵尸主机，再利用大量僵尸主机作为请求源，向 Memcached 服务器发起请求，并伪造数据包的源 IP 为攻击目标 IP，则向攻击目标返回的响应数据包将成指数级上升，比原始请求数据包扩大几百至几万倍，如图 7-11 所示。这种间接 DDoS 攻击就是"反射式 DDoS 攻击"，该攻击方式通过反射加放大的形式，使攻击目标拥塞，无法正常提供服务，具有低成本化、高隐蔽性的特定。

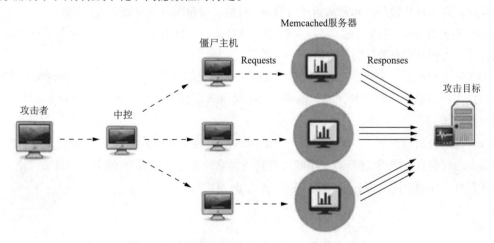

图 7-11　利用僵尸网络发动 UDP 反射放大攻击

除了常见的 DNS、NTP（Network Time Protocol，网络时间协议）等 UDP 反射放大攻击类型，目前还有其他十多种 UDP 协议，均可以用于反射放大攻击，如 SSDP（Simple Service Discovery Protocol，简单服务发现协议）、SNMP、CHARGEN（Character Generator Protocol，字符发生器协议）、WS-Discovery（Web Services Dynamic Discovery，Web 服务动态发现）等，放大倍数从几倍到几万倍，其中部分协议至今仍然非常流行。

表 7-1 列出了部分常见的可用于 UDP 反射放大攻击的协议及其理论放大倍数。反射放大攻击这种以小博大、四两拨千斤的效果使各单位异常头疼。部分协议的 UDP 反射放大倍数，已经超越了单纯依靠技术可以防护的阶段，需要投入大量的人力物力给予支持。

表 7-1 可用于 UDP 反射放大攻击的协议

协议	端口	理论放大倍数	协议	端口	理论放大倍数
DNS	53	28～54	CHARGEN	19	358.8
NTP	123	556.9	TFTP	69	60
SNMP	161	6.3	NETBIOS	138	3.8
SSDP	1900	30.8	Memcached	11211	10 000～50 000
PORTMAP	111	7～28	WS_Discovery	3702	70～500
QOTD	17	140.3	CLDAP	389	56～70

7.2.4 UDP 反射放大攻击防御

应对 UDP 反射放大攻击，可以从以下几种常用的防护思路入手：

（1）关注各个设备和安全厂商，CNCERT（国家互联网应急中心）发布的最新安全通告，及时更新针对性防护策略。

（2）指纹学习算法：学习检查 UDP 用户数据报中的荷载（Payload），自动提取攻击指纹特征，基于攻击特征自动进行丢弃或者限速等动作。

（3）流量波动抑制：通过对正常的业务流量进行学习建模，当某类异常流量出现快速突增的波动时，自动判断哪些是异常从而进行限速/封禁，以避免对正常流量造成影响。

（4）基于 IP 和端口的限速：通过对源 IP、源端口、目标 IP、目标端口的多种搭配组合进行限速控制，实现灵活有效的防护策略。

（5）服务白名单：对于已知的可用于 UDP 反射放大的协议，如 DNS，将 DNS 服务器的 IP 地址添加为白名单，除此之外，其他源 IP 的 53 端口请求包，全部封禁，使 UDP 反射放大攻击的影响面降低。

（6）地理位置过滤器：针对业务用户的地理位置特性，在遇到 UDP 反射攻击时，优先从用户量最少地理位置的源 IP 进行封禁阻断，直到将异常地理位置的源 IP 请求全部封禁，使流量降至服务器可处理的范围之内，可有效减轻干扰流量。

小 结

本章介绍针对传输层协议的攻击方式,首先介绍了针对 TCP 协议的 SYN 泛洪攻击、TCP RST 攻击和 TCP 会话劫持攻击,以及相应的防御方法;然后介绍了针对 UDP 协议的 UDP Flood 攻击和 UDP 反射放大攻击以及防御的方法。通过对本章内容的学习,读者可以更好地理解传输层协议的缺陷和漏洞,当网络中出现针对传输层协议的攻击时,能够采取相应的防御手段。

习 题

一、选择题

1. 对 TCP/IP 协议栈评价准确的是（   ）。
   A. 不存在安全问题   B. 有的协议容易被攻击
   C. 只有少数协议存在安全问题   D. 漏洞,但几乎无法利用

2. 下列有关 UDP 的描述正确的是（   ）。
   A. UDP 是一种面向连接的协议,用于在网络应用程序间建立虚拟线路
   B. UDP 为 IP 网络中的可靠通信提供错误检测和故障恢复功能
   C. 文件传输协议 FTP 就是基本 UDP 协议来工作的
   D. UDP 服务器必须在约定端口收听服务请求,否则该事务可能失败

3. 下列最恰当地描述了建立 TCP 连接时第一次握手所做工作的是（   ）。
   A. 连接发起方向接收方发送一个 SYN+ACK 段
   B. 接收方向连接发起方发送一个 SYN+ACK 段
   C. 连接发起方向接收方的 TCP 进程发送一个 SYN 段
   D. 接收方向连接发起方的 TCP 进程发送一个 SYN 段作为应答

4. TCP SYN 攻击是利用 TCP 的弱点来进行攻击,攻击者向服务器发出 SYN 请求后,服务器对接收到的 SYN 请求做（   ）处理。
   A. 服务器在收到攻击者发出的 SYN 请求后不会向攻击者发出任何数据包
   B. 服务器在收到攻击者发出的 SYN 请求后会向攻击者发送 SYN+ACK 数据包
   C. 服务器在收到攻击者发出的 SYN 请求后会向攻击者发送 SYN 数据包
   D. 服务器在收到攻击者发出的 SYN 请求后会和攻击者建立连接

5. TCP RST 攻击又称（   ）。
   A. TCP 重置攻击   B. TCP 会话劫持
   C. TCP 收发攻击   D. TCP 路由重定向攻击

6. 以下关于 TCP SYN Flood 的叙述正确的是（   ）。
   A. 可实现 DoS 攻击   B. 不可实现 DDoS 攻击
   C. 可用性不会受到威胁   D. 利用 TCP 四次挥手的攻击

7. 以下关于 UDP Flood 的叙述正确的是（　　）。
   A. 所使用的 UDP 报文源 IP 和源端口不会变化
   B. 利用 UDP 三次握手的攻击
   C. 不会涉及 IP 源地址欺骗技术
   D. 可能会消耗大量带宽资源
8. TCP SYN 泛洪攻击是利用了（　　）。
   A. TCP 三次握手过程　　　　　　　　B. TCP 面向流的工作机制
   C. TCP 数据传输中的窗口技术　　　　D. TCP 连接终止时的 FIN 报文
9. TCP Socket 由下列（　　）中的地址组合而成。
   A. MAC 地址和 IP 地址　　　　　　　B. IP 地址和端口地址
   C. 端口地址和 MAC 地址　　　　　　D. 端口地址和应用程序地址
10. 下列最恰当地描述了在 TCP 数据包中使用的序列编号的是（　　）。
    A. 标识下一个期望的序列号
    B. 标识源节点希望连接的下一个应用程序
    C. 说明主机在当前会话中接收到的 SYN 编号
    D. 标识段中数据的第一个字节的序号
11. 下列（　　）不是 TCP 协议为了确保应用程序之间的可靠通信而使用的。
    A. ACK 控制位　　B. 序列号　　C. 校验和　　D. 紧急指针
12. 本地 TCP 进程发送四个报文段，每个段的长度为 4 字节，其第一个段序列号为 7 806 002，那么接收进程为表明其接收到第三个数据段而返回的确认号是（　　）。
    A. 7 806 010　　B. 7 806 011　　C. 7 806 014　　D. 7 806 015
13. TCP 进程处理失败的连接方式是（　　）。
    A. 发送一个 FIN 段询问目的端的状态
    B. 在超出最大重试次数后发送一个复位（RST）段
    C. 发送一个 RST 段重置目的端的重传计时器
    D. 发送一个 ACK 段，立即终止该连接

二、填空题

1. TCP SYN 泛洪攻击属于一种典型的_____攻击。
2. 在 TCP RST 攻击中，伪造的 RST 攻击包的序列号必须等于_____，伪造的 RST 攻击报文段才会被接收。
3. TCP 关闭异常连接使用_____标志位，即发送_____标志位置 1 的报文段。
4. UDP Flood 攻击属于一种典型的_____攻击。
5. TCP RST 攻击会使正常的会话_____。

三、判断题

1. SYN 泛洪攻击不是 DoS 攻击。　　　　　　　　　　　　　　　　　　　　（　　）
2. TCP RST 攻击会使正常的会话断开。　　　　　　　　　　　　　　　　　（　　）
3. 在 TCP RST 攻击中，如果伪造的 RST 报文段的序列号不在接收方的滑动窗口中，那么接收方不会接收该伪造的 RST 包。　　　　　　　　　　　　　　　　　　　　　　　（　　）
4. SYN 泛洪攻击的目的是获取目标服务器上的数据。　　　　　　　　　　　（　　）

5. 反射放大攻击利用响应包比请求包大的特点，伪造请求包的源 IP 地址，将响应包引向被攻击的目标。（ ）

6. 源认证是 Anti-DDoS 防御 SYN Flood 攻击的常用手段。（ ）

7. Anti-DDoS 的首包丢弃功能利用 TCP 的超时重传机制。（ ）

四、简答题

1. 至少说出三种传输层协议攻击。
2. 简述 TCP Flood 攻击的原理。
3. 简述 TCP RST 攻击的原理。
4. 简述 UDP Flood 攻击的原理。
5. 简述 UDP 反射放大攻击的原理。

第 8 章 应用层协议

应用层直接与用户打交道,离开了应用层协议,TCP/IP 就无法发挥作用。每个应用层协议都是为了解决某一类应用问题,目前应用层协议多达数百种,本章将就应用层一些常用的协议进行讲解。

学习目标:

通过对本章内容的学习,学生应该能够做到:

(1) 了解:各应用层协议的作用及相关概念。
(2) 理解:各应用层协议的原理及报文格式。
(3) 应用:对本章所介绍的几种应用层协议的报文进行分析,加深对各应用层协议的理解。

8.1 域名系统(DNS)

IP 地址实现了物理地址的统一,为主机提供了全局唯一的标识。但是,IP 地址对用户来说可读性差,而且不够形象、直观。为了方便一般用户使用因特网,TCP/IP 在应用层采用字符型的主机命名机制,为联网主机赋予直观、便于理解和记忆的域名,由域名系统(Domain Name System,DNS)将主机的域名转换为数字表示的 IP 地址。

8.1.1 域名系统概述

IPv4 地址不容易记忆,IPv6 地址更难被记住。用户与因特网上某个主机通信时,显然不愿意使用 IP 地址,而更愿意使用容易记忆的主机名字。然而,域名的长度并不是固定的,机器处理起来比较困难,因此需要将其转换成固定长度的 IP 地址。

在因特网发展的早期,采用一个名为 hosts 的文本文件进行名字解析。该文件是一个纯文本文件,又称主机表,文件中列出所有主机名字和相应的 IP 地址。只要用户输入一个主机名字,计算机就可以很快地把这个主机名字转换成 IP 地址。

随着网络规模的扩大,hosts 文件无法满足计算机名字解析的需要。目前,因特网采用 DNS

来实现域名和 IP 地址之间的相互转换。DNS 的推出使得 TCP/IP 网络形成了三个层次的寻址机制，位于底层的标识是物理地址，位于中间层的标识是 IP 地址，位于最高层的标识是域名。TCP/IP 协议不仅要进行 IP 地址与物理地址之间的映射，而且要进行域名与 IP 地址之间的映射。

8.1.2 因特网的域名结构

早期的因特网采用的是无层次的命名方法，主机名用一个字符串表示，没有任何结构。为了保证名字的全局唯一性，采用集中管理的方式，名字—地址的映射通常通过主机文件完成。但是，随着因特网上的主机数量的急剧增加，主机文件的变更越来越频繁，集中管理的工作量大大增加，映射效率低下，用这种无层次的命名方法来管理一个很大的而且经常变化的名字集合变得非常困难。因此，因特网后来采用了层次树状结构的命名方法。采用这种命名方法，任何一个连接在因特网上的主机或路由器等网络设备，都有一个唯一的层次结构的名字，即域名。

因特网的域名空间如同一棵倒置的树，如图 8-1 所示，这棵域名树中的每个节点都有唯一的名字。而这个名字就是由该节点回溯到根节点的一条路径。域名由若干标号组成，各标号之间用句点"."隔开，域名不区分大小写。例如，university.360.cn. 是 360 安全人才能力发展中心的域名，这个域名由三个标号组成，根据域名可以从该节点回溯到根节点。这种以"."结尾的域名被称为完全合格域名（Fully Qualified Domain Name，FQDN）；如果一个域名不以"."结尾，则认为该域名是不完全的。

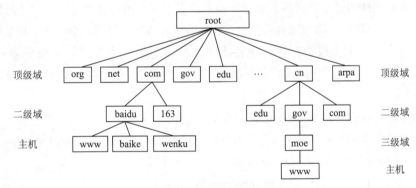

图 8-1 因特网域名空间

因特网的域名空间中，根域位于最顶部，在根域的下面是几个顶级域。每个顶级域又进一步划分为不同的子域，即二级域。二级域再往下划分就是三级域、四级域，等等。子域下面可以有主机，也可以再分子域，直到最后是主机。

1. 根域

根域（root）一般不出现在域名中。如果确实要指明根，那么它将出现在 FQDN 的最后，以一个句点表示。

2. 顶级域

顶级域（Top Level Domain）可以分为三个主要的域：通用顶级域名 gTLD（Generic Top Level Domain）、国家或地区顶级域名 nTLD（National Top Level Domain）和 arpa 域。

（1）通用顶级域名 gTLD 是供一些特定组织使用的顶级域。最常见的通用顶级域名有 com（用于商业公司）、net（用于网络服务机构）、org（用于组织协会等）、gov（用于美国的政府部门）、edu（用于美国的教育机构）、mil（用于美国的军事部门）、int（用于国际组织）。

通用顶级域名还包括 aero（供航空运输业使用）、biz（供商业使用）、coop（供商业合作社使用）、info（供信息性网站使用）、museum（供博物馆使用）、name（供家庭及个人使用）、pro（供医生、律师、会计师等专业人员使用）、asia（供亚洲社区使用）、cat（供加泰罗尼亚语/文化使用）、jobs（供求职相关网站使用）、mobi（供移动产品与服务的用户和提供者使用）和 travel（供旅行社、航空公司、酒店及旅游协会等机构使用）等新的通用顶级域名。

（2）国家或地区顶级域名 nTLD，用两个字母的国家或地区名缩写代码来表示。例如，cn 代表中国，us 代表美国，uk 代表英国，fr 代表法国，等等。

（3）arpa 域用于反向域名解析。arpa 现在作为 Address and Routing Parameter Area 的首字母缩写。目前 arpa 域下包含 in-addr 和 ip6，分别用于 IPv4 和 IPv6 的反向域名解析。

3. 二级域

二级域与具体的公司或组织相关联。在国家或地区顶级域名下注册的二级域名均由该国家或地区自行确定。二级域可以继续向下划分子域。子域下面可以有主机，也可以再分子域。

4. 主机

主机名（host name）是最末级的名字。

8.1.3 域名服务器

把域名映射到 IP 地址的域名机制是通过分布在各地的域名服务器实现的。域名服务器是提供域名到 IP 地址转换的服务器程序。通常，服务器程序在专用处理器上运行，并把机器本身称为域名服务器。客户程序，称为域名解析器，在进行域名转换时使用一个或多个域名服务器。

因特网允许各个单位根据具体情况将本单位的域名划分为若干域名服务器管辖的区域（Zone），并在各区域中设置相应的权威域名服务器。每个区域都与某个 DNS 服务器中的一个区域文件相对应。

这里举例说明区域和域之间的关系。如图 8-2 所示，假定公司 abc 有下属部门 x 和 y，部门 x 下面有下属部门 l、m 和 n，部门 y 下面有下属部门 r 和 s。abc.com 是一个域，用户可以将它划分为两个区域分别管辖：abc.com 和 y.abc.com。区域 abc.com 管辖 abc.com 域的子域 x.abc.com 及其下级子域，而 abc.com 域的子域 y.abc.com 及其下级子域则由区域 y.abc.com 单独管辖。区域管辖特定的域名空间，它也是 DNS 树状结构上的一个节点，包含该节点下的所有域名，但不包括由其他区域管辖的域名。

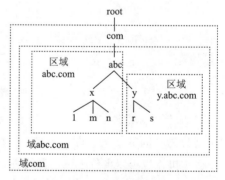

图 8-2 域和区域

根据域名服务器所起的作用，可以将域名服务器分为根域名服务器、顶级域名服务器、权威域名服务器、本地域名服务器。

（1）根域名服务器：根域名服务器负责因特网最顶级的域名解析。所有的根域名服务器都知道顶级域名服务器的域名和 IP 地址。当一个本地域名服务器要对一个域名进行解析，如果自己无法解析，就要首先求助于根域名服务器。所有的根域名服务器均由美国政府授权的互联网域名与号码分配机构 ICANN 统一管理，负责全球互联网域名根服务器、域名体系和 IP 地址等的管理。在 IPv4 体系内，根域名服务器的数量一直被限定为 13 个（IPv4 中 DNS 协议使用的 UDP 数据包限制了最多只能有 13 台根域名服务器），名字分别为 A～M，唯一的一个主根服务器部署在美国，其余 12 个均为辅根服务器，其中九个放置在美国，欧洲两个，位于英国和瑞典，亚洲一个，位于日本。值得注意的是，根域名服务器的数目并不是 13 个机器，而是 13 套装置。根域名服务器的机器分布于世界各地，使世界上大部分 DNS 域名服务器都能就近找到一个根域名服务器，这样可以加快 DNS 的查询过程，也可以更加合理地利用因特网的资源。

（2）顶级域名服务器：负责管理在该顶级域名服务器注册的所有的二级域名。当收到 DNS 查询请求时，就会给出相应的回答（最后的域名解析结果或者下一步应该查找的域名服务器的 IP 地址）。

（3）权威域名服务器：负责一个区域的域名服务器。DNS 在划分的每个区域中设置相应的权威域名服务器，权威域名服务器负责对其管辖的区域内的主机进行解析。当一个权威域名服务器还不能给出最后的查询回答时，就会告诉查询请求的 DNS 客户进程，下一步应当找哪一个权威域名服务器。

（4）本地域名服务器：可以看作默认的域名服务器。DNS 客户进程收到主机发送过来的域名后，就会向该域名服务器发送 DNS 查询请求。在 Windows 10 操作系统中，打开控制面板，选择"网络连接"，设置任意一个网络连接的属性时，在"Internet 协议版本 4（TCP/IPv4）"中，有关 DNS 服务器地址的选项，设置的就是这个本地域名服务器的地址。

8.1.4 域名解析

DNS 采用客户/服务器机制，实现域名和 IP 地址的转换。DNS 服务器用于存储资源记录并提供域名查询服务，DNS 客户端用来查询服务器并获取域名解析信息。

按照 DNS 查询的目的，可将 DNS 解析分为正向解析和反向解析。

正向解析是根据域名解析出相应的 IP 地址。

反向解析是根据 IP 地址解析其指向的域名，多用来为服务器进行身份验证。

大部分 DNS 解析都是正向解析，有时也会用到反向解析。DNS 在域名空间中设置了一个特殊域 arpa，用于反向解析，其中，in-addr.arpa 用于 IPv4 地址的反向解析。反向解析将 IPv4 地址的八位字节顺序倒置，构成反向解析的"名字空间"。例如，地址为 192.168.50.1 的主机的域名为 1.50.168.192.in-addr.arpa。反向解析需要用到 DNS 的 PTR 资源记录。

DNS 查询方式分为递归查询和迭代查询。

递归查询要求指定的 DNS 服务器在任何情况下都要对请求做出响应，该响应或者包含相应的解析结果，或者是一个失败响应。当这个 DNS 服务器不知道解析结果时，需要以客户端的身份继续向其他 DNS 服务器发出查询请求。递归查询的示意图如图 8-3 所示。一般 DNS 客户端向 DNS 本地域名服务器提出的查询请求属递归查询。

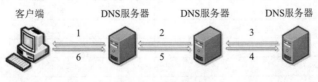

图 8-3　递归查询

迭代查询要求客户端本身反复寻求 DNS 服务器的服务来获得某个域名到 IP 地址的最终解析结果。DNS 服务器如果能够给出解析结果，则向客户端发回最终结果（这个域名的 IP 地址）；如果无法给出解析结果，则告诉它向另一台 DNS 服务器继续查询（给出另一台 DNS 服务器的

IP 地址），直到查询到所需结果为止。如果最后一台 DNS 服务器也不能提供所需答案，则宣告查询失败。迭代查询的示意图如图 8-4 所示。一般 DNS 服务器之间的查询属于迭代查询，可能会多次迭代。当一个域名服务器要解析它的本地域之外的域名时，往往会发送迭代查询，可能需要向其他多个 DNS 服务器进行查询，一般从根域名服务器开始自顶向下查找。

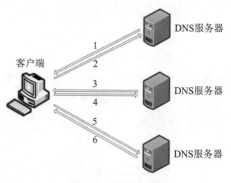

图 8-4　迭代查询

实际的 DNS 域名解析通常采用递归解析与迭代解析相结合的方法。先查询本地 Hosts 文件和 DNS 缓存；如果不能得到解析结果，再请求本地域名服务器进行递归查询；若本地域名服务器不能给出解析结果，本地域名服务器再采用自顶向下的方法执行迭代查询。这样既可以提高效率，又能够保证域名管理的层次结构。

为了提高 DNS 查询的效率，减轻根域名服务器的负荷和减少因特网上的 DNS 查询报文的数量，在域名服务器上广泛地使用了高速缓存。每个域名服务器都维护一个高速缓存，存放查询过的域名以及从何处获得域名映射信息的记录。当客户请求域名服务器转换域名时，服务器首先检查它是否被授权管理该域名。若未被授权，则查看自己的高速缓存，检查该域名是否最近被转换过。如果最近被转换过，域名服务器只需向客户报告高速缓存中存放的上次的查询结果，并标志为非权威应答。

这里的非权威应答，指的是查询结果来源于非权威 DNS 服务器，是该 DNS 服务器通过查询其他 DNS 服务器而不是本地区域文件而得来的。如果 DNS 服务器在自己的区域文件里找到了客户端需要查询的记录，就会返回一个权威应答，这个应答一般是正确的。

如果接到 DNS 查询请求的服务器不是权威 DNS 服务器，那么有三种方法处理该请求，得到的都是非权威应答。

（1）查询其他 DNS 服务器直到找到客户端要查询的记录，然后此服务器将找到的内容返回给客户端。

（2）推荐客户端到上一级 DNS 服务器查询。

（3）如果本地缓存有记录，那么用缓存里的数据回答。

8.1.5　DNS 报文格式

DNS 报文包括查询报文和响应报文，查询报文和响应报文的格式是相同的，如图 8-5 所示。

0	15 16	31
标识		标识
问题记录数		回答记录数
授权记录数		附加记录数
问题部分		
回答部分		
授权部分		
附加信息部分		

图 8-5　DNS 报文格式

1. DNS 报文首部

DNS 报文首部长度固定为 12 字节，由 6 个字段构成，各占 2 字节。

（1）标识字段：DNS 报文的 ID 标识，用于匹配 DNS 查询和响应。一个 DNS 查询的响应报文，其标识字段与其查询报文的标识字段相同。

（2）标志字段：标志字段中每个比特都有特定的含义，标志字段的格式如图 8-6 所示。标志字段各比特常见的取值及含义如表 8-1 所示。

0	1	2	3	4	5	6	7	8	9	10	11	12	13	14	15
QR	Opcode				AA	TC	RD	RA	0	AD	CD	RCode			

图 8-6 DNS 报文标志字段格式

表 8-1 DNS 报文首部标志字段各比特常见的取值及含义

比特位	功　能	取 值	含　义
0	QR，查询/响应标志（Query/Response）	0	查询报文
		1	响应报文
1～4	Opcode，查询类型	0	标准查询（正向解析，由域名获取 IP 地址）
		1	反向查询（反向解析，由 IP 地址获取域名）
5	AA，权威应答标志（Authoritative Answer），在响应报文中有效	0	给出响应的服务器是非权威服务器
		1	给出响应的服务器是权威服务器
6	TC，截断标志（Truncated）	0	报文没有被截断
		1	报文被截断（报文长度超过了 512 字节，并被截断成了 512 字节）
7	RD，期望递归（Recursion Desired），在查询报文中设置该标志，在响应报文中复制该标志	0	需要服务器进行迭代解析
		1	需要服务器进行递归解析
8	RA，可用递归（Recursion Available），在响应报文中有效	0	不是递归解析的结果
		1	服务器支持递归解析，是递归解析的结果
9	Z，保留未用	0	无
10	AD，可信数据（Authenticated Data）	0	应答服务器未验证该查询相关的 DNSSEC 字签名
		1	应答服务器已经验证了该查询相关的 DNSSEC[①]数字签名。表示在 DNS 响应报文中的回答部分和授权部分包含的所有数据已由服务器根据该服务器的策略进行身份验证。仅在响应中的所有数据都经过了加密验证，或者以其他方式满足服务器的本地安全策略时，才设置 AD 位
11	CD，禁用检查（Checking Disabled）	0	要求服务器对响应执行 DNSSEC 验证（DNS 查询中设置）
		1	要求服务器不对响应执行 DNSSEC 验证

---

① DNSSEC（Domain Name System Security Extensions，DNS 安全扩展）是由 IETF 提供的一系列 DNS 安全认证的机制（可参考 RFC 2535）。它提供了一种来源鉴定和数据完整性的扩展，但不去保障可用性、加密性和证实域名不存在。DNSSEC 通过数字签名能帮助客户端判断 DNS 响应报文数据是否被非法篡改以提高 DNS 服务的安全性。但 DNSSEC 并不保证数据的机密性，所有的 DNS 响应报文仍是未加密的明文。

续表

比特位	功能	取值	含义
12～15	RCode，返回代码（Reply Code）	0	请求成功完成，没有错误
		1	查询格式错
		2	服务器故障
		3	查询的域名不存在
		4	不支持的解析类型
		5	管理上禁止，查询被拒绝

（3）数量标识字段：DNS报文的首部的四个数量标识字段，指明了本报文中包含的"问题记录"、"回答记录"、"授权记录"和"附加记录"的数量。

① 问题记录数（Questions）：问题部分所包含的域名解析查询的数量。如进行域名查询时，需要同时解析四个域名，那么问题部分包含四个问题，相应的问题记录数为4。

② 回答记录数（Answer RRs）：回答部分所包含的资源记录的数量。查询报文中该字段被置0。

③ 授权记录数（Authority RRs）：授权部分所包含的资源记录（域名服务器资源记录）的数量。查询报文中该字段被置0。

④ 附加记录数（Additional RRs）：附加信息部分所包含的资源记录的数量。查询报文中该字段被置0。

2. 可变部分

DNS报文首部的后面是可变部分，包括四个部分：问题部分、回答部分、授权部分和附加信息部分。

（1）问题部分（Queries）：包含客户请求的问题，由一组问题记录组成。问题记录格式如图8-7所示。

0	15	16	31
查询域名			
类型		类	

图8-7 问题记录格式

① 查询域名（Name）：指明请求解析的域名，长度可变。查询域名采用"长度+字符串"的形式，每个标号前有一个八位位组（字节）指出该标号的长度，域名结束用0指示。例如，域名www.360.cn，在DNS查询报文的问题记录中的表示方式为

② 查询类型（Type）：16比特，指明需要得到的回答类型。这个字段的值即是资源记录中类型字段的代码。域名解析可以用于获取IP地址，也可以用于获取域名服务器和主机信息等，为了区分这些对象，域名系统通过资源记录的类型属性定义了数据的意义。有关内容将在资源记录中介绍。

③ 查询类（Class）：16比特，指定查询的类，对于因特网，该字段值为1，表示查询域名。

（2）回答部分、授权部分和附加信息部分：这三部分均由一组可变数量的资源记录组成。只有在响应报文中才出现资源记录。DNS服务器以区域文件存储域名解析数据。一台DNS服务

器可以安装多个区域文件，管理多个区域的资源记录。

资源记录包括六个字段，如图 8-8 所示，具体说明如下：

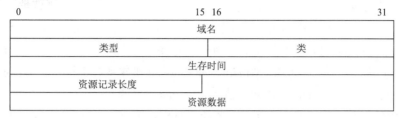

图 8-8　资源记录格式

域名、类型和类字段都为 16 比特，与问题部分中的三个字段的含义相同。

① 域名（Name）：指明当前资源记录匹配的域名。回答部分的域名往往与问题部分的域名完全或部分相同。

为减小响应报文的大小，服务器对回答部分中重复出现的域名采用压缩格式，这个字段就是一个指针偏移值，指向响应报文问题部分中的相应域名。

如果 Name 字段开始的两个二进制位为 11，那么接下去的 14 比特为指针，该指针指向存放在报文中另一位置的域名字符串。

如果 Name 字段开始的两个二进制位为 00，那么接下去的 6 比特指出紧跟在计数字节后面的标号的长度（标号长度被限制不大于 63 个字节）。

② 类型（Type）：16 比特，以代码的形式指明资源记录的类型，与问题部分的 Type 字段含义相同。常用的资源记录类型及其对应的代码如表 8-2 所示。

表 8-2　常用的资源记录类型

代码	类型	名称	说明
1	A	Address（主机地址）	用于域名到 IPv4 地址的转换
2	NS	Name Server（域名服务器）	指定管辖区域的权威域名服务器
5	CNAME	Canonical Name（规范名字）	指定别名的规范名字
6	SOA	Start of Authority（授权开始）	设置区域主域名服务器（保存该区域数据正本的 DNS 服务器）
12	PTR	Pointer（指针）	将 IP 地址解析为域名，用于反向解析
15	MX	Mail Exchanger（邮件交换）	列出域中负责邮件交换的主机
28	AAAA	AAAA record（IPv6 地址）	用于域名到 IPv6 地址的转换

③ 类（Class）：16 比特，指定查询的类，与问题部分的 Class 字段含义相同。

④ 生存时间（TTL）：32 比特，该资源记录可以被缓存的秒数。

⑤ 资源数据长度（Rdata length）：16 比特，指定 Rdata 字段的字节数。

⑥ 资源数据（Rdata）：长度可变，是资源记录的具体内容。根据资源记录类型的不同，资源数据可以是 IP 地址、域名、指针或字符串。

8.1.6　DNS 报文分析

DNS 可以使用 UDP 协议，也可以使用 TCP 协议，服务器使用熟知端口 53。UDP 报文的最大长度为 512 字节，而 TCP 则允许报文长度超过 512 字节。进行 DNS 查询时，如果响应大于

512 字节，就会删减成 512 字节，并把截断标志 TC 设成 1，此时就需要改用 TCP 进行传输，客户端可以使用 TCP 询问问题并得到全部答案。

与 DNS 相关的命令主要有以下几个：

Linux 中的 host 命令是常用的域名查询工具，可以用来测试域名系统工作是否正常。

nslookup 是一种网络管理命令行工具，用于查询 DNS 的记录，查看域名解析是否正常，在网络故障的时候用来诊断网络问题。Windows 和 Linux 等操作系统都提供了 nslookup 命令行工具。nslookup 查找一个 IP 地址的有限制的替代者是 ping 命令。

dig 是常用的域名查询工具，在类 UNIX 命令行模式下查询 DNS 包括 NS 记录、A 记录、MX 记录等相关信息，可以用来测试域名系统工作是否正常。

whois 是用来查询域名的 IP 以及所有者等信息的传输协议。whois 用来查询域名是否已经被注册，以及注册域名的详细信息的数据库（如域名所有人、域名注册商）。早期的 whois 查询多以命令行接口存在，现在出现了一些网页接口简化的线上查询工具，可以一次向不同的数据库查询。网页接口的查询工具仍然依赖 whois 协议向服务器发送查询请求，命令行接口的工具仍然被系统管理员广泛使用。whois 通常使用 TCP 43 端口。每个域名 /IP 的 whois 信息由对应的管理机构保存。目前国内提供 whois 查询服务的网站有万网、站长之家等。

下面使用 nslookup 工具来测试 DNS 解析，用 Wireshark 软件捕获 DNS 报文的详细数据并进行分析。

本节以访问 360 安全人才能力发展中心的首页为例，直接使用 Internet 域名解析来分析验证 DNS 报文。（笔者配置主机 A 的 IP 地址为 192.168.50.2/24，DNS 服务器的 IP 地址为 192.168.50.1/24，读者操作时，IP 地址等信息会根据实际情况有所区别。）

为成功捕获到 DNS 报文，先清空本地主机的 DNS 解析记录。在 Windows 的命令提示符窗口中输入以下命令：

```
ipconfig/flushdns         // 清除 Windows 客户端本地缓存的 DNS 解析记录
ipconfig/displaydns       // 查看 Windows 客户端本地缓存的 DNS 解析记录
```

命令执行结果显示，本地主机的 DNS 解析缓存已经被清空，如图 8-9 所示。

在主机 A 上启动 Wireshark 软件，设置捕捉过滤器的过滤条件为 udp port 53，开始捕获数据包。在命令提示符窗口中执行命令 nslookup university.360.cn，Wireshark 停止捕获。以下对捕获到的数据包进行分析。

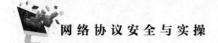

图 8-9 清空 DNS 解析缓存

1. DNS 查询报文分析

如图 8-10 所示，序号为 1 的数据包是一个客户端向服务器发送的 DNS 查询报文，封装在 UDP 用户数据报中传输。这个 UDP 用户数据报目的端口使用熟知端口 53。查询报文分为首部和问题部分，分析如下：

（1）首部。

首部包括标识、标志和四个数量标识字段。

① 标识字段的值是 0x8380。

② 标志字段各比特位分析如下：

QR 位值为 0，表示这是一个 DNS 查询报文；

Opcode 值为 0000，表示标准查询（正向解析，由域名获取 IP 地址）；

TC 位值为 0，表示报文没有被截断；

RD 位值为 1，表示请求服务器进行递归解析；

CD 位值为 0，要求服务器对响应执行 DNSSEC 验证。

③ 问题记录数为 1，表示只有一个查询。由于这是一个查询报文，所以回答记录数、授权记录数和附加记录数的值均为 0。

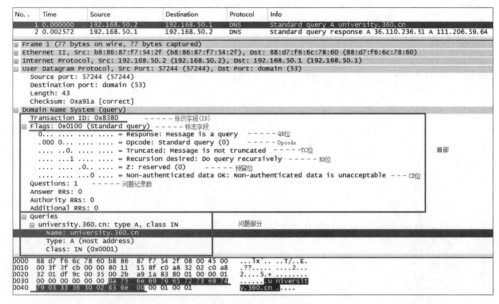

图 8-10　DNS 查询报文

（2）问题部分。

问题部分包括一条问题记录。查询域名字段指明请求解析的域名为 university.360.cn。类型字段的值为 1，指明资源记录类型为 A 记录（用于域名到 IPv4 地址的转换）。类字段的值为 1，表示在因特网中查询域名。

2. DNS 响应报文分析

如图 8-11 所示，序号为 2 的数据包是一个服务器向客户端发送的 DNS 响应报文，封装在 UDP 用户数据报中传输。这个 UDP 用户数据报源端口使用熟知端口 53。

这个响应报文的首部、问题部分和回答部分分析如下。

（1）首部。

首部包括标识、标志和四个数量标识字段。

① 标识字段的值是 0x8380，与其所响应的查询报文的标识字段值相同。

② 标志字段各比特位分析如下：

QR 位值为 1，表示这是一个 DNS 响应报文；

Opcode 值为 0000，表示标准查询（正向解析，由域名获取 IP 地址）；

AA 位值为 0，表示给出响应的服务器是非权威服务器；

TC 位值为 0，表示报文没有被截断；

RD 位值为 1，表示请求服务器进行递归解析；

RA 位值为 1，表示响应服务器支持递归解析；

AD 位值为 0，表示响应服务器未验证查询相关的 DNSSEC 数字签名；

RCode 值为 0000，表示请求成功完成，没有错误。

③ 问题记录数为 1，表示只有一个查询。回答记录数为 2，授权记录数和附加记录数的值均为 0。

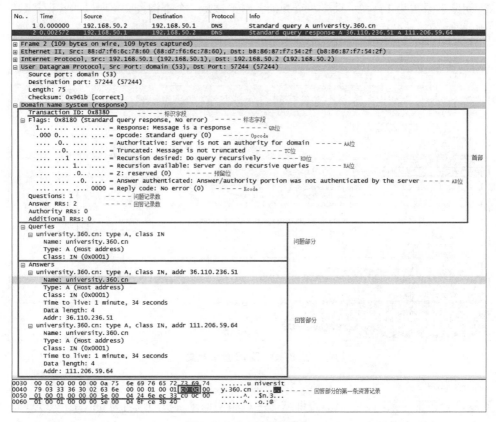

图 8-11　DNS 响应报文

（2）问题部分。

问题部分给出了要查询的域名、类型和类，具体含义同 DNS 查询报文。

（3）回答部分。

回答部分有两条资源记录，以下分析其中第一条记录。

① 域名字段的值为 0xC00C，转换成二进制数字为 1100 0000 0000 1100，开始的两个二进制位为 11，这是一个指针偏移值，接下去的 14 比特为指针（转换成十进制为 12），指向问题部分中的相应域名。响应报文中从字节 12 开始的域名，即为 university.360.cn。

② 类型字段的值为 0x0001，指明资源记录类型为 A 记录（用于域名到 IPv4 地址的转换）。

③ 类字段的值为 0x0001，表示在因特网中查询域名。

④ 生存时间字段的值为 0x005E，表示生存时间为 94 s，即 1 分钟 34 秒。

⑤ 资源数据长度字段的值为 0x0004，表示资源数据长度为 4 字节。

⑥ 资源数据字段是一个 IP 地址 0x246EEC33，即域名 university.360.cn 对应的 IP 地址是 36.110.236.51。

8.2 超文本传输协议（HTTP）

超文本传输协议（Hyper Text Transfer Protocol，HTTP）是一个基于请求与响应，无状态的应用层协议，是互联网上应用最为广泛的一种网络协议。所有的 WWW 文件都必须遵守这个标准。设计 HTTP 最初的目的是提供一种发布和接收 HTML 页面的方法。1960 年，美国人 Ted Nelson 构思了一种通过计算机处理文本信息的方法，并称之为超文本（Hypertext），这成为了 HTTP 超文本传输协议标准架构的发展根基。Ted Nelson 组织协调万维网协会（World Wide Web Consortium）和 IETF 共同合作研究，最终发布了一系列的 RFC，其中著名的 RFC 2616 定义了今天普遍使用的一个版本 HTTP 1.1。

8.2.1 统一资源定位符

统一资源标识符（Uniform Resource Identifier，URI）是一个用于标识某一互联网资源名称的字符串。该种标识允许用户对任何（包括本地和互联网）资源通过特定的协议进行交互操作。Web 上可用的每种资源（HTML 文档、图像、视频、程序等）由一个 URI 进行定位。目前，URI 的最普遍形式就是统一资源定位符（Uniform Resource Locator，URL），它是 URI 的子集。URI 注重的是标识，而 URL 强调的是位置。

URL 是对可以从互联网上得到的资源的位置和访问方法的一种简洁的表示，是互联网上标准资源的地址。互联网上的每个文件都有一个唯一的 URL，即网页地址，它包含的信息指出文件的位置以及浏览器应该怎么处理它。最初 URL 被用来作为万维网的地址，现在已被万维网联盟编制为互联网标准 RFC 1738。

URL 的基本形式是：协议://主机域名（IP 地址）:端口/路径/文件名。

例如，要访问 360 安全人才能力发展中心的主页，其 URL 为 https://university.360.cn。分析如下：

协议告诉浏览器如何处理将要打开的文件，其中，最常用的协议是 HTTP，这个协议可以用来访问万维网，也可以指明使用其他协议，如文件传输协议 FTP、远程登录协议 Telnet、安全超文本传输协议 HTTPS 等。

主机域名（IP 地址）指的是文件所在的服务器的域名或 IP 地址。

端口指明服务器提供服务的端口号。URL 中端口号可以省略，省略时连同前面的":"一起省略。本例中 URL 中就省略了端口号 443。

路径部分是到达这个文件的路径，包含等级结构的路径定义，一般来说不同部分之间以斜线（/）分隔。

文件名是客户访问文件的名称。有时候，URL 中没有给出文件名，在这种情况下，URL 引用路径中最后一个目录中的默认文件（通常对应于主页），这个文件常常为 index.html 或 default.html。

8.2.2 HTTP 概述

HTTP 是用于从万维网服务器传输超文本文件到本地浏览器的传送协议。HTTP 的通信过程很直接：浏览器（万维网客户端）向万维网服务器发送万维网文档请求，服务器收到请求后作出响应，将请求的文档发送回浏览器。

HTTP 使用面向连接的 TCP 作为运输层协议，保证了数据的可靠传输，服务器端通常使用 80 端口。

HTTP 协议具有以下特点：

（1）支持客户/服务器模式。像其他应用层协议一样，HTTP 也是以客户/服务器模式工作。

（2）简单快速。客户向服务器请求服务时，只需传送请求方法和路径。HTTP 常用的请求方法有 GET、HEAD、POST。由于 HTTP 协议简单，使得 HTTP 服务器的程序规模小，因而通信速度很快。

（3）灵活。HTTP 允许传输任意类型的数据对象。正在传输的类型由 Content-Type 标记。

（4）无连接。无连接的含义是限制每次 TCP 连接只处理一个请求。HTTP 1.1 之前，每个 HTTP 请求都要求打开一个连接，服务器处理完客户端的请求，并收到客户端的应答后，即断开 TCP 连接，以尽快将资源释放出来服务其他客户端。随着时间的推移，网页变得越来越复杂，里面可能嵌入了很多图片，这时候每次访问图片都需要建立一次 TCP 连接就显得很低效。使用 Keep-Alive 可以改善这种状态，即在一次 TCP 连接中可以持续发送多份数据而不会断开连接。通过使用 Keep-Alive 机制，在一次 TCP 连接中，HTTP 服务器端发送完一个响应后，客户端到服务器端的连接将保持一个 keepalive_timeout 时间，直到浏览器没有新的请求发送过来，服务器端才会主动关闭这个 TCP 连接，从而减少 TCP 连接的建立次数，提高服务器的性能和吞吐率。市场上的大部分 Web 服务器，包括 IIS 和 Apache，都支持 HTTP Keep-Alive。

（5）无状态。无状态是指协议对于事务处理没有记忆能力，服务器不知道客户端是什么状态。即客户端给服务器发送 HTTP 请求之后，服务器根据请求给客户端发送数据，但是，发送完不会记录任何信息。无状态意味着如果后续处理需要前面的信息，就必须重传，这样可能导致每次连接传送的数据量增大。但是，在服务器不需要先前信息时它的应答就较快。

客户端与服务器端进行动态交互的 Web 应用程序出现之后，HTTP 无状态的特性严重阻碍了这些应用程序的实现。于是，两种用于保持 HTTP 连接状态的技术应运而生，这就是 Cookie 和 Session。Cookie 是由服务器端生成，发送给 User-Agent（一般是 Web 浏览器），浏览器会将 Cookie 的 Key/Value 保存到某个目录下的文本文件内，下次请求同一网站时就发送该 Cookie 给服务器（前提是浏览器设置为启用 Cookie）。Cookie 可以保持登录信息到用户下次与服务器的会话，当下次访问同一网站时，用户不必再次输入用户名和密码（用户手工删除 Cookie 除外）。Session 是通过服务器来保持状态的。当客户端访问服务器时，服务器根据需求设置 Session，将会话信息保存在服务器上，同时将标示 Session 的 SessionID 传递给客户端浏览器，浏览器将这个 SessionID 保存在内存中，称之为无过期时间的 Cookie。浏览器关闭后，这个 Cookie 就会被清掉，不会存在于用户的 Cookie 临时文件。

HTTP 的安全性可以通过加密和鉴别来实现，最通常的方法是使用安全套接层 SSL。SSL 工作在 TCP/IP 的传输层和应用层之间，在客户和服务器之间的所有传输都被 SSL 加密和解密。

8.2.3　HTTP 报文结构

HTTP 有两种报文：请求报文和响应报文。当客户端请求一个网页时，会先通过 HTTP 协议将请求的内容封装在 HTTP 请求报文之中，服务器收到该请求报文后根据协议规范进行报文解析，然后向客户端返回响应报文。

HTTP 报文采用 RFC 822 定义的通用报文格式，如图 8-12 所示，由起始行（start-line）、报文首部（message-header）、空行（CRLF，回车/换行）和报文主体（message-body）构成。

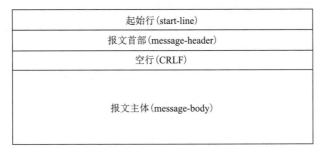

图 8-12　HTTP 报文结构

1. 起始行

起始行对报文进行描述。HTTP 报文包括从客户端到服务器的请求和从服务器到客户端的响应两种类型。请求报文的起始行称为请求行（Request-Line），而响应报文的起始行称为状态行（Status-Line）。

（1）请求行。

在请求报文中，起始行包括三个部分：请求方法、请求 URI（Request-URI）和协议类型及版本号，各部分以空格（SP）字符分隔，最后以 CRLF 对结束一行，其格式如下：

| 请求方法 | 空格（SP） | 请求 URI | 空格（SP） | 协议类型及版本号 | CRLF |

方法字段严格区分大小写，当前 HTTP 协议中的方法都是大写。

HTTP 请求常用的方法有 GET、POST、HEAD、PUT、DELETE、CONNECT、OPTIONS、TRACE，下面分别介绍这几种方法。

① GET：用于请求获取 Request-URI 所标识的资源。

② POST：用于向 Request-URI 所标识的资源提交数据，提交的数据被包含在请求报文的主体中。例如，提交表单，表单中有用户填写的数据，这些数据会发送到服务器端，由服务器存储至某位置。

③ HEAD：用于请求获取 Request-URI 所标识的资源的响应报文首部。类似于 GET 方法，只不过返回的响应中没有报文主体。

④ PUT：用于向服务器提交一个资源，并用 Request-URI 作为其标识。如果 Request-URI 指定的资源已经存在，则更新资源；如果 Request-URI 指定的资源不存在，则创建一个新的资源。

⑤ DELETE：用于删除服务器中 Request-URI 所标识的资源。

⑥ CONNECT：HTTP 1.1 协议中预留给能够将连接改为管道方式的代理服务器。

⑦ OPTIONS：请求查询服务器的性能，或者查询与资源相关的选项和需求。

⑧ TRACE：请求服务器回送收到的请求信息，主要用于诊断或测试。

（2）状态行。

响应报文的起始行也包括三个部分：协议类型及版本号、状态码和状态码的文字描述。各部分同样以空格字符分隔，最后以 CRLF 对结束一行。格式如下：

| 协议类型及版本号 | 空格 | 状态码 | 空格 | 状态码的文字描述 | CRLF |

状态码表示客户端 HTTP 请求的返回结果，标记服务器端的处理是否正常或者是出现的错误，它是一个三位的十进制数，具体说明如下：

① 100～199 表示信息（Informational），该代码表示接收的请求正在处理。

② 200～299 表示成功（Success），该代码表示请求正常处理完毕。

③ 300～399 表示重定向（Redirection），该代码表示需要进行附加操作以完成请求。为完成请求所要求采取的操作，客户端需要重新提出请求。

④ 400～499 表示客户端错误（Client Error），该代码表示客户端请求不合法，服务器无法处理请求。

⑤ 500～599 表示服务器错误（Server Error），该代码表示服务器不能处理合法请求。

状态码的文字描述是对状态码的文字解释。

常见的状态码及文字描述如表 8-3 所示。

表 8-3　常见的状态码及文字描述

状 态 码	文 字 描 述	说　　明
200	OK	服务器已成功处理了请求
301	Moved Permanently	永久性转移。请求的网页已永久移动到新位置
302	Moved Temporarily	短暂性转移。服务器目前从不同位置的网页响应请求，但请求者应继续使用原有位置来进行以后的请求
304	Not Modified	已缓存。自上次请求后，请求的网页未被修改过。服务器返回此响应时，不会返回网页内容
400	Bad Request	请求有语法问题，服务器不理解请求的语法
403	Forbidden	服务器拒绝请求
404	Not Found	服务器找不到请求的网页，客户端访问的页面不存在
500	Internal Server Error	服务器遇到错误，无法完成请求
503	Service Unavailable	服务器目前无法使用（由于超载或停机维护）。通常，这只是暂时状态

2. 报文首部

HTTP 报文首部包括通用首部（General-Header）、请求首部（Request-Header）、响应首部（Response-Header）和实体首部（Entity-Header）。

请求报文可以只包含通用首部、请求首部和实体首部。响应报文只包含通用首部、响应首部和实体首部。

按照 RFC 822 定义的通用格式，每个首部的形式是：

字段名称：字段值

字段名称不区分大小写。如果首部字段包含多个首部，各首部之间用回车换行分隔。

（1）通用首部。

通用首部字段 HTTP 请求和响应都可以使用。常用的通用首部如表 8-4 所示。

表 8-4　常用的通用首部

字 段 名	说　　明
Cache-Control	控制缓存的行为
Connection	浏览器使用的连接类型，是否保持连接

续表

字段名	说明
Date	报文创建的日期时间
MIME-Version	使用的 MIME 版本
Transfer-Encoding	报文的传输编码方式
Upgrade	用于检测 HTTP 协议及其他协议是否可使用更高的版本进行通信,其参数可指定一个完全不同的通信协议
Via	追踪客户端与服务器间的请求和响应报文的传输路径
Warning	告知用户一些与缓存相关的警告

(2)请求首部。

请求首部字段只能出现在 HTTP 请求报文中。常用的请求首部如表 8-5 所示。

表 8-5 常用的请求首部

字段名	说明
Accept	客户端能够处理的媒体类型及媒体类型的相对优先级
Accept-Charset	客户端支持的字符集及字符集的相对优先顺序
Accept-Encoding	客户端支持的内容编码及内容编码的优先级顺序
Accept-Language	客户端支持的自然语言及自然语言的优先级
Authorization	客户端的认证信息
From	用户的电子邮件地址
Host	请求的资源所在的互联网主机名和端口号
Cookie	先前由服务器通过 Set-Cookie 首部投放并存储到客户端的 Cookie
If-Modified-Since	浏览器端缓存页面的最后修改时间。服务器会把这个时间与服务器上实际文件的最后修改时间进行比较,如果此字段值早于资源的更新时间则服务器发送新的文件内容。否则,把本地缓存文件显示到浏览器中
Referer	当前请求页面的来源页面的地址,即当前请求的页面是通过此来源页面里的链接进入的
User-Agent	将创建请求的浏览器和用户代理名称等信息传达给服务器

(3)响应首部。

响应首部字段只能出现在 HTTP 响应报文中。常用的响应首部如表 8-6 所示。

表 8-6 常用的响应首部

字段名	说明
Accept-Range	告知客户端服务器是否能够处理范围请求
Age	告知客户端,源服务器在多久前创建了响应
Etag	资源的实体标签
Location	将响应接收方引导至某个与请求 URI 不同的 URI
Proxy-Authenticate	把代理服务器所需要的认证信息发送给客户端
Retry-After	告知客户端应该在多久之后再次发送请求
Server	告知客户端当前服务器上安装的 HTTP 服务器应用程序的信息

续表

字 段 名	说　明
Set-Cookie	服务器请求客户保存 Cookie
WWW-Authenticate	告知客户端适用于访问请求 URI 所指定资源的认证方案和带参数提示的质询

（4）实体首部。

实体首部字段主要出现在 HTTP 响应报文中，但某些包含主体的请求报文也使用这种类型的首部。常用的实体首部如表 8-7 所示。

表 8-7　常用的实体首部

字 段 名	说　明
Allow	列出了服务器能够支持的 HTTP 方法
Content-Encoding	对实体的主体部分选用的内容编码方式
Content-Language	告知客户端，实体主体使用的自然语言
Content-Length	实体主体的大小
Content-Location	报文主体返回资源对应的 URI
Content-MD5	报文主体的 MD5 摘要
Content-Range	告知客户端作为响应返回的实体的哪个部分符合范围请求
Content-Type	实体主体内对象的媒体类型
Expires	将资源失效的日期告知客户端
Last-Modified	指明资源最终修改的时间

3．空行

最后一个首部之后是一个空行，发送回车换行符，通知对方（客户端或服务器）以下不再有首部。

4．报文主体

报文主体用来承载请求和响应的实体。在客户的 HTTP 请求报文中，报文主体中存放 POST 等请求向服务器传送的数据。在服务器发出的 HTTP 响应报文中，报文主体中存放由服务器返回的客户所请求的页面。报文主体和实体主体相同，只有应用传输编码时两者才不相同。

8.2.4　HTTP 报文分析

HTTP 报文封装在 TCP 报文段中传输，服务器端使用熟知端口 80。这里以访问某 Web 网站为例，利用 Wireshark 捕获数据包，对捕获的 HTTP 请求报文和响应报文进行分析。为保证用户数据安全，对敏感数据已进行模糊处理。

1．HTTP 请求报文

如图 8-13 所示的 HTTP 请求报文中，请求行的内容分析如下：

| GET | 空格 | /xg/ | 空格 | HTTP/1.1 | 回车换行（CRLF） |

表示请求方法为 GET，请求的 URI 为 /xg/，HTTP 版本为 1.1。请求行最后的 0x0D0A 是回车换行。

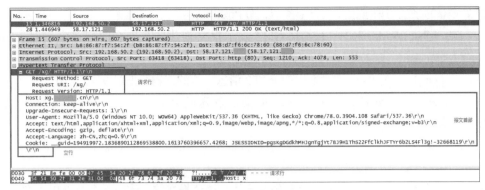

图 8-13 HTTP 请求报文

报文首部包括多个首部字段和字段值对,分析如下:

(1) Host 字段指明 Web 服务器的域名(这里没有给定端口号,将自动使用被请求服务的默认端口)。

(2) Connection: Keep-Alive 表示网络连接使用持久连接。

(3) Upgrade-Insecure-Requests: 1 表示客户端向服务器发送一个客户端对 HTTPS 加密和认证响应良好,并且可以成功处理的信号,可以请求所属网站所有的 HTTPS 资源。

(4) User-Agent 字段的值指明浏览器的类型及版本。

(5) Accept 字段的值指示客户端希望接收的数据类型,"*/*"表示可接收全部类型。

(6) Accept-Encoding: gzip, deflate 表示客户端能够处理的内容编码方式是 Gzip 和 Deflate。

(7) Accept-Language 表示客户端可以接收的语言,zh-cn 为简体中文。

(8) Cookie 字段是从客户端发送给服务器的 Cookie。

2. HTTP 响应报文

如图 8-14 所示的 HTTP 响应报文中,状态行的内容分析如下:

| HTTP/1.1 | 空格 | 200 | 空格 | OK | 回车换行(CRLF) |

HTTP/1.1 表示服务器使用 HTTP 的 1.1 版本,200 OK 表示请求处理没有发生错误。

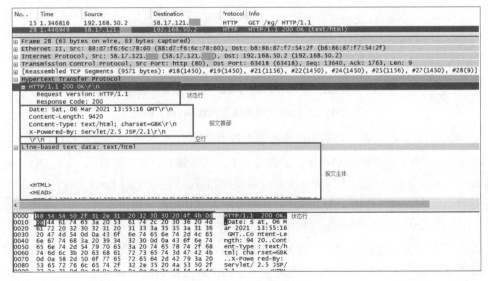

图 8-14 HTTP 响应报文

报文首部的格式与请求报文的首部类似，分析如下：

（1）Date: Sat, 06 Mar 2021 13:55:16 GMT 表示报文创建的日期和时间是世界时（GMT，Greenwich Mean Time）2021 年 3 月 6 日 13:55:16。

（2）Content-Length: 9420 表示发送的 HTTP 消息实体的传输长度是 9420 字节。

（3）Content-Type: text/html; charset=GBK 指示发送给客户端的下层数据是 GBK 编码的 HTML 文件。

（4）X-Powered-By 告知网站是用何种语言或框架编写的，X-Powered-By: Servlet/2.5 JSP/2.1 表示网站是用 Servlet 2.5 和 JSP 2.1 开发的。

报文首部后面是一个空行，接下来是报文主体，这个报文的主体是一个 HTML 文件。

8.3 远程终端协议（Telnet）

远程终端协议 Telnet 是 TCP/IP 协议族中应用层协议的一员，是 Internet 远程登录服务的标准协议和主要方式。本节将探讨 Telnet 的工作原理。

8.3.1 远程登录工作原理

Telnet 服务采用客户/服务器方式，在本地系统运行 Telnet 客户进程，而在远程主机上运行 Telnet 服务器进程。

Telnet 为用户提供了在本地计算机上完成远程主机工作的能力。在本地终端使用 Telnet 程序，用它连接到远程服务器，就可以在本地终端的 Telnet 程序中输入命令，这些命令会在远程服务器上运行，就像直接在服务器的控制台上输入一样，这样，在本地就能控制服务器。Telnet 是常用的远程控制 Web 服务器的方法。

为适应计算机和操作系统的差异，Telnet 定义了网络虚拟终端（Net Virtual Terminal，NVT）。客户端或服务器的数据和命令序列被转换成 NVT 字符集在 Internet 上传输，如图 8-15 所示。

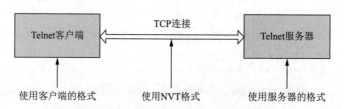

图 8-15　Telnet 使用网络虚拟终端 NVT 格式

NVT 的字符集分为数据字符集和远程控制字符集两种类型。所有的通信都使用八位字符集。在传输数据时，NVT 使用数据字符集，最高位是 0，其他低七位和 ASCII 码一致。NVT 用两个字符 CR（回车）和 LF（换行）作为标准的行结束控制符。当用户按【Enter】时，Telnet 的客户就把它转换为 CRLF 进行传输，而 Telnet 服务器要把 CRLF 转换为远地主机的行结束字符。当传输控制命令时，NVT 使用远程控制字符集，最高位置 1。

Telnet 使用传输层的 TCP 协议，服务器默认的 TCP 端口是 23。要开始一个 Telnet 会话，必须输入用户名和密码来登录服务器。远程登录服务的大致过程如下：

（1）本地的 Telnet 客户端和远程服务器建立 TCP 连接。要建立一个 TCP 连接，用户必须知道远程服务器的 IP 地址或域名。

（2）客户端的 Telnet 程序将输入的用户名和口令及后续输入的任何命令或字符转换成 NVT 格式，传送到远程服务器，该过程实际是从本地客户端向远程服务器发送 IP 数据包。

（3）远程服务器将收到的数据和命令，从 NVT 格式转换成远地系统所接收的格式。向客户端返回数据时，服务器则需把远地系统的格式转换成 NVT 格式，送回本地客户端。

（4）本地客户端将远程服务器输出的 NVT 格式的数据转换成本地所接收的格式。

（5）最后，本地终端对远程主机撤销 TCP 连接。

Telnet 的选项协商（Option Negotiation）使 Telnet 客户和 Telnet 服务器可商定使用更多的终端功能，协商的双方是平等的。

8.3.2 Telnet 命令

Telnet 命令允许与使用 Telnet 协议的远程计算机通信。Telnet 客户端使用的命令集如图 8-16 所示，这些命令实际上要转化为 NVT 远程控制字符。

在 Windows 客户端的命令提示符窗口中执行 Telnet 命令，输入"telnet IP 地址（或域名）"。

运行 Telnet 时也可以不使用参数，以便输入由 Telnet 提示符（Microsoft Telnet>）表明的 Telnet 上下文。例如，这里也可以依次输入 telnet、open、IP 地址（或域名）。

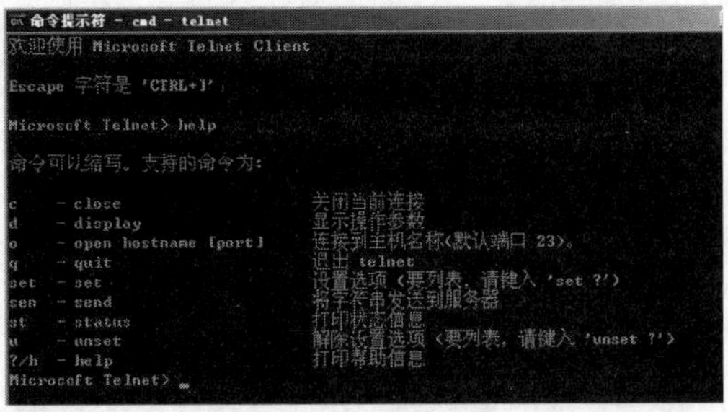

如果服务器端口关闭或者无法连接，则显示：

不能打开到主机的连接，在端口 23：连接失败；

在服务器端口打开的情况下，连接成功，则进入 Telnet 页面。

图 8-16　Telnet 命令

8.3.3 Telnet 报文分析

下面在 Telnet 远程登录过程中捕获一系列数据包，分析 Telnet 的工作过程。

本例中系统配置如下：

服务器端操作系统是 Windows Server 2003，IP 地址使用 192.168.50.1/24。

客户端操作系统是 Windows Server 2003，IP 地址使用 192.168.50.100/24。

在服务器端，选择"开始/控制面板/管理工具/服务"，启动 Telnet 服务。

启动 Wireshark 软件，选择 Capture/Options，在 Capture Filter 栏设置捕捉过滤器的过滤条件为 tcp port 23，单击 Start 按钮开始捕获数据包。在客户端打开命令提示符窗口，执行命令 telnet 192.168.50.1，连接 Telnet 服务器，登录成功，如图 8-17 所示。

在客户端命令提示符窗口输入 dir 命令，之后关闭命令提示符窗口断开连接。在 Wireshark 中单击 Stop 按钮停止捕获。客户端和 Telnet 服务器

图 8-17　连接到远程 Telnet 服务器

通信过程中，捕获的一系列数据包如图 8-18 所示。

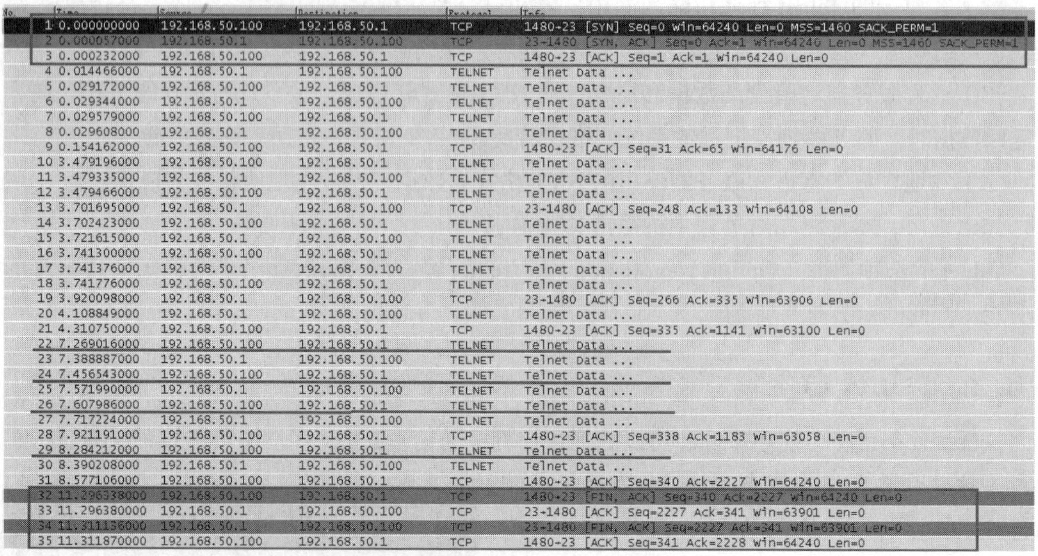

```
No.  Time           Source          Destination     Protocol  Info
1    0.000000000    192.168.50.100  192.168.50.1    TCP       1480→23 [SYN] Seq=0 Win=64240 Len=0 MSS=1460 SACK_PERM=1
2    0.000057000    192.168.50.1    192.168.50.100  TCP       23→1480 [SYN, ACK] Seq=0 Ack=1 Win=64240 Len=0 MSS=1460 SACK_PERM=1
3    0.000232000    192.168.50.100  192.168.50.1    TCP       1480→23 [ACK] Seq=1 Ack=1 Win=64240 Len=0
4    0.014466000    192.168.50.1    192.168.50.100  TELNET    Telnet Data ...
5    0.029172000    192.168.50.100  192.168.50.1    TELNET    Telnet Data ...
6    0.029344000    192.168.50.1    192.168.50.100  TELNET    Telnet Data ...
7    0.029579000    192.168.50.100  192.168.50.1    TELNET    Telnet Data ...
8    0.029608000    192.168.50.1    192.168.50.100  TELNET    Telnet Data ...
9    0.154162000    192.168.50.100  192.168.50.1    TCP       1480→23 [ACK] Seq=31 Ack=65 Win=64176 Len=0
10   3.479196000    192.168.50.100  192.168.50.1    TELNET    Telnet Data ...
11   3.479335000    192.168.50.1    192.168.50.100  TELNET    Telnet Data ...
12   3.479466000    192.168.50.100  192.168.50.1    TELNET    Telnet Data ...
13   3.701695000    192.168.50.1    192.168.50.100  TCP       23→1480 [ACK] Seq=248 Ack=133 Win=64108 Len=0
14   3.702423000    192.168.50.1    192.168.50.100  TELNET    Telnet Data ...
15   3.721615000    192.168.50.100  192.168.50.1    TELNET    Telnet Data ...
16   3.741300000    192.168.50.1    192.168.50.100  TELNET    Telnet Data ...
17   3.741376000    192.168.50.100  192.168.50.1    TELNET    Telnet Data ...
18   3.741776000    192.168.50.1    192.168.50.100  TELNET    Telnet Data ...
19   3.920098000    192.168.50.100  192.168.50.1    TCP       23→1480 [ACK] Seq=266 Ack=335 Win=63906 Len=0
20   4.108849000    192.168.50.100  192.168.50.1    TELNET    Telnet Data ...
21   4.310750000    192.168.50.1    192.168.50.100  TCP       1480→23 [ACK] Seq=335 Ack=1141 Win=63100 Len=0
22   7.269016000    192.168.50.100  192.168.50.1    TELNET    Telnet Data ...
23   7.388887000    192.168.50.1    192.168.50.100  TELNET    Telnet Data ...
24   7.456543000    192.168.50.100  192.168.50.1    TELNET    Telnet Data ...
25   7.571990000    192.168.50.1    192.168.50.100  TELNET    Telnet Data ...
26   7.607986000    192.168.50.100  192.168.50.1    TELNET    Telnet Data ...
27   7.717224000    192.168.50.1    192.168.50.100  TELNET    Telnet Data ...
28   7.921191000    192.168.50.100  192.168.50.1    TCP       1480→23 [ACK] Seq=338 Ack=1183 Win=63058 Len=0
29   8.284212000    192.168.50.100  192.168.50.1    TELNET    Telnet Data ...
30   8.390208000    192.168.50.1    192.168.50.100  TELNET    Telnet Data ...
31   8.577106000    192.168.50.100  192.168.50.1    TCP       1480→23 [ACK] Seq=340 Ack=2227 Win=64240 Len=0
32   11.296338000   192.168.50.100  192.168.50.1    TCP       1480→23 [FIN, ACK] Seq=340 Ack=2227 Win=64240 Len=0
33   11.296380000   192.168.50.1    192.168.50.100  TCP       23→1480 [ACK] Seq=2227 Ack=341 Win=63901 Len=0
34   11.311136000   192.168.50.1    192.168.50.100  TCP       23→1480 [FIN, ACK] Seq=2227 Ack=341 Win=63901 Len=0
35   11.311870000   192.168.50.100  192.168.50.1    TCP       1480→23 [ACK] Seq=341 Ack=2228 Win=64240 Len=0
```

图 8-18　Telnet 通信过程

Telnet 基于 TCP 协议，先通过三次握手建立连接。

序号为 1～3 的数据包表示这个建立连接的过程，客户端使用端口 1 480，服务器端使用熟知端口 23。

之后的一系列数据包是选项协商的过程。双方协商完成之后，开始传输数据。

客户端或服务器的数据和命令序列被转换成 NVT 字符传输。在传输数据时，NVT 最高位是 0，其他低七位和 ASCII 码一致。

序号为 22 的数据包是客户端发送的 dir 命令中的字母 d，其 ASCII 为十六进制的 64，如图 8-19 所示。

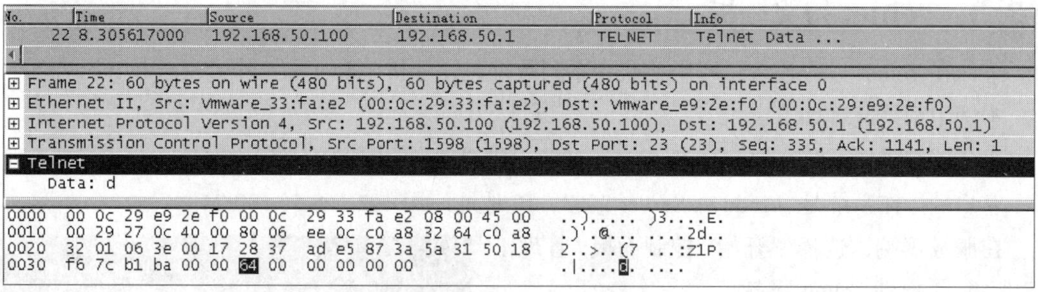

```
No.  Time           Source          Destination     Protocol  Info
22   8.305617000    192.168.50.100  192.168.50.1    TELNET    Telnet Data ...

⊞ Frame 22: 60 bytes on wire (480 bits), 60 bytes captured (480 bits) on interface 0
⊞ Ethernet II, Src: Vmware_33:fa:e2 (00:0c:29:33:fa:e2), Dst: Vmware_e9:2e:f0 (00:0c:29:e9:2e:f0)
⊞ Internet Protocol Version 4, Src: 192.168.50.100 (192.168.50.100), Dst: 192.168.50.1 (192.168.50.1)
⊞ Transmission Control Protocol, Src Port: 1598 (1598), Dst Port: 23 (23), Seq: 335, Ack: 1141, Len: 1
⊟ Telnet
   Data: d

0000   00 0c 29 e9 2e f0 00 0c  29 33 fa e2 08 00 45 00   ..).....)3....E.
0010   00 29 27 0c 40 00 80 06  ee 0c c0 a8 32 64 c0 a8   .)'.@.......2d..
0020   32 01 06 3e 00 17 28 37  ad e5 87 3a 5a 31 50 18   2..>..(7...:Z1P.
0030   f6 7c b1 ba 00 00 64 00  00 00 00 00               .|....d.....
```

图 8-19　Telnet 数据

序号为 24 的数据包是客户端发送的 dir 命令中的字母 i。

序号为 26 的数据包是客户端发送的 dir 命令中的字母 r。

序号为 29 的数据包是客户端发送的 CRLF，表示行结束，其 ASCII 为十六进制的 0D0A。

通过上述四个数据包向服务器传送了一条 dir 命令。

序号为 30 的数据包是服务器发送的数据，把当前目录下所有文件和文件夹的信息传送给客户端。

序号为 32～35 的数据包是通过四次挥手，关闭 TCP 连接，退出 Telnet 的过程。

8.4 文件传输协议（FTP）

文件传输协议（File Transfer Protocol，FTP）是用于在网络上进行文件传输的一套标准协议，在网络应用软件中具有广泛的应用。FTP 工作在 TCP/IP 模型的应用层，其下层传输协议是 TCP，是一个面向连接的协议，能够可靠高效地传送数据。

8.4.1 FTP 工作过程

FTP 基于客户/服务器模式运行。FTP 利用 TCP 建立 FTP 会话并传输文件。与一般的应用层协议不同的是，FTP 客户与服务器之间要建立双重连接（控制连接和数据连接），FTP 服务器需要监听两个端口（控制端口和数据端口）。采用命令与数据分开传送的方法，提高了传输的效率。控制连接不能完成传输数据的任务，只能用来传送 FTP 执行的内部命令以及命令的响应等控制信息；文件只能通过数据连接传输。

1. 控制连接

FTP 客户端每次调用 TCP，都会与服务器建立一个会话，该会话以控制连接来维持，直至退出 FTP。也就是说，控制连接在整个会话中一直保持。服务器的控制端口默认为 TCP 的 21 端口。FTP 仅仅在发送命令并接收响应时使用控制连接。

2. 数据连接

FTP 在控制连接建立之后，通过数据连接传输文件。客户与服务器为每个文件传输建立一个单独的数据连接。数据连接只有在传输数据时才打开，一旦传输结束就断开。

FTP 支持两种工作模式，主动模式（Active Mode）和被动模式（Passive Mode）。主动模式下，由 FTP 服务器主动发起到 FTP 客户端的数据连接；被动模式下，由 FTP 客户端发起到 FTP 服务器的数据连接，服务器被动等待与自身建立连接。这里，主动和被动是针对服务器而言的。这两种模式下均以相同的方式建立控制连接。下面对 FTP 的主动模式和被动模式做一个简单的介绍。

FTP 客户端首先打开一个临时端口向 FTP 服务器的控制端口（默认是 TCP21）发起 TCP 连接，通过三次握手建立控制连接。之后，再建立数据连接传输数据。

（1）主动模式。

① FTP 客户端在控制连接上向 FTP 服务器发送 PORT 命令，如 PORT 192,168,50,2,11,26\r\n，通知自己使用的临时数据端口。上述 PORT 命令中，以逗号分隔的前四个数字是客户端的 IP 地址 192.168.50.2。后两个数字是客户端指定用来建立数据连接的临时端口号，用倒数第二个数字乘以 256 再加上最后一个数字就是端口号，如本例中端口号是 11×256+26，即 2 842。

② FTP 服务器收到该命令后，从它自己使用的固定数据端口（默认是 TCP 20），主动连接到 FTP 客户端指定的数据端口（通过 PORT 命令指定），经过 TCP 的三次握手建立数据连接之后，开始传输数据。

（2）被动模式。

① FTP 客户端通过控制连接向 FTP 服务器发送 PASV 命令，请求进入被动模式。

② FTP 服务器收到该命令后，打开一个临时端口监听数据连接，通过控制连接向客户端返回一个 227 响应，如 227 Entering Passive Mode(127,0,0,1,202,225).\r\n，将该端口通知给 FTP 客

户端，被动等待 FTP 客户端与其建立数据连接。上述 FTP 响应中，括号中以逗号分隔的前四个数字就是服务器的 IP 地址，如本例中是 127.0.0.1。最后两个数字是服务器开放的用来建立数据连接的端口号，用倒数第二个数字乘以 256 再加上最后一个数字就是这个端口号，本例中端口号是 $202 \times 256 + 225$，即 51 937。

③ FTP 客户端打开一个临时端口，向 FTP 服务器指定的数据端口（通过 227 命令指定）发起数据连接，完成 TCP 的三次握手建立数据连接之后，开始传输数据。

出于安全考虑，FTP 客户在防火墙内访问防火墙之外的 FTP 服务器时，通常使用被动模式。

8.4.2 FTP 命令与响应

FTP 使用类似 Telnet 的方法，在控制连接上传输的 FTP 报文是 FTP 的命令和响应。FTP 客户端向服务器发送的 FTP 报文是 FTP 命令。服务器收到 FTP 命令后，执行这个命令，向客户端返回的 FTP 报文是 FTP 响应。FTP 命令和响应均以 NVT ASCII 码的形式传送，每一条命令或响应都是一个短行，以 CRLF（回车换行）对作为行结束符，用 \r\n 表示。

1. FTP 命令

每个 FTP 命令由 3～4 个字母组成，命令后面跟参数，用空格分开。FTP 命令由 FTP 客户端发向 FTP 服务器。常用的 FTP 命令有 USER、PASS、CWD、PASV、PORT、REST、RETR、STOR、QUIT 等，具体说明如表 8-8 所示。

表 8-8 常用的 FTP 命令及其说明

命　　令	说　　明
USER	指定用户名。通常是建立控制连接之后第一个发出的命令，与 PASS 连用。如 USER username\r\n，登录的用户名为 username
PASS	指定用户的密码。该命令紧跟 USER 命令后。如 PASS password\r\n，密码为 password
CWD	改变服务器当前的工作目录。如 CWD dirname\r\n
LIST	如果参数是文件名，列出文件信息；如果参数是目录，列出文件列表。如 LIST\r\n，列出当前目录下的文件列表
HELP	获取帮助信息。如 HELP\r\n
PASV	被动模式，请求服务器等待数据连接。如 PASV\r\n
PORT	主动模式，告诉服务器，客户端用于建立数据连接的 IP 地址和端口号，让 FTP 服务器主动连接客户端。如 PORT h1,h2,h3,h4,p1,p2，指定客户端的 IP 地址是 h1.h2.h3.h4，端口号是 $p1 \times 256 + p2$
REST	用于断点续传，指定从特定的偏移量重新开始传输文件。该命令并不传送文件。此命令后应该跟有其它要求文件传输的 FTP 命令如 RETR 等。如 REST 1800\r\n，告诉 FTP 服务器要从文件的 1 800 字节开始传送
RETR	从服务器下载文件。如 RETR file.txt\r\n，下载文件 file.txt
SIZE	从服务器上返回指定文件的大小。如 SIZE file.txt\r\n，如果 file.txt 文件存在，则返回该文件的大小
STOR	向服务器上传文件。如 STOR file.txt\r\n，上传文件 file.txt
QUIT	关闭与服务器的连接

2. FTP 响应

FTP 响应由 FTP 服务器发向 FTP 客户端。FTP 响应是一个字符串，包括一个响应代码和一些说明信息。

响应代码是 ASCII 码形式的三位十进制数字，主要用于判断命令是否被成功执行。其中，第一位标识响应的状态，比如响应成功、失败或不完整；第二位数字是响应类型的分类，如 2 代表跟连接有关的响应，3 代表用户认证；第三位数字提供更加详细的信息。

（1）第一位数字的含义。

1 表示预备，服务器动作已开始，在接收新命令前，还会有响应。

2 表示完成，请求的服务器动作已完成，将接收新命令。

3 表示中间状态，命令已接收，但请求操作暂时未被执行，需要客户端提供进一步的信息。

4 表示暂时拒绝，命令没有被接收，请求的操作没有执行，但这个错误状态是暂时的，客户端还可以重发命令。

5 表示永久拒绝，服务器未接收命令，请求操作不会发生，命令不可重发。

（2）第二位数字的含义。

0 表示语法。

1 表示系统状态和信息。

2 表示控制连接和数据连接的状态。

3 表示与用户认证有关的信息。

4 目前未定义。

5 表示与文件系统有关的信息。

常见的 FTP 响应代码及其说明如表 8-9 所示。

表 8-9 常见的 FTP 响应代码及其说明

响应代码	说明	响应代码	说明
110	新文件指示器上的重启标记	120	服务器准备就绪的时间（分钟数）
125	数据连接已打开，开始传输	350	文件行为暂停
150	文件状态 OK，数据连接将在短时间内打开	421	服务不可用，关闭控制连接
200	命令成功完成	425	无法打开数据连接
202	命令没有执行	426	结束连接
211	系统状态回复	450	文件不可用
212	目录状态回复	451	遇到本地错误
213	文件状态回复	452	磁盘空间不足
214	帮助信息回复	500	无效命令
215	系统类型回复	501	错误参数
220	服务就绪	502	命令没有执行
221	关闭控制连接	503	错误指令序列
225	打开数据连接	504	无效命令参数
226	该操作成功完成，数据连接已关闭	530	登录失败
227	进入被动模式（指定服务器用于建立数据连接的 IP 地址和端口号）	532	存储文件需要账号
230	用户已登录	550	文件不可用
250	请求文件操作完成	551	不知道的页类型

续表

响应代码	说　　明	响应代码	说　　明
257	路径名建立	552	超过了分配的存储空间
331	要求密码，发送用户名后，显示该代码	553	文件名不允许
332	要求账号		

8.4.3　匿名 FTP

使用 FTP 时必须首先登录，在远程主机上获得相应的权限之后，方可上传或下载文件。除非有用户账号和密码，否则无法传送文件。但是，Internet 上的 FTP 主机很多，要求每个用户在每一台主机上都拥有账号很不现实。匿名 FTP 被设计用于解决这个问题。

远程主机建立了一个名为 anonymous 的特殊用户账号，Internet 上的任何人在任何地方都可使用该用户账号下载文件，而无须成为其注册用户。匿名 FTP 要求用户在登录时输入账号 anonymous，其密码可以是任意字符串。出于安全性的考虑，远程服务器提供匿名 FTP 服务时，会指定某些目录向公众开放，允许匿名存取，系统中的其余目录则处于隐匿状态。

8.4.4　FTP 报文分析

下面在 FTP 用户登录和下载文件过程中捕获一系列数据包，分析 FTP 的工作过程。

本例中系统配置如下：

服务器端操作系统是 Windows Server 2003，IP 地址使用 192.168.50.1/24。

客户端操作系统是 Windows Server 2003，IP 地址使用 192.168.50.100/24。

1．主动模式

Windows 操作系统中，用命令行连接一个 FTP 服务器时，如果没有指定模式，默认使用主动模式。

启动 Wireshark 软件，选择 Capture/Options，在 Capture Filter 栏设置捕捉过滤器的过滤条件为 ip host 192.168.50.1 and 192.168.50.100，单击 Start 按钮开始捕获数据包。

在客户端打开命令提示符窗口，通过命令连接 FTP 服务器，账号使用 anonymous，密码为空，执行图 8-20 所示命令。在 Wireshark 软件中，单击 Stop 按钮停止捕获。

图 8-20　连接 FTP 服务器

下面对捕获到的数据包进行分析，验证主动模式 FTP 通信的过程。

（1）FTP 先通过 TCP 的三次握手建立控制连接，如图 8-21 所示。

图 8-21　主动模式 FTP 通信过程 1

序号为 1～3 的数据包表示这个基于 TCP 的控制连接的建立过程，客户端使用端口 2 400，服务器端使用熟知端口 21。

序号为 4 的数据包是一个 FTP 的 220 响应，表示服务器准备就绪。

序号为 6～10 的数据包是客户端利用 anonymous 账号登录 FTP 服务器的过程。

（2）客户端在命令提示符窗口输入命令 dir，显示当前目录的文件以及子目录列表，这个过程的数据包如图 8-22 所示。

图 8-22　主动模式 FTP 通信过程 2

序号为 12 的数据包是一个客户端发往服务器的 FTP 命令 PORT 192,168,50,100,9,97\r\n，如图 8-23 所示。这个 PORT 命令表示采用主动模式建立数据连接，客户端的 IP 地址是 192.168.50.100，客户端指定用来建立数据连接的临时端口号是 9×256+97，即 2 401。

图 8-23　FTP 命令 -PORT

序号为 13 的数据包是一个服务器发往客户端的 FTP 响应，内容为 200 PORT command successful.\r\n，如图 8-24 所示。这个 FTP 响应表示 PORT 命令成功完成。

序号为 14 的数据包是一个 FTP 命令 LIST\r\n，列出当前目录下的文件列表。

序号为 15 的数据包是一个 FTP 的 150 响应，表示文件状态 OK，将以 ASCII 码形式通过数据连接传输。

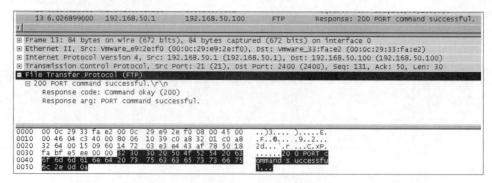

图 8-24 FTP 响应 -200

序号为 16 ～ 18 的数据包表示通过三次握手，建立基于 TCP 的 FTP 数据连接的过程，客户端端口是 2 401，服务器端口是 20。

序号为 19 的数据包表示在数据连接上进行的数据传输，这里协议标记为 FTP-DATA。

序号为 20 ～ 23 的数据包表示通过四次挥手，关闭基于 TCP 的 FTP 数据连接的过程。

序号为 25 的数据包是一个 FTP 的 226 响应，表示数据传输成功完成，数据连接已关闭。

（3）客户端在命令提示符窗口输入命令 get test.txt c:\123.txt，下载当前目录下的文件 test.txt 到本地磁盘 C 盘，重命名为 123.txt，这个过程的数据包如图 8-25 所示。

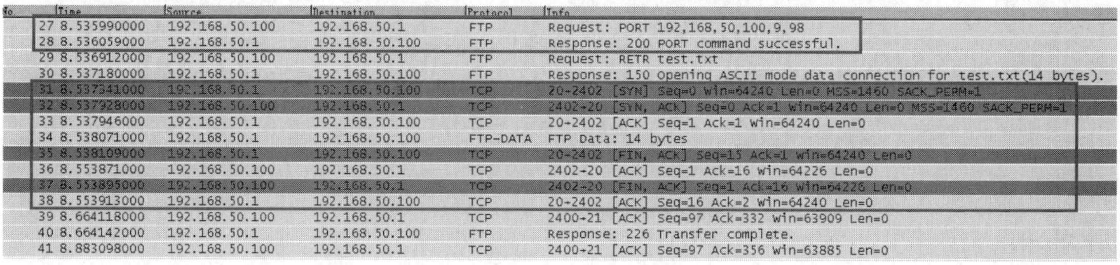

图 8-25 主动模式 FTP 通信过程 3

序号为 27 的数据包是 FTP 命令 PORT 192,168,50,100,9,98\r\n，表示采用主动模式建立数据连接，客户端的 IP 地址是 192.168.50.100，客户端的临时端口号是 9×256+98，即 2 402。

序号为 28 的数据包是一个 FTP 的 200 响应，表示 PORT 命令成功完成。

序号为 29 的数据包是一个 FTP 命令 RETR test.txt\r\n，从服务器下载文件 test.txt。

序号为 30 的数据包是一个 FTP 的 150 响应，表示文件状态 OK，数据连接将在短时间内打开。

序号为 31 ～ 33 的数据包表示通过三次握手，建立另一个新的基于 TCP 的 FTP 数据连接的过程，客户端端口是 2402，服务器端口是 20。

序号为 34 的数据包表示在数据连接上进行的数据传输。

序号为 35 ～ 38 的数据包表示通过四次挥手，关闭基于 TCP 的 FTP 数据连接的过程。

序号为 40 的数据包是一个 FTP 的 226 响应，表示数据传输成功完成，数据连接已关闭。

（4）控制连接关闭的过程如图 8-26 所示。

序号为 42 的数据包是一个 FTP 命令 QUIT\r\n，表示关闭与 FTP 服务器的连接。

序号为 43 的数据包是一个 FTP 的 221 响应，表示关闭控制连接。

序号为 44 ～ 47 的数据包是通过四次挥手，关闭基于 TCP 的 FTP 控制连接的过程。

第 8 章　应用层协议

图 8-26　主动模式 FTP 通信过程 4

如图 8-27 所示，设置 Wireshark 显示过滤器的过滤条件为 ftp or ftp-data，显示所有 FTP 数据包，反映了主动模式 FTP 通信的大致过程。

图 8-27　主动模式 FTP 通信过程 5

2. 被动模式

在客户端计算机上打开 IE 浏览器，单击"工具 -Internet 选项"，选择"高级"选项卡，设置 FTP 的工作模式为"使用被动 FTP"，如图 8-28 所示。使用 IE 内核的浏览器，默认采用被动 FTP 模式。

启动 Wireshark 软件，选择 Capture/Options，在 Capture Filter 栏设置捕捉过滤器的过滤条件为 ip host 192.168.50.1 and 192.168.50.100，单击 Start 按钮开始捕获数据包。

在客户端的浏览器地址栏中输入 ftp://192.168.50.1，访问 FTP 服务器。单击 Stop 按钮停止捕获，分析捕获到的数据包。

（1）被动模式和主动模式以相同的方式建立控制连接。FTP 先通过 TCP 的三次握手建立控制连接，如图 8-29 所示。

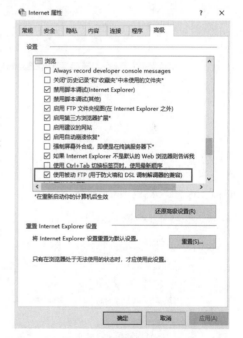

图 8-28　使用被动 FTP

图 8-29　被动模式 FTP 通信过程 1

序号为 1～3 的数据包是这个基于 TCP 的控制连接的建立过程，客户端使用端口 2 579，服务器端使用熟知端口 21。

序号为 4 的数据包是一个 FTP 响应，表示服务器准备就绪。

序号为 5～8 的数据包是客户端利用 anonymous 账号登录 FTP 服务器的过程。

（2）FTP 客户端可以向服务器发送 PASV 命令，请求进入被动模式。被动模式 FTP 通信过程如图 8-30 所示。

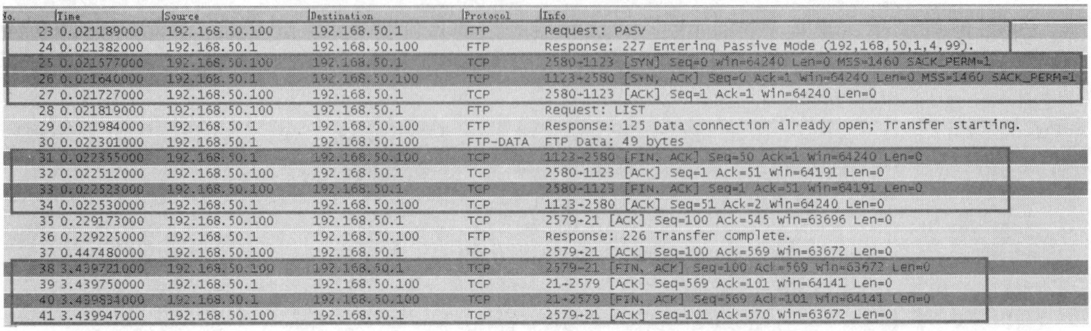

图 8-30 被动模式 FTP 通信过程 2

序号为 23 的数据包是一个客户端发往服务器的 FTP 命令 PASV\r\n，表示进入被动模式，请求服务器等待数据连接，报文详细内容如图 8-31 所示。

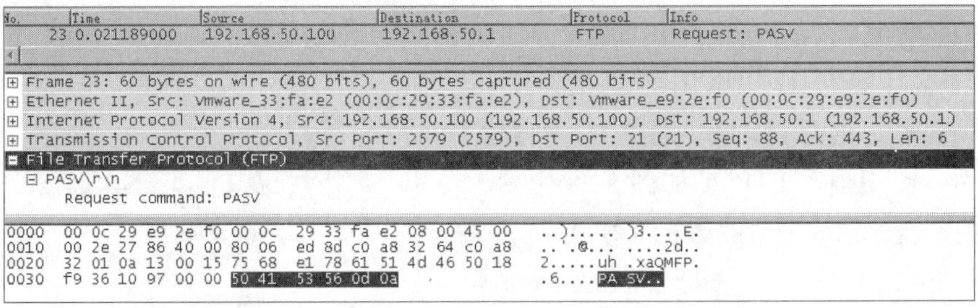

图 8-31 FTP 命令 -PASV

序号为 24 的数据包是一个服务器发往客户端的 FTP 响应 227 Entering Passive Mode (192,168,50,1,4,99).\r\n，表示服务器的 IP 地址是 192.168.50.1，服务器开放的用来建立数据连接的端口号是 4×256+99，即 1 123，报文详细内容如图 8-32 所示。

图 8-32 FTP 响应 -227

序号为 25～27 的数据包表示一个数据连接的建立过程，客户端使用临时端口 2 580，服务器端使用 227 响应中指定的端口 1 123。

序号为 28 的数据包是一个 FTP 命令 LIST\r\n，列出当前目录下的文件列表。

序号为 29 的数据包是一个 FTP 的 125 响应，表示数据连接已打开，开始传输。

序号为 30 的数据包表示在数据连接上进行的数据传输。

序号为 31～34 的数据包表示通过四次挥手，关闭基于 TCP 的 FTP 数据连接的过程。

序号为 36 的数据包是一个 FTP 的 226 响应，表示数据传输成功完成，数据连接已关闭。

（3）FTP 控制连接通过 TCP 的四次挥手关闭。

序号为 38～41 的数据包是关闭控制连接的过程。

8.5 邮件传输协议

电子邮件服务（E-mail 服务）是目前最常见、应用最广泛的互联网服务之一。通过电子邮件，用户可以与 Internet 上的任何人交换信息。

简单邮件传输协议（Simple Mail Transfer Protocol，SMTP）是用于传送邮件的标准协议，邮局协议第 3 版（Post Office Protocol version3，POP3）和因特网邮件访问协议（Internet Message Access Protocol，IMAP）是用于收取邮件的标准协议，多用途因特网邮件扩展（Multipurpose Internet Mail Extensions，MIME）是目前广泛应用的一种电子邮件技术规范。

本节主要介绍电子邮件系统采用的相关协议。

8.5.1 电子邮件的发送和接收过程

一般情况下，一封电子邮件的发送需要经过用户代理、客户端邮件服务器和服务器端邮件服务器三个程序的参与，并至少需要两个邮件协议，使用 SMTP 发送邮件，使用 POP3 或 IMAP 收取邮件。电子邮件的传送过程如图 8-33 所示。

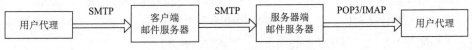

图 8-33　电子邮件的传送过程

当用户发送电子邮件时，首先发送方的用户代理利用 SMTP 将邮件发送到客户端邮件服务器，客户邮件服务器收到邮件后，将它保存在自身的缓冲队列中。

客户端邮件服务器根据邮件的地址，查询到服务器端邮件服务器（利用 DNS 服务实现），通过 SMTP 将邮件传送到服务器端邮件服务器。

服务器端邮件服务器接收到邮件之后，将其存储在本地缓冲区，直到邮件接收方用户代理通过 POP3 或 IMAP 连接到邮箱所在的服务器，通过身份验证后，收取和阅读邮件。

随着 WWW 技术的推广应用，利用浏览器和提供邮箱服务的网站进行邮件收发逐渐成为新的模式。用户可通过浏览器登录邮箱，收发邮件。例如，用户 user2021@126.com 可在网页上收发邮件，邮件发送的大致过程如下：

（1）用户 user2021@126.com 在 https://mail.126.com 页面上输入用户名和密码登录邮箱。

（2）邮件编辑完成点击"发送"后，在 126 网站的邮件页面上填写的相应信息（如收信人邮箱、主题、邮件内容等），通过 HTTP 协议被提交给 126 服务器。

（3）126 服务器将根据这些信息组装一封符合邮件规范的邮件。

（4）smtp.126.com 通过 SMTP 协议将这封邮件发送到接收端邮件服务器。

可以看出，通过浏览器发送邮件只是把用户代理的功能直接放到邮件服务器上去做，邮件服务器间发送邮件还是采用 SMTP 协议。

8.5.2 电子邮件信息的格式

每封邮件都由两个部分组成：首部（Header）和主体（Body）。RFC 822 定义了电子邮件的标准格式，RFC 2822 对邮件消息格式作了进一步完善。

首部用于提供邮件的传递信息，如邮件的发送方、接收方、主题等。首部由多行构成，每个首部行的格式均为"关键字 : 具体内容"。

主体是邮件的正文部分，由用户自行撰写，可以包含任意文本。

邮件首部和主体之间以一个空行进行分隔。

下面是一个电子邮件信息的实例。这封邮件的主体部分只有一行"This is a test mail."文本。

```
From: attacker2020@360.cn
To: university@360.cn
Subject: Test

This is a test mail.
```

8.5.3 简单邮件传输协议（SMTP）

SMTP 是一种 TCP 协议支持的用于传送电子邮件的应用层协议，由 RFC 2821 定义，它帮助每台计算机在发送或中转信件时找到下一个目的地。SMTP 服务器在传递邮件时，会把一些相关信息增加到邮件的邮件首部中，类似于现实生活中邮局在处理邮件时，通常会在信封上加盖邮戳，表示这封邮件在什么时候经过了哪个邮局和由哪个工作人员经手处理。SMTP 服务器按从下往上的方式添加各个字段，即先添加的字段位于后添加的字段的下面。

SMTP 基于客户/服务器模式，服务器端默认使用 TCP 25 端口。完整的 SMTP 通信包括建立连接、邮件传送和释放连接三个阶段。TCP 连接建立之后，在连接上传送一组 SMTP 命令和响应。SMTP 命令由 SMTP 客户端产生，发送到 SMTP 服务器。SMTP 响应由 SMTP 服务器发送给 SMTP 客户端，对 SMTP 命令进行回应。

SMTP 的命令和响应都是基于文本，以命令行为单位，换行符为 CRLF。

SMTP 的命令不多，它的一般形式是：COMMAND<SP>[Parameter]<CRLF>。其中，COMMAND 是 ASCII 形式的命令名，SP 表示空格，Parameter 是相应的命令参数，CRLF 是回车换行符（0DH，0AH）。SMTP 命令不区分大小写，但参数区分大小写。SMTP 的主要命令及说明如表 8-10 所示。

表 8-10 SMTP 的主要命令及说明

SMTP 命令	说 明
EHLO<SP>[domain]<CRLF>	此命令是 SMTP 邮件发送程序与 SMTP 邮件接收程序建立连接后必须发送的第一条 SMTP 命令，客户端向服务器端标识自己的身份。参数 <domain> 表示 SMTP 邮件发送者的主机名，EHLO 命令用于替代传统 SMTP 协议中的 HELO 命令

续表

SMTP 命令	说　明
AUTH\<SP>[para]\<CRLF>	如果 SMTP 邮件接收程序需要 SMTP 邮件发送程序进行认证时，它会向 SMTP 邮件发送程序提示它所采用的认证方式，SMTP 邮件发送程序接着应该使用这个命令回应 SMTP 邮件接收程序，参数 \<para> 表示回应的认证方式，通常是 SMTP 邮件接收程序先前提示的认证方式
MAIL\<SP>FROM:[reverse-path]\<CRLF>	用于指定邮件发送者的邮箱地址，参数 \<reverse-path> 表示发件人的邮箱地址（可以不是自己的邮箱地址，可以伪装）
RCPT\<SP>TO:[forword-path]\<CRLF>	用于指定邮件接收者的邮箱地址，参数 \<forward-path> 表示接收者的邮箱地址。如果邮件要发送给多个接收者，那么应使用多条 RCPT\<SP>TO 命令来分别指定每一个接收者的邮箱地址
DATA\<CRLF>	用于表示 SMTP 邮件发送程序准备开始传送邮件内容，在这个命令后面发送的所有数据都将被当作邮件内容，直至遇到 \<CRLF>. \<CRLF> 标识符，则表示邮件内容结束
QUIT\<CRLF>	表示要结束邮件发送过程，SMTP 邮件接收程序接收到此命令后，将关闭与 SMTP 邮件发送程序的网络连接

响应信息一般只有一行，由一个三位数的代码开始，后面可附上很简短的文字说明。SMTP 的响应代码及说明如表 8-11 所示。

表 8-11　SMTP 的响应代码及说明

响应代码	说　明	响应代码	说　明
211	系统状态或系统帮助响应	452	系统存储不足，请求的操作未执行
214	帮助信息	454	临时认证失败，可能账号被临时冻结
220	〈domain〉服务就绪	501	参数格式错误
221	〈domain〉服务关闭	502	命令不可实现
235	用户验证成功	503	错误的命令序列
250	请求的邮件操作完成	504	命令参数不可实现
251	用户非本地，报文将被转发	535	用户验证失败
334	等待用户输入验证信息	550	请求的邮件操作未完成，邮箱不可用
354	开始邮件输入，以 \<CRLF>.\<CRLF> 结束	551	用户非本地，请尝试〈转发路径〉
421	〈domain〉服务未就绪，关闭传输通道	552	超出存储分配空间，请求的操作未执行
450	请求的邮件操作未完成，邮箱不可用	553	邮箱名不可用，请求的操作未执行
451	放弃请求的操作，处理过程中出错	554	操作失败

SMTP 基本工作流程如下：

（1）SMTP 客户端和 SMTP 服务器建立 TCP 连接，由客户端发起连接请求。

（2）连接建立后，服务器向客户发送响应报文，其响应代码为 220，表示服务准备就绪。

（3）客户端收到响应报文后，发送 EHLO 命令，启动客户端和服务器之间的 SMTP 会话。

（4）服务器发送响应报文，其响应代码是 250，通知客户端"请求的邮件操作完成"。

（5）客户端通过 AUTH 命令选择认证方式。

（6）服务器发送响应代码 334，等待用户输入验证信息；用户输入验证信息后，服务器发送响应代码 235，表示用户验证成功。

（7）客户端通过 MAIL FORM 命令向服务器发送发信人的邮箱地址。

（8）服务器响应代码 250，表示请求命令完成。

（9）客户端通过 RCPT TO 命令向服务器发送收件人的邮箱地址，可以有多个 RCPT 行。

（10）服务器响应代码 250，表示请求命令完成。

（11）协商结束，客户端发送 DATA 命令表示准备开始传送邮件内容。

（12）服务器响应代码 354，表示可以进行邮件传输。

（13）客户端向服务器传送数据，以 <CRLF>.<CRLF> 表示邮件内容结束。

（14）传输完成，服务器响应代码 250，表示请求命令完成。

（15）客户端发送 QUIT 命令，终止连接。

（16）服务器响应代码 221，表示 SMTP 服务关闭，结束会话。

（17）客户端和服务器关闭 TCP 连接。

8.5.4 邮件读取协议 POP3 和 IMAP

1. POP3

POP3 主要用于支持使用客户端远程管理在服务器上的电子邮件，由 RFC 1939 定义。旧的 POP 协议支持离线邮件处理，不能在线操作。电子邮件被发送到服务器上，邮件客户端调用邮件客户程序以连接服务器，并下载所有未阅读的电子邮件至本地。一旦邮件发送到客户端，服务器上的邮件将会被删除。POP3 是改进的协议，支持离线进行邮件处理，而且 POP3 邮件服务器大都可以"只下载邮件，服务器端并不删除"。

POP3 基于传输层的 TCP 协议，使用客户/服务器的工作方式，服务器端默认侦听 TCP110 端口。在客户端和服务器之间建立 TCP 连接之后，在连接上传送 POP3 命令和响应。

POP3 的命令不多，它的一般形式是：COMMAND<SP>[Parameter]<CRLF>。其中，COMMAND 是 ASCII 形式的命令名，对大小写不敏感，SP 表示空格，Parameter 是相应的命令参数，CRLF 是回车换行符（0DH，0AH）。POP3 常用命令及说明如表 8-12 所示。

表 8-12　POP3 常用命令及说明

POP3 命令	说　明
USER<SP>[username]<CRLF>	此命令是 POP3 客户端程序与 POP3 邮件服务器建立连接后通常发送的第一条命令，为用户身份确认提供用户名，参数 username 表示收件人的用户名
PASS<SP>[password]<CRLF>	此命令是在 USER 命令成功通过后，POP3 客户端程序接着发送的命令，它用于传递用户的密码，参数 password 表示用户的密码
APOP<SP>[name,digest]<CRLF>	用于替代 user 和 pass 命令，它以 MD5 数字摘要的形式向 POP3 邮件服务器提交用户名和密码。digest 是 MD5 消息摘要
STAT<CRLF>	请求服务器发回邮箱中的统计信息，如邮箱中的邮件数量和邮件占用的字节数等
UIDL<SP>[msg#]<CRLF>	用于查询邮件的唯一标志符，参数 msg# 表示邮件的序号，是一个从 1 开始编号的数字。POP3 会话的每个标识符都是唯一的
LIST<SP>[msg#]<CRLF>	用于列出邮箱中的邮件信息，参数 msg# 是一个可选参数，表示邮件的序号。当不指定参数时，POP3 服务器列出邮箱中所有的邮件信息，如邮件数量和每个邮件的大小；当指定参数 msg# 时，POP3 服务器只返回序号对应的邮件信息

续表

POP3 命令	说　明
RETR<SP>[msg#]<CRLF>	用于获取由参数标识的邮件的内容，参数 msg# 表示邮件的序号
DELE<SP>[msg#]<CRLF>	用于在邮件上设置删除标记，参数 msg# 表示邮件的序号。POP3 服务器执行 DELE 命令时，只是为邮件设置了删除标记，并没有真正把邮件删除掉，只有 POP3 客户端发出 QUIT 命令后，POP3 服务器才会真正删除所有设置了删除标记的邮件
REST<CRLF>	清除所有邮件的删除标记，用于撤销 DELE 命令
TOP<SP>[msg#]<SP>[n]<CRLF>	用于获取由参数标识的邮件的首部和主体中的前 n 行内容，参数 msg# 表示邮件的序号，参数 n 表示要返回邮件的前几行内容
NOOP<CRLF>	用于检测 POP3 客户端与 POP3 服务器的连接情况
QUIT<CRLF>	表示要结束邮件接收过程，POP3 服务器接收到此命令后，将删除所有设置了删除标记的邮件，并关闭与 POP3 客户端程序的网络连接

服务器响应是由一个单独的命令行或多个命令行组成，以 CRLF 结束。响应第一行以"+OK"或"-ERR"开头，然后再加上一些 ASCII 文本。"+OK"和"-ERR"分别指出相应的操作状态是成功还是失败。

POP3 协议的工作原理如下：

（1）客户端通过三次握手与邮件服务器建立 TCP 连接，服务器利用 TCP 110 端口。

（2）客户端使用 USER 命令将邮箱的用户名传给 POP3 服务器。

（3）客户端使用 PASS 命令将邮箱的密码传给 POP3 服务器。

（4）完成用户认证后，客户端使用 STAT 命令请求服务器返回邮箱的统计资料。

（5）客户端使用 LIST 命令列出服务器里邮件的数量。

（6）客户端使用 RETR 命令接收邮件，接收一封后便使用 DELE 命令将邮件服务器中的邮件置为删除状态。客户端也可以设定将邮件在邮件服务器上保留备份，而不将其删除。

（7）客户端发送 QUIT 命令，邮件服务器将置为删除标志的邮件删除，连接结束。或客户端和服务器的连接被意外中断而直接退出。

在这个过程中，服务器收到客户端的命令后，解析命令做出相应动作，并返回给客户端一个响应。

2．IMAP

IMAP 用于从本地邮件客户端访问远程服务器上的邮件，是一个应用层协议，当前的权威定义是 RFC3501。IMAP 基于客户／服务器模式，运行在 TCP/IP 协议之上，服务器端默认监听 TCP143 端口。它与 POP3 协议的主要区别是用户可以不用把所有的邮件全部下载，可以通过客户端直接对服务器上的邮件进行操作。

8.5.5　MIME

随着互联网的迅猛发展，人们已不满足于电子邮件仅仅是用来交换文本信息，而希望在电子邮件中嵌入图片、声音、动画和附件等二进制数据。但以往的 RFC 822 和 RFC 2822 只定义简单的 ASCII 编码的邮件格式，邮件主体不允许使用七位 ASCII 字符集以外的字符。针对这个问题，人们后来专门定义了 MIME。MIME 定义了非 ASCII 码数据的编码规则，邮件中如果包含图像、中文字符之类的二进制数据，先通过特殊的编码方式转换成 ASCII 字符。

MIME 增加了新的邮件首部字段，其中，Content-Type 字段说明了邮件主体使用的数据类型，以 type/subtype 的形式出现，如 text/plain。内容类型（type）包括 text、image、audio、video、application、message 和 multipart，分别表示文本、图片、音频、视频、应用程序、消息和组合结构。每个内容类型下面包括多个子类型（subtype），例如，text 类型有 plain、html、CSS 等子类型。

multipart 类型用于表示 MIME 组合消息，它是 MIME 中最重要的一种类型。常见的 multipart 类型有 multipart/mixed、multipart/related 和 multipart/alternative。multipart 类型的邮件主体被分为多个子报文，每个子报文又包含首部和主体两部分，子报文可以有自己的类型和编码。multipart 诸类型的共同特征是，在邮件首部用"boundary="指定一个参数字符串，邮件主体内的每个子报文以此串分隔。所有的子报文都以"-- 参数字符串"行开始，邮件主体以"-- 参数字符串 --"行结束。子报文之间以空行分隔。

下面是一个 MIME 邮件的例子，它包含一段纯文本信息（text/plain）和一张 TIFF 格式的图片（image/tiff）。

From: attacker2020@360.cn

To: university@360.cn

Subject: Test

Mime-Version: 1.0

Content-Type: multipart/mixed; boundary="boundaryofsubmessage"

--boundaryofsubmessage

Content-Type: text/plain

Content-Transfer-Encoding: 7bit

This is a test mail.

--boundaryofsubmessage

Content-Type: image/tiff

Content-Transfer-Encoding: base64

…

--boundaryofsubmessage--

MIME 的 Content-Transfer-Encoding 字段定义了邮件内容在传送过程中的编码方式。MIME 可以在邮件中附加多种不同编码的文件，实现在一封邮件中同时传送文本、图像、音频、视频等多种类型的数据。MIME 邮件可在现有的电子邮件程序和协议下传送。万维网使用的 HTTP 协议也使用了 MIME 的框架。

8.6 动态主机配置协议（DHCP）

动态主机配置协议（Dynamic Host Configuration Protocol，DHCP）是在引导协议（Bootstrap Protocol，BOOTP）基础上发展起来的协议，是一个局域网的网络协议，使客户机能够在TCP/IP 网络上获得相关的主机配置信息，如 IP 地址、子网掩码和默认网关、DNS 服务器的 IP 地址等。DHCP 是 TCP/IP 模型应用层的协议，采用客户/服务器模式，基于 UDP 协议，使用 67（DHCP 服务器端）和 68（DHCP 客户端）两个端口。546 端口用于 DHCPv6 客户端，是为 DHCP failover 服务的，DHCP failover 是用来做"双机热备"的。

8.6.1 DHCP 报文种类

DHCP 一共有八种报文，分别为 DHCP Discover、DHCP Offer、DHCP Request、DHCP ACK、DHCP NAK、DHCP Release、DHCP Decline、DHCP Inform，其基本功能如表 8-13 所示。

表 8-13 DHCP 报文类型

报文类型	说 明
DHCP Discover	DHCP 客户端在请求 IP 地址时并不知道 DHCP 服务器的位置，因此 DHCP 客户端会在本地网络内以广播方式发送 Discover 请求报文，以发现网络中的 DHCP 服务器。Discover 报文提供有客户端的 MAC 地址和计算机名，便于 DHCP 服务器确定是哪个客户端发送的请求。所有收到 Discover 报文的 DHCP 服务器都会发送应答报文，DHCP 客户端据此可以知道网络中存在的 DHCP 服务器的位置
DHCP Offer	网络中所有接收到 Discover 报文的 DHCP 服务器都会以 Offer 报文响应客户端。服务器会在其所配置的地址池中查找一个合适的 IP 地址，加上相应的租约期限和其他配置信息（如网关、DNS 服务器等），构造一个 Offer 报文，发送给 DHCP 客户端，告知用户本服务器可以为其提供 IP 地址。分配地址时服务器应当设法确认所提供的 IP 地址未被其他客户端使用
DHCP Request	DHCP 客户端可能会收到多个 Offer 报文，所以必须在这些应答中选择一个。通常是选择收到的第一个 Offer 应答报文的服务器作为自己的目标服务器，并向该服务器发送一个广播的 Request 请求报文，通告选择的服务器，希望获得所分配的 IP 地址。另外，DHCP 客户端在成功获取 IP 地址后，在地址使用租期达到 50% 时，会向 DHCP 服务器发送单播的 Request 请求报文请求更新租约，如果没有收到 ACK 报文，在租期达到 87.5% 时，会再次发送广播的 Request 请求报文以请求更新租约。如果成功，则租期相应向前延长，如果没有，则客户机继续使用这个 IP 地址，使用租期一到，客户机应自动放弃使用这个 IP 地址，并返回到初始启动状态，再次发送 Discover 请求报文以重新获取 IP 地址租约
DHCP ACK	DHCP 服务器收到 Request 请求报文后，根据 Request 报文中携带的用户 MAC 来查找有没有相应的租约记录，如果有则响应 ACK 报文，在选项字段中增加 IP 地址使用租期选项，通知用户可以使用分配的 IP 地址
DHCP NAK	如果 DHCP 服务器收到 Request 请求报文后，没有发现有相应的租约记录或者由于某些原因无法正常分配 IP 地址，则向 DHCP 客户端发送 NAK 应答报文，通知用户无法分配合适的 IP 地址
DHCP Release	当 DHCP 客户端不再需要使用分配的 IP 地址时，就会主动向 DHCP 服务器发送 RELEASE 请求报文，告知服务器用户不再需要分配的 IP 地址，请求 DHCP 服务器释放对应的 IP 地址
DHCP Decline	DHCP 客户端收到 DHCP 服务器 ACK 应答报文后，通过地址冲突检测发现服务器分配的地址冲突或者由于其他原因导致不能使用，则会向 DHCP 服务器发送 Decline 请求报文，通知服务器所分配的 IP 地址不可用，以期获得新的 IP 地址

续表

报文类型	说　明
DHCP Inform	DHCP 客户端如果需要从 DHCP 服务器端获取更为详细的配置信息，则向 DHCP 服务器发送 Inform 请求报文；DHCP 服务器在收到该报文后，根据租约查找到相应的配置信息后，向 DHCP 客户端发送 ACK 应答报文。目前此类型的报文基本上不用了

8.6.2　DHCP 报文格式

DHCP 的八种报文的格式是相同的，不同类型的报文只是报文中的某些字段的取值不同。DHCP 报文格式如图 8-34 所示。

操作码(1字节)	硬件类型(1字节)	硬件地址长度(1字节)	跳数(1字节)
事务标识(4字节)			
秒数(2字节)		标志(2字节)	
客户端IP地址(4字节)			
你的IP地址(4字节)			
服务器IP地址(4字节)			
网关IP地址(4字节)			
客户端硬件地址(16字节)			
服务器主机名(64字节)			
配置文件名(128字节)			
选项(长度可变)			

图 8-34　DHCP 报文格式

DHCP 报文中各字段的含义如表 8-14 所示。

表 8-14　DHCP 报文各字段说明

字　段	字　节	说　明
操作码	1	报文的操作类型，1：客户端发往服务器的请求报文，2：服务器发往客户端的响应报文。请求报文包括 DHCP Discover、DHCP Request、DHCP Decline、DHCP Release 和 DHCP Inform。 响应报文包括 DHCP Offer、DHCP ACK 和 DHCP NAK
硬件类型	1	硬件地址类型，1 为最常见的以太网的硬件类型
硬件地址长度	1	硬件地址长度，以字节为单位，以太网的硬件地址长度为 6
跳数	1	DHCP 报文经过的 DHCP 中继的数目。客户端将该字段置为 0，DHCP 请求报文每经过一个 DHCP 中继，该字段加 1
事务标识	4	客户端通过 DHCP Discover 报文发起一次 IP 地址请求时选择的随机数。用来标识一次 IP 地址请求过程。在一次请求中所有报文的事务标识都是一样的
秒数	2	DHCP 客户端从获取到 IP 地址或者续约过程开始到现在所消耗的时间，以秒为单位。在没有获得 IP 地址前该字段始终为 0
标志	2	目前只使用第 1 位作为广播标志，用来标识 DHCP 服务器响应报文是采用单播还是广播发送，0 表示采用单播发送方式，1 表示采用广播发送方式。其余位未用，全部置为 0
客户端 IP 地址	4	仅在 DHCP 服务器发送的 ACK 报文中显示，在其他报文中均显示 0，因为在得到 DHCP 服务器确认前，DHCP 客户端是还没有分配到 IP 地址的。此字段仅当用户处于 BOUND、RENEW 或 REBINDING 状态和能够响应 ARP 请求时，才将分配的 IP 地址填入此字段

续表

字段	字节	说明
你的 IP 地址	4	DHCP 服务器分配给客户端的 IP 地址。仅在 DHCP 服务器发送的 Offer 和 ACK 报文中显示，其他报文中显示为 0
服务器 IP 地址	4	下一个为 DHCP 客户端分配 IP 地址等信息的 DHCP 服务器 IP 地址。仅在 DHCP Offer、DHCP ACK 报文中显示，其他报文中显示为 0（用于 BOOTP 过程中的 IP 地址）
网关 IP 地址	4	DHCP 客户端发出请求报文后经过的第一个 DHCP 中继的 IP 地址。如果没有经过 DHCP 中继，则显示为 0
客户端硬件地址	16	DHCP 客户端的硬件地址。在每个报文中都会显示对应 DHCP 客户端的硬件地址
服务器主机名	64	为 DHCP 客户端分配 IP 地址的 DHCP 服务器名称（DNS 域名格式）。在 Offer 和 ACK 报文中显示发送报文的 DHCP 服务器名称，其他报文显示为 0
配置文件名	128	DHCP 服务器为 DHCP 客户端指定的启动配置文件名称及路径信息。仅在 DHCP Offer 报文中显示，其他报文中显示为空
选项	可变	可选的参数字段，格式为"代码 + 选项值长度 + 选项值"

DHCP 报文部分可选的选项如表 8-15 所示。其中，代码为 53 的选项专门用于描述 DHCP 报文类型，选项值 1～8 分别对应 DHCP 的八种报文类型。

表 8-15　DHCP 报文部分可选的选项

代码	选项值长度（字节）	说明
0		单字节选项，用于填充，保证后续字段按字边界对齐
1	4	子网掩码
3	长度可变，必须是 4 个字节的整数倍	默认网关（可以是一个路由器 IP 地址列表）
6	长度可变，必须是 4 个字节的整数倍	DNS 服务器地址（可以是一个 DNS 服务器 IP 地址列表）
51	4	IP 地址的租用时间（以秒为单位）
53	1	DHCP 报文类型（八种），选项值、含义与方向说明如下： 1：DHCP Discover（客户端→服务器） 2：DHCP Offer（服务器→客户端） 3：DHCP Request（客户端→服务器） 4：DHCP Decline（客户端→服务器） 5：DHCP ACK（服务器→客户端） 6：DHCP NAK（服务器→客户端） 7：DHCP Release（客户端→服务器） 8：DHCP Inform（客户端→服务器）
58	4	续约时间
255		单字节选项，表示选项的结束

8.6.3　DHCP 报文分析

本节通过抓取客户端获得 DHCP 服务器分配的 IP 地址这一过程的数据包，对 DHCP 报文进行分析。步骤如下：

配置 DHCP 服务器的 IP 地址为：192.168.50.1/24。

客户端的 IP 地址设置为：自动获得 IP 地址。

在客户端的命令提示符窗口中输入：

`ipconfig/release` ---- 释放由 DHCP 分配的动态 IP 地址

启动 Wireshark，选择 Capture/Options，在 Capture Filter 栏设置捕捉过滤器的过滤条件为 udp port 67 or udp port 68，单击 Start 按钮开始捕获数据包。

在客户端的命令提示符窗口中输入：

`ipconfig/renew` ---- 为适配器重新分配 IP 地址
`ipconfig/all` ---- 显示网络适配器的完整 TCP/IP 配置信息

命令执行结果显示已成功为适配器分配了 IP 地址。

在 Wireshark 软件中，单击 Stop 按钮停止捕获。

下面对这个 IP 地址请求的过程进行分析。

1. DHCP Discover 报文

客户端发送 DHCP Discover 报文，向服务器申请 IP 地址。如图 8-35 所示，序号为 1 的数据包是一个 DHCP Discover 报文，提供有客户端的 MAC 地址和计算机名，便于 DHCP 服务器识别。此时客户端不知道服务器地址，广播发送 Discover 报文。

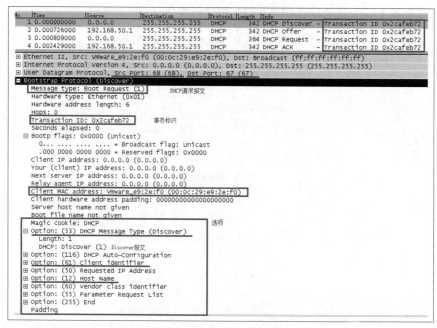

图 8-35 DHCP Discover 报文

2. DHCP Offer 报文

DHCP 服务器收到 DHCP Discover 报文之后，向客户端响应 DHCP Offer 报文。如图 8-36 所示，序号为 2 的数据包是一个 DHCP Offer 报文，服务器为客户端的 MAC 分配 IP 地址，并为这个 IP 地址携带了一些选项。从这个包可以看出，服务器分配的 IP 地址是 192.168.50.2。

3. DHCP Request 报文

客户端收到 DHCP Offer 报文之后，向服务器发送 DHCP Request 报文，确认使用这个 IP 地址。如图 8-37 所示，序号为 3 的数据包是一个 DHCP Request 报文，从这个包可以看出，客户端请求的 IP 地址是 192.168.50.2。

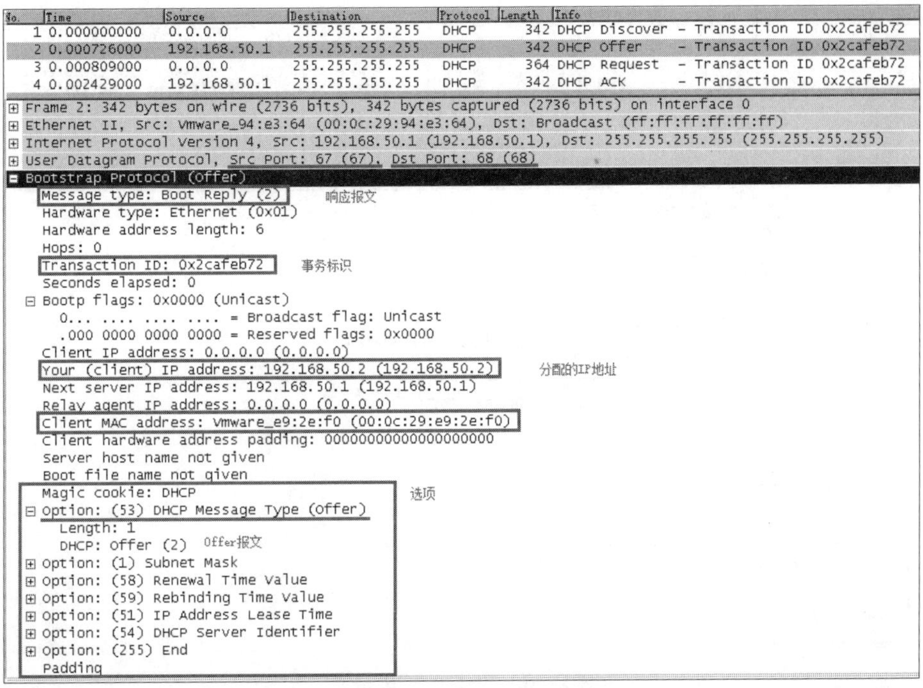

图 8-36　DHCP Offer 报文

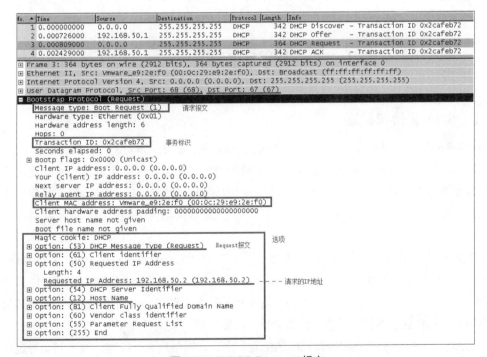

图 8-37　DHCP Request 报文

4. DHCP ACK 报文

服务器收到 DHCP Request 报文之后，回送 DHCP ACK 报文进行确认。如图 8-38 所示，序号为 4 的数据包是一个 DHCP ACK 报文。至此，客户端获得了服务器为其分配的 IP 地址。

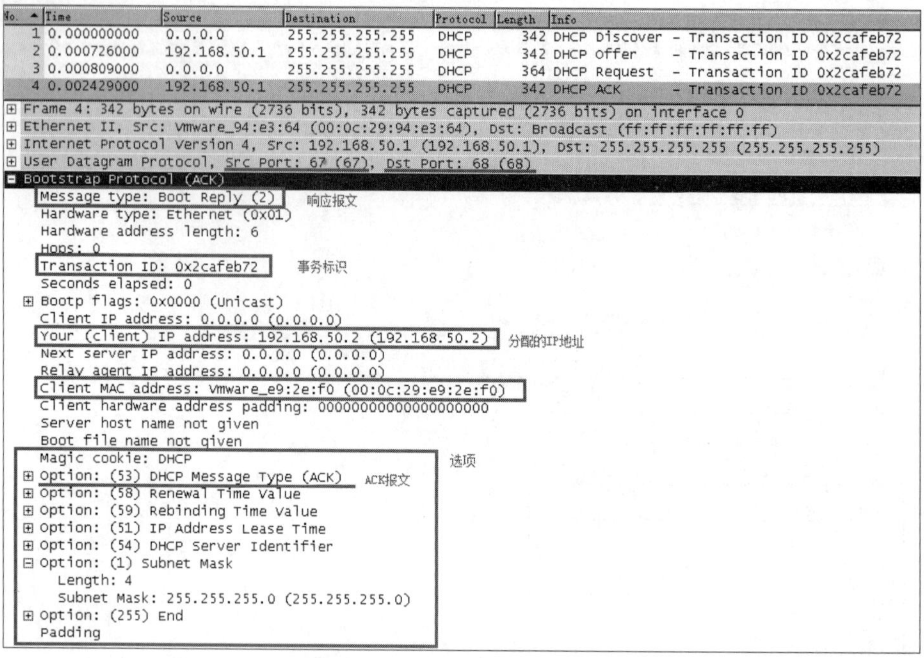

图 8-38 DHCP ACK 报文

在整个请求过程中，DHCP 报文的事务标识不变，代表一次 IP 地址的请求过程。

8.7 简单网络管理协议（SNMP）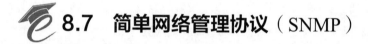

8.7.1 SNMP 协议概述

简单网络管理协议（Simple Network Management Protocol，SNMP）是 TCP/IP 协议族的一个应用层协议。网络管理是在各个层次上对于网络的组成结构和运行状态及时而准确地认识和干预，以保障网络持续、稳定、安全、可靠运行，因此网络管理是保证网络持续、稳定、安全、可靠运行的重要手段。通过 SNMP 管理网络可以大大提高网络管理的效率，简化网络管理员的管理工作。

SNMPv1 是 IETF 把已有的简单网关监控协议（Simple Gateway Monitoring Protocol，SGMP）修改后的临时解决方案，1992 年发布了 SNMPv2，以增强 SNMPv1 的安全性和功能，1997 年成立 SNMPv3 工作组，重点实现安全、可管理体系结构和远程配置，是目前使用的版本。

网络管理的功能包括配置管理、性能管理、故障管理、安全管理和计费管理。

（1）配置管理：负责监测和控制网络的配置状态，在网络建立、扩充、改造和运行过程中，对网络的拓扑结构、资源、使用状态等配置信息进行监测和修改。

（2）性能管理：包括性能监视、性能分析、优化性能和生成性能报告等。

（3）故障管理：迅速发现、定位和排除网络故障，保证网络的高可用性。

（4）安全管理：提供信息的保密性、认证和完整性保护机制，使网络中的服务数据和系统免受侵扰和破坏。

（5）计费管理：能够正确地计算和收取用户使用网络服务的费用，进行网络资源利用率的统计。

SNMP 网络管理模型遵循管理者—被管代理模型，采用典型的客户/服务器体系结构。SNMP 通信模型如图 8-39 所示。

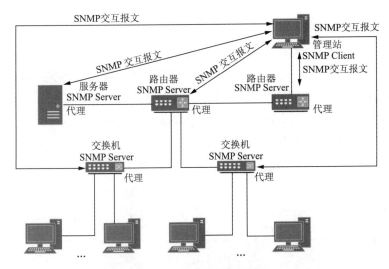

图 8-39　SNMP 通信模型

一个完整的 SNMP 网络管理系统由 SNMP 管理站、SNMP 代理、SNMP 管理信息库（Management Information Base，MIB）和 SNMP 协议四个基本部分组成。SNMP 管理站运行一个或多个 SNMP 管理进程，向网络管理员提供网络管理的图形界面，对被管网络实体 MIB 中的对象进行读、写操作；SNMP 代理用于收集和处理被管网络设备的信息，对来自 SNMP 管理站的查询和设置进行应答，当被管设备出现重要的意外事件时，通过 Trap 向 SNMP 管理站报告；SNMP-MIB 包含所有可以由 SNMP 管理的对象的集合，如设备的名字、类型、物理接口的详细信息、路由表、ARP 缓存等；SNMP 协议定义 SNMP 管理站和 SNMP 代理之间如何交换管理信息。参考模型如图 8-40 所示。

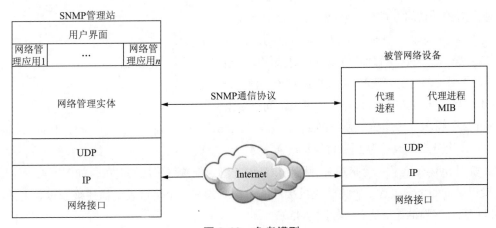

图 8-40　参考模型

SNMP 提供两种从网络被管设备中收集网络管理数据的方法：一种是轮询；另一种是基于中断的方法。轮询是 SNMP 使用代理程序收集网络设备和网络通信信息，存储在 MIB 中，网管人员通过向代理的 MIB 发出查询得到这些信息。轮询的缺点是信息的实时性较差。基于中断的方法就是当有异常事件发生时，立即通知管理站，实时性强，缺点是产生错误或异常系统资源会影响网络管理的功能。由于两种方法都有缺点，实际采用两者结合的方法，即面向异常事件的轮询方法。

8.7.2 管理信息库 MIB

SNMP 中的 MIB 是一个数据库，是按层次结构组织的树状结构，如图 8-41 所示。每个 MIB 对象的名字都是由树的根节点开始到该对象的一条路径，如 mib-2 的名字是 iso.org.dod.internet.mgmt.mib-2，这种命名方法得到的字符串较长，用编号表示为 1.3.6.1.2.1。给厂家自定义而预留的 enterprises 的名字是 iso.org.dod.internet.private.enterprises，用编号表示为 1.3.6.1.4.1，比如华为的为 1.3.6.1.4.1.2011，微软的为 1.3.6.1.4.1.311。

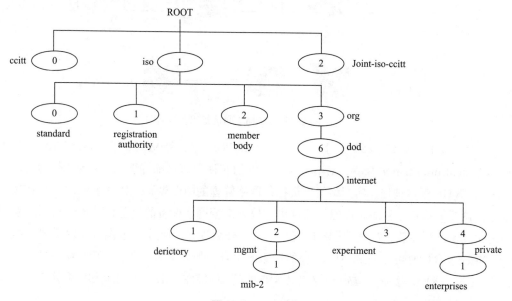

图 8-41 MIB 树

管理对象的访问方式有 RO、RW、WO 和 NA。

（1）RO（只读）。管理站可以读取对象的值，但不能修改。

（2）RW（读写）。管理站可以读取对象的值，也可以更改对象的值。

（3）WO（只写）。管理站可以更改对象的值，但不能读取。

（4）NA（不可访问）。管理站不可以访问该对象。

mib-2 子树包含 System、Interface、At、Ip、Icmp、Tcp、Udp、Egp、Cmot、Transmission、Snmp 共 11 个分组，编号为 1～11，每次递增 1。

系统组 System 包含七个描述被管网络设备的类型、配置等信息的对象，如图 8-42 所示。

接口组 Interface 包含一个关于主机接口的一个对象和一个接口表，描述被管设备上的物理层接口信息和接口的通信信息，如图 8-43 所示。

第8章 应用层协议

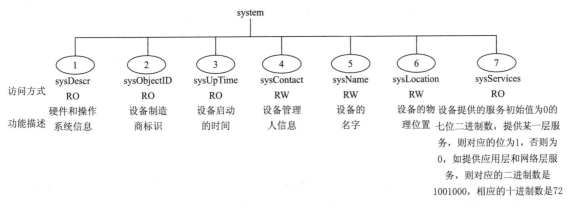

图 8-42　system 组

图 8-43　interface 组

ifOperStatus 和 ifAdminStatus 的取值组合结果的意义如表 8-16 所示。

表 8-16 接口状态表

ifOperStatus	ifAdminStatus	意　义
Up 1	Up 1	正常
Down 2	Up 1	故障
Down 2	Down 2	停机
Testing 3	Testing 3	测试

地址转换组 At 中的对象在 MIB-2 中已经被编入各个网络协议组中，目前已经被 IETF 标记为 "不推荐使用"。

Ip 组包含有关性能和故障监控的 20 个对象和 IP 地址表、IP 路由表、IP 地址与物理地址转换表三个表，如图 8-44 所示。

图 8-44　IP 组

其中，ipForwarding 的值为 1 表示用作 IP 网关，有转发功能；取值为 2 表示用作 IP 主机，没有转发功能。

Icmp 组包含 ICMP 实现和操作的 26 个对象，如图 8-45 所示。

第 8 章 应用层协议

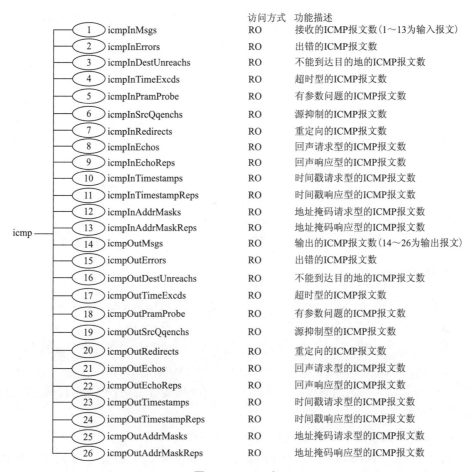

图 8-45 Icmp 组

Tcp 组包含 TCP 实现和操作的 14 个对象和一个连接表，如图 8-46 所示。

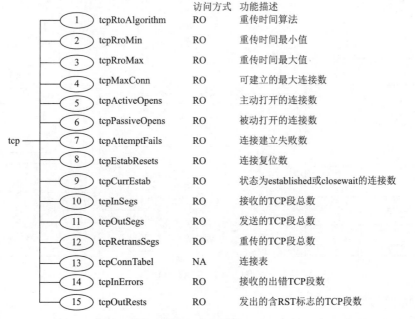

图 8-46 Tcp 组

Udp 组包含 UDP 数据报和本地接收端点的四个对象和一个 UDP 表，如图 8-47 所示。

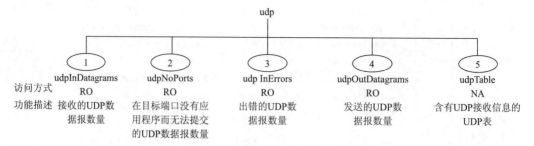

图 8-47 udp 组

Egp 组和后来 IETF 引入的 Bgp、Rip、Ospf 组为路由相关组，Cmot 的开发陷入了停滞状态，传输组 Transmission 涉及的接口较多，Snmp 组涉及自身的统计，以上 MIB 功能组请读者自行扩展。

8.7.3 SNMP 报文格式

SNMPv1 定义五种协议数据单元在管理站和代理之间进行信息交互，其中：

（1）Get Request：管理站从代理进程处读取一个或多个变量的值。

（2）Get Next Request：管理站从代理进程处读取紧跟当前变量的下一个变量的值。

（3）Set Request：管理站设置代理进程的一个或多个 MIB 变量的值。

（4）Get Response：代理向管理站返回的一个或多个参数值。这个操作由代理进程发出，是 Request 操作的响应。

（5）Trap：代理向管理站报告代理中发生的异常事件。

以上操作中 Get Request、Get Next Request、Set Request 是由管理站向代理发出的，Get Response、Trap 是由代理发给管理站的，以上协议数据单元由管理站向代理发出的采用 UDP 的 161 端口，代理向管理站发出的 Trap 采用 UDP 的 162 端口，如图 8-48 所示。

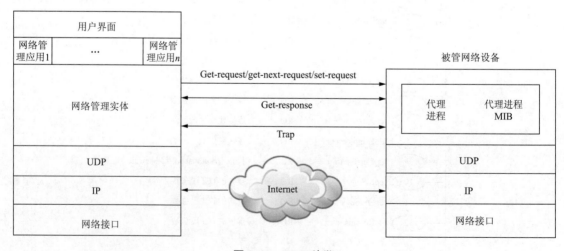

图 8-48 PDU 种类

1. SNMP 报文格式

SNMP 协议和大多数 TCP/IP 协议不一样，SNMP 报文没有固定的字段，使用标准 ASN.1 编码。Get-Request、Get-Next-Request、Set-Request、Response 和 Trap 的报文格式如图 8-49 所示。

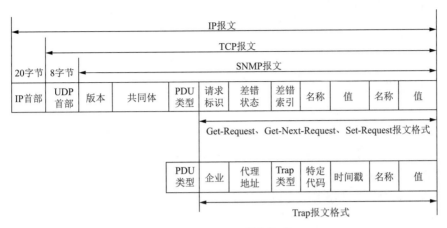

图 8-49　SNMP 报文格式

版本：将实际的版本号减 1 写入该字段，如 SNMPv1 报文版本字段值为 0。

共同体：SNMPv1 认证使用的明文口令，起到一定程度的安全作用，最常用的读权限共同体名为 public，写权限的共同体名为 private。

PDU 类型：取值范围为 0～4，0 表示 Get Request，1 表示 Get Next Request，2 表示 Set Request，3 表示 Get Response，4 表示 Trap。

请求除响应报文外其他报文该字段必须为 0，表示没有发生差错，否则，表示出现差错，如表 8-17 所示。

表 8-17　差错状态

取　值	状 态 名 称	含　　义
1	tooBig	报文长度超过 SNMP 允许的最大长度
2	noSuchName	没有找到请求的对象
3	badValue	set 操作指明了一个无效值或无效语法
4	readOnly	对只读变量发出了更改请求
5	genError	其他错误

差错索引：出现差错的变量在变量列表中的偏移值。

名称和值：可以包含一个或多个变量名称和对应的值。

企业：产生陷阱的被管网络设备在 MIB 中的对象标识符。

代理地址：发送 Trap 报文的网络设备的 IP 地址。

Trap 类型：Trap 类型如表 8-18 所示。

表 8-18　Trap 类型

取　值	Trap 类型名称	Trap 类型含义
0	coldStart	代理进行了冷启动
1	warmStart	代理进行了重启
2	linkDown	一个接口变为故障状态
3	linkUp	一个接口变为工作状态

续表

取值	Trap 类型名称	Trap 类型含义
4	authenticationFailure	从管理站收到一个无效共同体的报文
5	egpNeighborLoss	一个 EGP 相邻路由器变为故障状态
6	enterpriseSpecific	代理自定义时间

特定代码：为特定企业定义的 Trap 编码。

时间戳：从代理上次启动到本 Trap 生成所经历的单位时间数，单位时间是 1% 秒。

名称和值：可以包含一个或多个变量名称和对应的值。

2. SNMP 报文处理过程

SNMP 管理站根据管理需求构造 SNMP 报文，填写版本、共同体等信息，编码后使用 UDP 161 端口发送给 SNMP 代理。

驻留在被管设备上的 SNMP 代理监听 UDP 161 端口，接收来自 SNMP 管理站的报文。

收到报文后根据 ASN.1 解码，如果解码失败，则丢弃该报文，不做后续处理。

解码后取出版本号，检查是否与 SNMP 代理支持的版本一致，如果不一致，则丢弃该报文，不做后续处理。

版本一致时取出共同体名称，如果与 SNMP 代理所设置的不一致，则丢弃该报文，同时向 SNMP 管理站返回 Trap 报文，而后不做后续处理。

如果共同体名称一致，取出报文中的协议数据单元，如果提取失败，则丢弃该报文，不做后续处理；如果提取成功，分析 PDU 的基本语法，如果分析失败，则丢弃该报文；如果分析成功，则根据共同体名称选择相应的 SNMP 访问策略，对 MIB 进行相应的存取操作。

代理分析 PDU 中的名称并定位在 MIB 树的相应节点，获取名称的值，形成 SNMP 响应报文，编码发送给 SNMP 管理站。

现在的 SNMP 版本为 SNMPv3，定义了八种协议数据单元在管理站和代理之间进行信息交互。

（1）Get Request：管理站从代理进程处读取一个或多个变量的值。

（2）Get Next Request：管理站从代理进程处读取紧跟当前变量的下一个变量的值。

（3）Set Request：管理站设置代理进程的一个或多个 MIB 变量的值。

（4）Get Response：代理向管理站返回的一个或多个参数值。这个操作由代理进程发出，它是 Request 操作的响应。

（5）Get Bulk Request：管理站从代理进程处读取大数据块的值。

（6）Inform Request：管理站从另一远程管理站读取该管理站控制的代理中的变量值。

（7）SNMPv2 Trap：代理向管理站报告代理中发生的异常事件。

（8）Report：在管理站之间报告某些类型的差错。

例如使用 ENSP 配置华为路由器的 SNMP 协议，作为代理，使用 Windows 7 运行 SnmpB 为管理站，获取路由器名称、联系人、位置等信息，并使用 Wireshark 抓包进行数据分析。

运行 ENSP 创建如图 8-50 所示拓扑图。

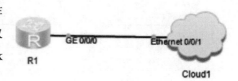

图 8-50　SNMP 拓扑

使用云实现本地计算机和路由器的桥接，云的配置如图 8-51 所示。

第 8 章 应用层协议

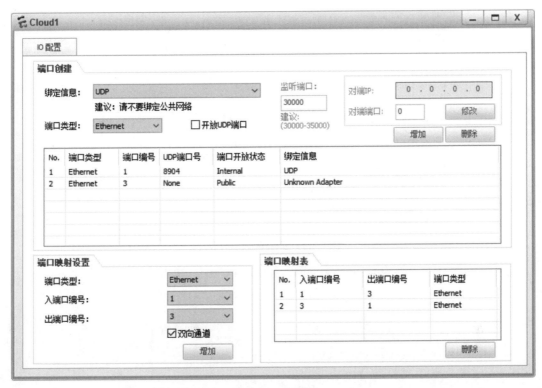

图 8-51 云配置

其中端口编号为自动生成的序号，可以与图 8-51 不一致，用默认生成的编号，无须修改。在 Windows 7 计算机上下载 SnmpB-0.8，双击安装后运行，运行效果如图 8-52 所示。

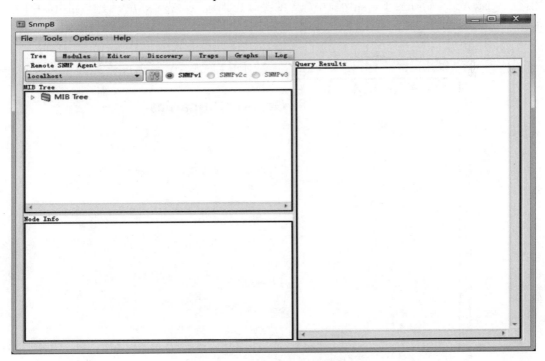

图 8-52 SnmpB-0.8 运行效果

配置路由器，配置命令如图 8-53 所示。

207

```
The device is running!
########################################################
<Huawei>
Jan 26 2021 02:29:20-08:00 Huawei %%01IFPDT/4/IF_STATE(l)[0]:Interface GigabitEt
hernet0/0/0 has turned into UP state.
<Huawei>system
Enter system view, return user view with Ctrl+Z.
[Huawei]sysname AR-jju
[AR-jju]interface GigabitEthernet 0/0/0
[AR-jju-GigabitEthernet0/0/0]ip address 192.168.56.2 24
[AR-jju-GigabitEthernet0/0/0]
Jan 26 2021 02:32:50-08:00 AR-jju %%01IFNET/4/LINK_STATE(l)[1]:The line protocol IP
 on the interface GigabitEthernet0/0/0 has entered the UP state.
[AR-jju]snmp-agent
[AR-jju]snmp-agent sys-info version v1
[AR-jju]snmp-agent community read huawei
[AR-jju]snmp-agent community write private
[AR-jju]snmp-agent sys-info contact "Ms Wang"
[AR-jju]snmp-agent sys-info location "JJU"
```

图 8-53　SNMP 配置命令

打开 ENSP，右击云左侧的 Ethernet0/0/1，如图 8-54 所示，单击"开始抓包"。

图 8-54　抓包方法

单击 SnmpB 的 Options → Manage Agent Profiles，按照图 8-55 所示设置 Agent Profiles 对话框。注意：Agent Address/Name 要与路由器中配置的接口 IP 对应，勾选 SNMPV1 也与路由器中的配置对应。

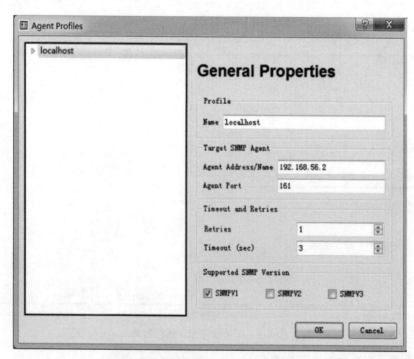

图 8-55　配置 Agent Profiles 对话框

第 8 章 应用层协议

展开 localhost，单击 Snmpv1/v2c 设置读共同体名称 huawei 和写共同体名称 private，如图 8-56 所示。

展开 MIB Tree → iso → org → dod → internet → mgmt → mib-2 → system，右击 sysContact，打开快捷菜单，如图 8-57 所示。

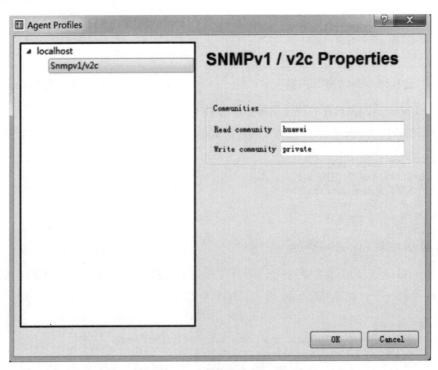

图 8-56　设置读写共同体名称

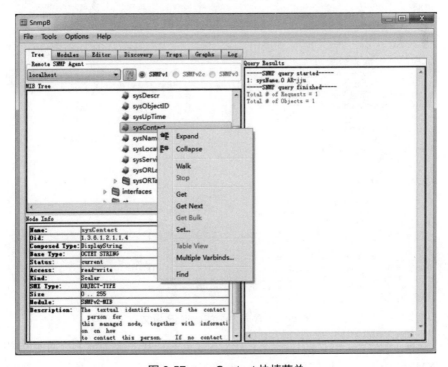

图 8-57　sysContact 快捷菜单

单击图 8-57 所示快捷菜单中的 Get，得到的响应内容如图 8-58 所示。

再次右击 sysContact，在打开的快捷菜单中单击 Get Next，得到的响应内容如图 8-59 所示。

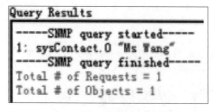

图 8-58　Get 的响应内容

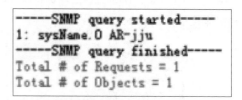

图 8-59　GetNext 的响应内容

右击 sysLocation，在打开的快捷菜单中单击 Get，得到的响应内容如图 8-60 所示。

右击云左侧的 Ethernet0/0/1，在打开的快捷菜单中单击"停止抓包"，如图 8-61 所示。

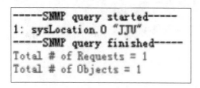

图 8-60　get 的响应内容

图 8-61　停止抓包

查看 Wireshark，应用过滤器 snmp，展开序号为 1 的报文，该报文为 SNMPv1 报文，共同体名称为 huawei，是一个 Get Request 报文，如图 8-62 所示。

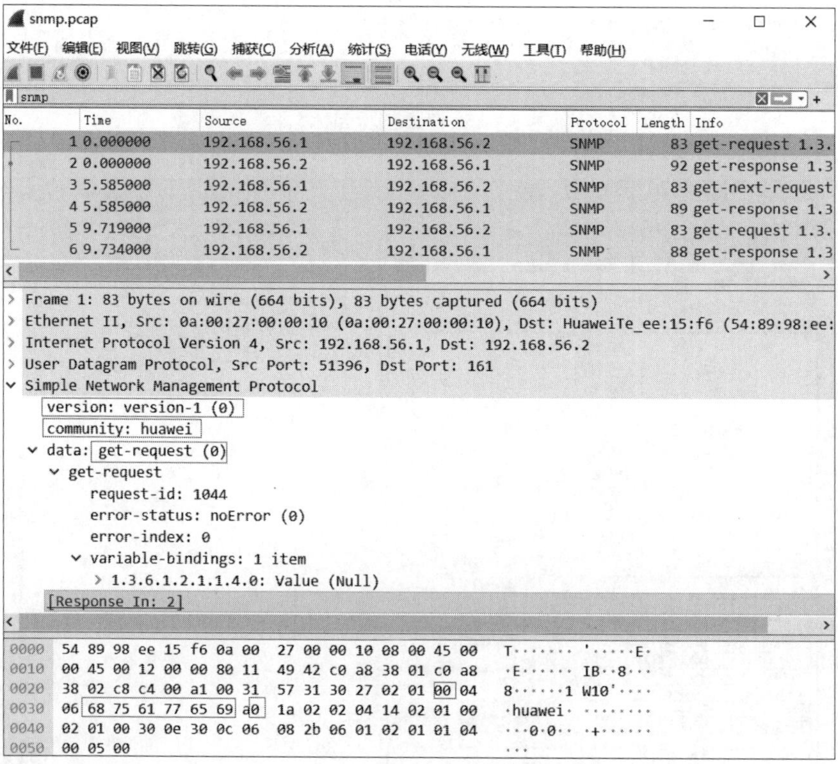

图 8-62　序号为 1 的 SNMP 报文

展开序号为 2 的报文，可以得出该报文是序号为 1 的 Get Request 请求报文对应的响应报文，该报文为 SNMPv1 的报文，共同体名称为 huawei，该路由器的联系人为 Ms Wang，如图 8-63 所示。

第 8 章 应用层协议

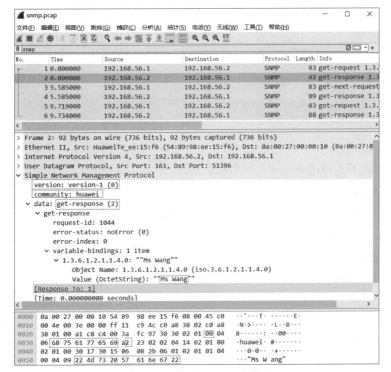

图 8-63 序号为 2 的 SNMP 报文

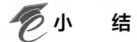

本章介绍了用于基本网络服务的 DNS 和 DHCP 协议，构成基本网络应用环境的常用协议，包括 HTTP、Telnet、FTP、SMTP/POP3/IMAP，以及用于网络管理的 SNMP 协议；讲解了协议的基本概念、工作原理，讨论了协议的报文格式，并使用 Wireshark 软件捕获数据包对协议进行了验证分析。本章内容是学习应用层协议攻击与防御的基础。

习　　题

一、选择题

1. DNS 的资源记录构成了 DNS 响应报文中的（　　）。

   A. 问题部分　　　　B. 回答部分　　　　C. 授权部分　　　　D. 附加信息

2. （　　）命令用于查询 DNS 的记录，查看域名解析是否正常，在网络故障的时候用来诊断网络问题。

   A. nslookup　　　　　　　　　　　　B. ipconfig /flushdns

   C. ipconfig/displaydns　　　　　　　D. ping

3. DNS 工作在 TCP/IP 模型的（　　）。

   A. 网络接口层　　　B. 网络层　　　　　C. 传输层　　　　　D. 应用层

4. DNS 的（　　）资源记录指明主机的 IP 地址。
   A. A　　　　　　　B. NS　　　　　　　C. SOA　　　　　　　D. CNAME
5. 采用（　　）可以在一封电子邮件中附加各种其他非 ASCII 格式的文件一起发送。
   A. SMTP　　　　　B. POP3　　　　　　C. MIME　　　　　　D. IMAP
6. 网络中所有接收到 DHCP Discover 报文的 DHCP 服务器都会以（　　）报文响应客户端。
   A. DHCP Offer　　　　　　　　　　　B. DHCP Request
   C. DHCP ACK　　　　　　　　　　　D. DHCP NAK
7. SNMP 报文在管理站和代理之间传送，代理的响应报文是（　　）。
   A. SetRequest PDU　　　　　　　　　B. GetResponse PDU
   C. GetRequest PDU　　　　　　　　　D. TrapPDU
8. 在 SNMP 协议中，共同体是用于（　　）。
   A. 确定执行环境
   B. 定义 SNMP 实体可访问的 MIB 对象子集
   C. 身份认证
   D. 定义上下文
9. HTTP 请求的（　　）方法，用来向 Request-URI 所标识的资源提交数据，提交的数据被包含在请求报文的主体中。
   A. GET　　　　　　B. POST　　　　　　C. HEAD　　　　　　D. DELETE
10. 当请求的页面不存在时，返回的 HTTP 响应报文中状态码是（　　）。
    A. 200　　　　　　B. 400　　　　　　C. 403　　　　　　D. 404
11. 下面（　　）字段是 HTTP 请求中必须具备的。
    A. Cookie　　　　　　　　　　　　　B. Host
    C. Accept　　　　　　　　　　　　　D. Content-Length
12. 当用户在浏览器中输入一个需要登录的网址时，系统先去（　　）解析该域名（网址）。
    A. 本地域名服务器　　　　　　　　　B. 顶级域名服务器
    C. 根域名服务器　　　　　　　　　　D. hosts 文件
13. 下面关于 FTP 的描述中错误的是（　　）。
    A. 使用 21 端口　　　　　　　　　　B. 可以传输任何文件
    C. 基于 TCP 协议　　　　　　　　　 D. 基于 UDP 协议
14. 下面关于 FTP 的描述中错误的是（　　）。
    A. 面向连接的
    B. 文件传输协议
    C. 有两种工作模式
    D. 传输 FTP 命令和响应与传输数据在同一个 TCP 连接
15. 下面（　　）协议用于邮件收取、发送。
    A. SMTP　　　　　B. POP3　　　　　　C. IMAP　　　　　　D. FTP
16. 下列对于 POP3 基本工作命令的功能描述错误的是（　　）。
    A. STAT 命令可用于查询邮件数量
    B. TOP 命令获取邮件头部几行信息

C. DELE 命令用于直接删除邮件

D. APOP 命令将用户名和密码编码为 MD5 密文形式并传递

二、填空题

1. DNS 既可以使用 UDP，也可以使用 TCP 来进行通信。DNS 服务器使用 UDP/TCP 的_____号熟知端口。

2. 域名 www.baidu.com 在 DNS 查询报文的问题记录中应表示为_____。

3. DNS 域名解析包括正向解析和反向解析，其中，_____解析是根据域名查询其对应的 IP 地址或其他相关信息。

4. HTTP 协议是 TCP/IP 模型的_____层协议，服务器的默认 TCP 端口是_____。

5. HTTP 请求报文中，请求行中方法为_____表明其目的是取回由 URL 指定的资源。

6. _____协议是在 TCP/IP 网络上使客户机获得配置信息的协议。它基于 BOOTP 协议，并在 BOOTP 协议的基础上添加了自动分配可用网络地址等功能。

7. _____协议是用于传送邮件的标准协议，_____和_____协议是用于收取邮件的标准协议。

8. Telnet 客户端或服务器的数据和命令序列被转换成_____字符集在 Internet 上传输。

9. FTP 客户端和服务器之间要建立双重连接：_____连接和_____连接。

10. FTP 支持两种工作模式：_____模式和_____模式。

三、简答题

1. 域名系统的主要功能是什么？
2. 简述因特网的域名空间。
3. 递归查询和迭代查询有什么不同？
4. 使用 Wireshark 软件捕获 DNS 请求报文和响应报文并进行分析。
5. 简述 HTTP 报文的基本结构。
6. 使用 Wireshark 软件捕获 HTTP 请求报文和响应报文并进行分析。
7. 简述 Telnet 协议的作用。
8. 在 Telnet 中引入网络虚拟终端 NVT 的作用是什么？
9. 简述 FTP 的主要工作过程。
10. 简述 FTP 主动工作模式。
11. 简述 FTP 被动工作模式。
12. 使用 Wireshark 软件捕获 FTP 数据包，验证 FTP 的通信过程。
13. 简述电子邮件的格式。
14. SMTP、POP3、IMAP 和 MIME 之间的主要区别是什么？
15. 简述电子邮件的传送过程。
16. 什么是网络管理？简述网络管理的功能。
17. 简述 SNMP 网络管理系统的组成。
18. SNMP 收集网络管理数据的两种方法是什么？试比较这两种方法。
19. 什么是管理信息库 MIB？为什么要使用 MIB？
20. 描述 MIB 中主要组的作用。
21. 搭建一个实验环境，使用 Wireshark 软件捕获 SNMP 数据包，分析 SNMP 报文结构。

第 9 章

应用层协议攻击与防御

本章对应用层协议从安全层面进行分析,介绍常见的针对应用层协议的攻击以及对应的防御措施。

学习目标:

通过本章的学习,需要掌握以下的内容:

(1)了解:针对应用层协议的攻击类型。
(2)掌握:应用层攻击相应的防御措施。

9.1 DNS 欺骗攻击与防御

DNS 作为互联网的一项基础核心服务,负责完成域名和 IP 地址的相互转换,为用户提供方便快捷的互联网访问体验。随着网络的迅速发展,DNS 也面临着各种来自网络内部和外部的安全威胁。

9.1.1 DNS 欺骗攻击

DNS 欺骗是攻击者冒充域名服务器的一种欺骗行为。如果攻击者可以冒充域名服务器,将恶意的 DNS 解析记录发送给客户端,客户端查询到的 IP 地址将是攻击者的 IP 地址,就会掉入攻击者设置的"陷阱"中,访问攻击者的恶意站点。通过这种方式,攻击者可以通过钓鱼攻击非法获取用户的账号密码、身份隐私、访问数据等敏感信息。DNS 欺骗其实并不是真的"黑掉"了对方的网站,而是冒名顶替、招摇撞骗。

常见的 DNS 欺骗技术是 Transaction ID 欺骗。在 DNS 报文中,Transaction ID 字段是由客户端随机生成的一串数字,它是客户端和服务器之间完成解析查询的身份标识。在客户端向本地域名服务器发送 DNS 查询报文的过程中,客户端查询自身 hosts 文件没有相应映射后,会生成 Transaction ID,并将其包含在查询数据包中发送给本地域名服务器,在本地域名服务器传回 DNS 响应时,客户端会检查响应数据包中的 Transaction ID 是否和查询时一致,只有一致响应数据包才能被客户端接收。

攻击者采用此种攻击方式时，攻击流程一般如下：

（1）ARP 欺骗。攻击者向攻击目标发送伪造的 ARP 应答数据包实行 ARP 欺骗，将自己伪装成 DNS 服务器。

（2）嗅探 DNS 查询。ARP 欺骗成功后，使用嗅探工具监听 DNS 流量，获取 DNS 查询数据包中的 Transaction ID 和端口号。

（3）伪造 DNS 响应。利用 Transaction ID 和端口号，攻击者构造一个包含恶意网站 IP 地址的 DNS 响应数据包，发送给客户端。

客户端收到 DNS 响应包后，检查 Transaction ID 的值是否一致，通过验证则接收响应包，把返回数据包中的域名和对应的 IP 地址保存进 DNS 缓存表中，用户被引导至恶意网站。

值得注意的是，上述过程中，客户端在接收到伪造的 DNS 响应包后仍然会收到合法服务器传回的正确 DNS 报文信息，但由于客户端已经接收伪响应，正确的 DNS 响应包将被丢弃，客户端依旧会指向攻击者的恶意网站。

对于 DNS 欺骗，arpspoof 是攻击者较为青睐的攻击工具，其选项十分简明，攻击者只需几个简单操作，便可利用 arpspoof 达到攻击目的。下面介绍其攻击过程。

在 Kali 命令行界面输入命令 arpspoof 即输出其帮助提示，如图 9-1 所示。其中，i 选项表示指定网卡，c 选项指定恢复 ARP 配置时的 MAC 地址，t 选项指定攻击目标，r 选项表示同时攻击两个目标，host 则指定网关。实际攻击中，只需指定 t 选项以及 i 选项，其他选项默认即可。

图 9-1　Kali 中的 arpspoof 工具

在使用 arpspoof 之前，需要开启 Kali Linux 的 IP 转发功能，如图 9-2 所示，命令如下：

```
echo 1 > /proc/sys/net/ipv4/ip_forward
```

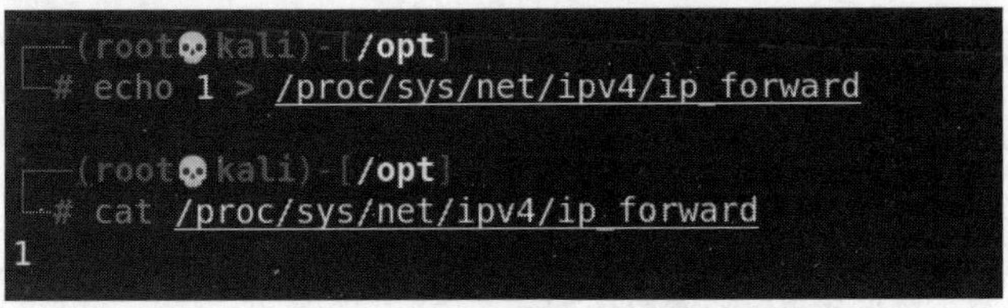

图 9-2　Kali 开启 IP 转发功能

准备完毕后开始攻击，如果目标处于 192.168.3.0/24 的局域网下，IP 地址是 192.168.3.17，网关的 IP 地址是 192.168.3.1，在攻击机 Kali 中输入以下指令以待攻击：

```
arpspoof -t 192.168.3.17 192.168.3.1 -i eth0
```

其中，-t 代表着目标 IP，后跟网关地址，表明 Kali 将告诉目标的硬件地址就是网关的硬件地址，-i 代表的是网卡。

在目标机器 192.168.3.17 上使用 arp -a 命令查看 ARP 缓存表，192.168.3.1 指向正确的网关硬件地址，如图 9-3 所示。

图 9-3　正常 ARP 缓存表

在 Kali 攻击机上按【Enter】键开始攻击，攻击过程如图 9-4 所示。

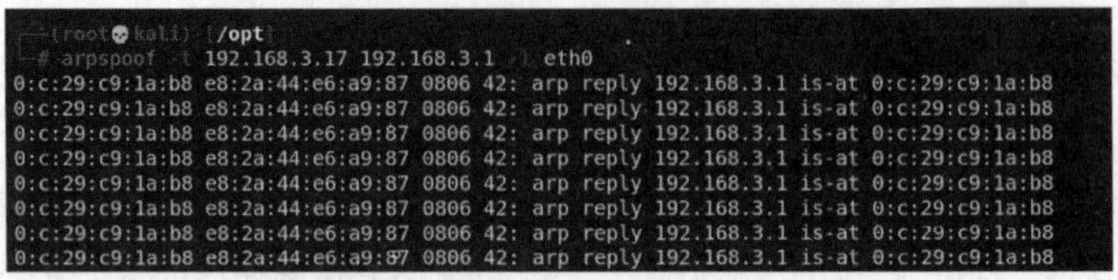

图 9-4　利用 arpspoof 攻击示意图

回到目标主机，重新输入命令 arp -a，可以发现，缓存表中网关 192.168.3.1 的硬件地址变成了 Kali 主机的硬件地址，如图 9-5 所示。

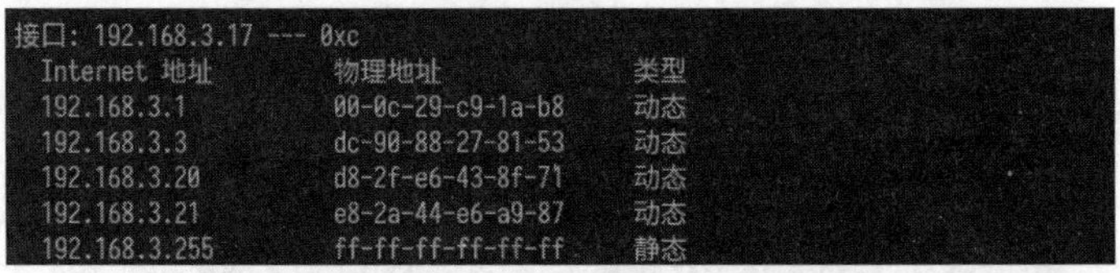

图 9-5　被攻击后的 ARP 缓存表

这时目标主机无法和正确的网关通信，从而导致目标主机无法正常上网。

另外一种常见的 DNS 欺骗方式是篡改客户端的 hosts 文件，如图 9-6 所示。观察 DNS 请求过程可以发现，客户端在发起一个域名请求之后，首先会检查 hosts 文件中有无相应的映射关系。攻击者可以通过传播恶意的病毒或者木马，在目标主机上执行篡改 hosts 文件的指令，从而操纵目标主机 hosts 文件的映射关系，以进行恶意攻击。

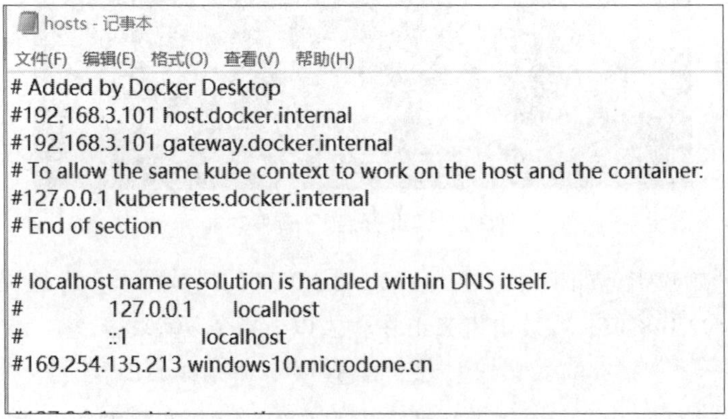

图 9-6　Windows 下的 hosts 文件

9.1.2　DNS 欺骗攻击防御

由于攻击手段的被动性以及隐蔽性，DNS 欺骗通常难以发觉，受害者往往是在不知不觉中陷入了攻击者的陷阱，因此在实际应用中，应当采取适当措施抵御 DNS 欺骗攻击。

1. 进行 IP 地址和 MAC 地址的绑定

在 DNS 欺骗攻击过程中，攻击者首先需要通过 ARP 欺骗将自己伪装成 DNS 服务器来嗅探客户端的数据流量。因为 DNS 攻击的欺骗行为要以 ARP 欺骗作为开端，所以如果能有效防范或避免 ARP 欺骗，也就使得 DNS 欺骗攻击无从下手。较为通用的防御 ARP 欺骗的方式是向主机 ARP 映射表中手动添加一条记录，将网关路由器的 IP 地址和 MAC 地址进行绑定。另外，还可以将合法 DNS 服务器的 IP 地址以及 MAC 地址存储在客户端中，在接收 DNS 应答包时，将包中字段值与本地数据进行比对。

思考：简述在主机上手动试试 MAC 绑定的过程。

在 Windows 系统中，进行网关 IP 地址和 MAC 地址绑定，过程如下：
（1）以管理员身份运行 cmd 程序。
（2）利用 arp -a 命令查看 ARP 缓存表，记录下正确的网关 IP 地址以及 MAC 地址。
（3）在命令行界面运行 netsh i i show in，查询网卡的 Idx 编号。
（4）运行 netsh -c i i add neighbors [Idx] [网关 IP] [MAC] 命令完成绑定。例如：

```
netsh -c i i add neighbors 19 192.168.50.1 88-d7-f6-6c-78-60
```

如果需要解除绑定，只需运行 arp -d [网关 IP]，清除该绑定，或者运行 netsh i i reset，再重启计算机即可。

2. 使用 Digital Password 进行辨别

在不同子网的文件数据传输中，为预防窃取或篡改信息事件的发生，可以使用任务数字签名技术，即在主从域名服务器中使用相同的 Password 和数学模型算法，在数据通信过程中进行辨别和确认。因为有利用 Password 进行校验的机制，从而使主从服务器的身份地位极难伪装，加强了域名信息传递的安全性。

3. 优化 DNS 服务器的相关项目设置

对 DNS 服务器进行优化，可以使得 DNS 的安全性达到较高的标准。应做好 DNS 服务器的安全配置项目和升级 DNS 软件，合理限定 DNS 服务器进行响应的 IP 地址区间，关闭 DNS 服务器的递归查询项目等。

4. 直接使用 IP 地址访问

大多数的 DNS 欺骗攻击，都发生在 DNS 客户端与服务器通信的过程中。对个别信息安全等级要求十分严格的 Web 站点，可以直接使用 IP 地址而无须通过 DNS 解析，这样所有的 DNS 欺骗攻击可能造成的危害就可以避免了。

5. 对 DNS 数据包进行监测

在 DNS 欺骗攻击中，客户端会接收到至少两个 DNS 响应数据包：一个是真实的数据包；另一个是欺骗攻击数据包。攻击数据包为了抢在真实响应包之前回复给客户端，它的信息数据结构与真实的数据包相比十分简单，只有回答部分，而不包括授权部分和附加信息部分。因此，可以通过监测 DNS 响应包，遵循相应的原则和模型算法对这两种响应包进行分辨，从而避免虚假数据包的攻击。

6. 加密 DNS 流量

对 DNS 通信过程中的传输数据进行加密，这样，即使攻击者监听到了 DNS 流量，也无法提取数据包中的有效信息，进一步进行恶意攻击。常用的工具有 dnscrypt-proxy、SimpleDnsCrypt 等。

安全性和可靠性更好的域名服务是使用 DNSSEC，用数字签名的方式对数据的完整性实施校验。与传统的 DNS 协议相比，DNSSEC 在其基础上增加了数据来源验证以及完整性保护，以此抵御中间人攻击、数据包欺骗等安全问题。在验证机制上，DNSSEC 也采用了公钥加密来加强验证强度。通过 DNSSEC，客户端可以对自身 DNS 数据进行签名，并通过 DNS 区域内解析器验证数据的合法性。

9.2 HTTP 协议安全

HTTP 协议以明文方式进行数据传输，传输过程中用户信息极易被嗅探捕获。HTTP 协议是无状态的协议，一旦数据交换完毕，客户端与服务器端的连接就会关闭，再次交换数据需要建立新的连接。这就意味着服务器无法从连接上跟踪会话。在日常浏览网页的过程中，服务器为了识别客户端身份并且维持用户状态，通常会引入会话跟踪技术，跟踪用户的整个会话。在程序中，会话跟踪是很重要的事情。理论上，一个用户的所有请求操作都应该属于同一个会话，而另一个用户的所有请求操作则应该属于另一个会话，二者不能混淆。

9.2.1 Cookie 和 Session

较为通用的会话跟踪技术是 Cookie 和 Session。Cookie 由服务器生成，通过在客户端记录信息确定用户身份；Session 则是在服务器端记录信息确定用户身份。

1. Cookie

Cookie 实际上是一小段文本信息。HTTP 客户端向服务器发出请求，如果服务器需要记录该用户状态，就使用 Response 向客户端浏览器颁发一个 Cookie（相当于给客户端颁发一个通行证）。客户端浏览器会把 Cookie 保存起来。当浏览器再请求该网站时，浏览器把请求的网址连同该 Cookie 一同提交给服务器。服务器检查该 Cookie，以此来辨认用户状态。服务器还可以根据需要修改 Cookie 的内容。可以在浏览器地址栏输入 javascript:alert (document.cookie)，查看某个网站颁发的 Cookie。

2. Session

Session 是另一种记录客户状态的机制，不同的是 Cookie 保存在客户端浏览器中，而 Session 保存在服务器上。客户端浏览器访问服务器的时候，服务器把客户端信息也就是 Session 以某种形式记录在服务器上。客户端浏览器再次访问时只需要从该 Session 中查找该客户的状态就可以了。

如果说 Cookie 机制是通过检查客户身上的"通行证"来确定客户身份，那么 Session 机制就是通过检查服务器上的"客户明细表"来确认客户身份。Session 相当于程序在服务器上建立的一份客户档案，客户来访的时候只需要查询客户档案表就可以了。Session 在用户第一次访问服务器的时候自动创建。

虽然 Session 保存在服务器，对客户端是透明的，但正常运行仍然需要客户端浏览器的支持。这是因为 Session 需要使用 Cookie 作为识别标志。HTTP 协议是无状态的，Session 不能依据 HTTP 连接来判断是否为同一客户，因此，服务器向客户端浏览器发送一个名为 JSESSIONID（名称可更改）的 Cookie，它的值为该 SessionID。Session 依据该 Cookie 来识别是否为同一用户。

URL 地址重写是对客户端不支持 Cookie 的解决方案。URL 地址重写是将用户 Session ID 信息重写到 URL 地址中。服务器能够解析重写后的 URL 获取 Session ID。这样即使客户端不支持 Cookie，也可以使用 Session 来记录用户状态。

Cookie 和 Session 是服务器判别客户端身份的唯一凭证。一旦发生泄露，攻击者就可以控制会话状态，从而掌握用户信息。会话劫持和会话固定正是攻击者利用这两种会话追踪技术发起的攻击。

9.2.2 会话劫持

会话劫持是攻击者利用非法手段获取用户 Session ID 后，使用该 Session ID 获取目标登录会话的攻击方法。此时攻击者实际上是使用了目标账户的有效 Session ID。会话劫持的第一步是取得一个合法的会话标识来伪装成合法用户，因此需要保证会话标识不被泄露。

1. 会话劫持的攻击步骤

（1）目标用户先登录站点。
（2）登录成功后，该用户会得到站点提供的一个会话标识 Session ID。
（3）攻击者通过某种攻击手段捕获目标用户 Session ID。
（4）攻击者通过捕获到的 Session ID 访问站点，即可获得目标用户合法会话。

获取 Session ID 的方式很多，较为常见的是利用网络嗅探、XSS（Web 漏洞跨站脚本攻击）攻击等方法。攻击者可以利用 XSS 将用户的 Cookie 信息转发到自建或公共 XSS 接收平台，以此获取凭证信息。如图 9-7 所示，攻击者通过目标站点存在的 XSS 漏洞成功得到了用户在访问网站时发出的 HTTP 请求包，其中就包含用户的 Cookie 字段，同时这也代表着该网站验证用户身份只需要这一个 Cookie，因此攻击者就可以复制出这段 Cookie，在新的浏览器页面将 Cookie 添加到 HTTP 请求包中，从而得到目标用户的身份。

图 9-7　CTF 平台靶机 XSS 攻击示意图

在早期一些安全性较为薄弱的网站上，可以直接通过预测（如果 Session ID 使用非随机的方式产生，那么就有可能通过计算得出）或者暴力破解（尝试各种 Session ID，直到破解为止）来获取合法的 Cookie 信息，但随着会话验证技术的进步，采用这两种攻击方式基本不太可能成功。

2. 利用 XSS 攻击获取会话标识

下面举例介绍 XSS 攻击流程。可以使用一些安全靶场作为目标，ctfhub（https://www.ctfhub.com/）就拥有非常多的练习环境，如图 9-8 所示。

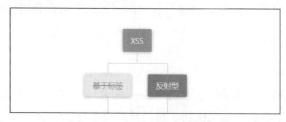

图 9-8　ctfhub 靶场 xss 环境

进入靶场后，使用工具 Hackbar，单击 LOAD 按钮加载当前网页地址，构造参数 name，语句 <script>alert("xss");</script>，通过 script 标签成功窗口，证明该网页存在反射型 XSS 漏洞，如图 9-9 所示。

图 9-9　触发 XSS 窗口

靶场接着提示把 URL 发送给 robot，在反射型 XSS 中，攻击者构造相应脚本语句，带有身份标识的管理员如果单击了 URL，那么身份标识就会转发到攻击者的 XSS 接收平台上，从而造成会话劫持。在这个靶场环境中，robot 就是这个带着身份标识的"管理员"。

构造语句 <script src=//xss.pt/Jm5J></script>，其中，<script> 标签用于将前端语句闭合从而形成 XSS，xss.pt 则是一个公共的 xss 平台。

将带有语句的 URL 输入到输入框中，单击 Send 按钮发送请求，如图 9-10 所示。

图 9-10　转发 XSS 请求

回到 XSS 平台，可以看到已经接收到了 XSS 请求并且得到 robot 管理员的身份标识，此时攻击者就可以利用身份标识登录目标用户的会话，如图 9-11 所示。

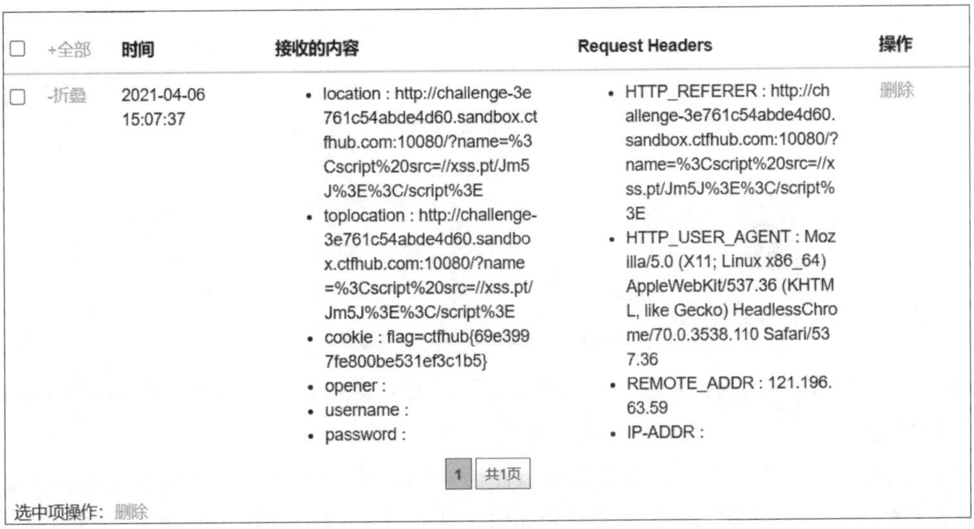

图 9-11　XSS 接收身份标识

3. 会话劫持防御措施

（1）更改 Session 名称。PHP 中 Session 的默认名称是 PHPSESSID，此变量会保存在 Cookie 中。更改 Session 名称，如果攻击者不分析站点，就不能猜到 Session 名称，可以阻挡部分攻击。

（2）关闭透明化 Session ID。透明化 Session ID 是指当浏览器中的 HTTP 请求没有使用 Cookie 来存放 Session ID 时，Session ID 使用 URL 来传递。

（3）设置 HttpOnly。通过设置 Cookie 的 HttpOnly 为 true，可以防止客户端脚本访问这个 Cookie，从而有效地防止 XSS 攻击。

（4）加入 Token 校验。用于检测 HTTP 请求的一致性，给攻击者制造一些麻烦，使攻击者即使获取了 Session ID，也无法进行破坏，能够减少对系统造成的损失。但 Token 需要存放在客户端，如果攻击者有办法获取到 Session ID，那么也同样可以获取到 Token。

9.2.3　会话固定

会话固定和会话劫持的目的一致，都是以获取用户会话为目的，但与会话劫持不同的是，会话固定是让受害者使用攻击者指定的会话标识（Session ID）创建会话。

在会话固定的攻击场景中，一个网站的身份验证能力决定了其遭受网络攻击的可能性，如果一个网站生成的身份字段信息格式过于简单，或者其传递身份验证信息的方式容易猜测、生成，其身份验证信息就有可能被强行爆破或者恶意构造。如图 9-12 所示，如果站点 http://www.example.com 使用 URL 参数传送会话标识 Session ID，攻击者事先登录站点后获取到了一个 sessionID=123，现在 http://www.example.com/?sessionID=123 指向的是攻击者的身份会话。攻击者将这个链接发送给目标用户后，目标用户照常输入自己的用户名和密码登录站点，这时，如果站点没有创建一个新的 sessionID 而是接收了链接中的 sessionID，那么目标用户的会话标识就变成了攻击者构造的 sessionID，从而使得整个会话被攻击者截获控制。

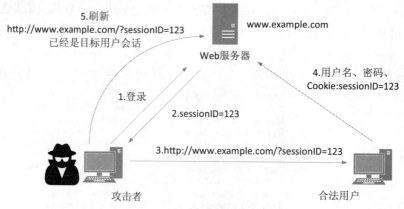

图 9-12　会话固定攻击示意图

除了这种以 URL 参数传递会话标识的情况外，服务器的会话标识通常还存在于 Cookie 以及隐藏表单域中。

针对 Cookie 中标识的固定，攻击者可以使用 HTML 中 <META> 标签中的 Set-Cookie 属性将目标用户的会话标识强制刷新为构造好的标识。而对于一些将会话标识隐藏在表单域的会话，攻击者也可以参照站点重新构造一个隐藏域表单，并将标识值添加在其中。

由此可见，在网站的 Cookie 传送机制不够安全的情况下，攻击者只需构造有效 Cookie 凭证的链接或者表单，即可发起对目标会话的控制。因此，有必要采取一些措施来减小会话固定的危害。

对于服务器会话而言，一个固定不变的会话标识显然是不安全的。实际应用中，服务器应当在每个会话建立时对会话标识进行重置，以免被二次利用，对会话实行计划性的终止，也能在一定程度上保障业务的安全性。

思考：会话固定的过程中是否适合使用 XSS 攻击？

答：会话固定是可以用 XSS 做组合攻击的，例如，在一些 Cookie 值长时间不刷新重新生成的网站上，如果通过 XSS 攻击获取对方身份信息，即使用户修改密码，Cookie 还是不变，一样可以使得攻击者登录。

9.3　邮件传输协议安全

电子邮件是现代业务场景的重要组成，涉及企业和个人重要隐私的方方面面。近年来，对于邮件服务，不管是针对邮件服务器本身还是邮件用户的攻击都层出不穷，尤其是在企业安全防护层面诸如 Web 应用、主机、防火墙较为完善的情况下，电子邮件常常被攻击者作为突破口来对企业和个人进行渗透攻击。比如，在社会工程学攻击中，针对电子邮件的钓鱼、信息窃取就是攻击者青睐的对象。因此，一个安全的邮件服务系统对保证企业整体安全性尤为重要。SMTP 和 POP3 作为邮件服务的基础支撑协议，其自身的安全性即决定了邮件服务的可靠与否。

9.3.1　SMTP 安全问题

传统的 SMTP 协议并不安全，在实际场景中，它的通信过程容易被监听，从而导致敏感信息泄露。这是因为在设计之初，SMTP 数据的传输并没有使用任何措施对其进行加密，并且一般情况下，邮件的传输会经过多个邮件服务器。

这就导致在网络通信过程中，攻击者可以在邮件经过邮件服务器时截取这些数据包，并按照顺序把它们重新还原成邮件信息，并且这一过程对于用户来说是隐蔽的，也就是说，用户是在不知情的情况下，就被攻击者窃取并泄露了个人身份等敏感信息。如图 9-13 所示，在没有加密措施的情况下，使用 Wireshark 工具可以轻易地监听到邮件的明文信息。

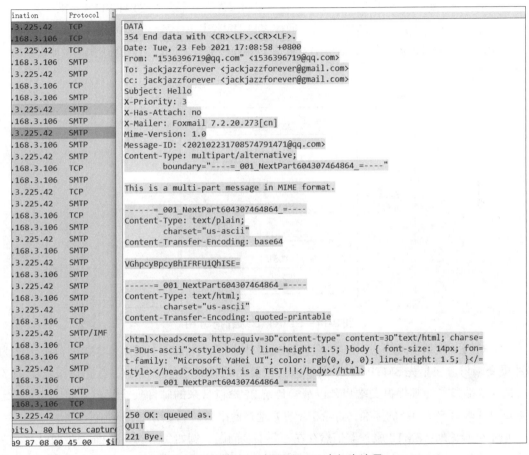

图 9-13　Wireshark 抓取 SMTP 未加密流量

现代 SMTP 协议通常会使用 SSL 以及 TLS 来加密服务器和客户端之间的通信，以此希望保证电子邮件的安全传输。

TLS 是 SSL 的后续版本，用以替代旧版本的 SSL。目前大多数邮件服务器都使用 TLS 协议。在保证原来邮件服务正常工作的前提下，TLS 和 SSL 在邮件服务层额外添加了一个加密层，并使用额外的 TCP 端口 465 来传输加密的数据。

TLS 协议主要工作过程如下：

（1）客户端与邮件服务器建立连接，发送邮件加密的类型以及其版本。

（2）邮件服务器将 TLS 或者 SSL 证书以及相应的加密公钥回应给客户端验证。

（3）客户端根据公钥生成相应的共享密钥，发送给服务器。

（4）服务器以及客户端使用共享密钥进行邮件数据的加密传输。

在双方邮件客户端都支持该种加密协议的情况下，这种方式能够较大程度上增强邮件安全性，即使邮件数据被攻击者恶意监听，只要解密密钥没有泄露，攻击者就无法获取邮件数据。但在特殊场景下，使用额外的端口进行加密也被认为是对有限端口资源的浪费，因此邮件服务商们也推出了 STARTTLS 拓展。

STARTTLS 是一种适用于多种协议的拓展，应用于包括但不局限于 TLS、SSL、FTP 等协议。与 SSL 和 TLS 相比，STARTTLS 使得明文通信在不需要使用另外一个加密端口的情况下直接升级为加密通信。其工作过程如下：

（1）客户端与邮件服务器建立连接后，客户端向邮件服务器发送 STARTTLS 请求。

（2）如果服务器支持 STARTTLS，就会回应客户端一个标识，表示可以创建 STARTTL 连接。

（3）客户端得到回应开始重启连接，这时，客户端和服务器之间的通信已经升级为加密通信，如图 9-14 所示。

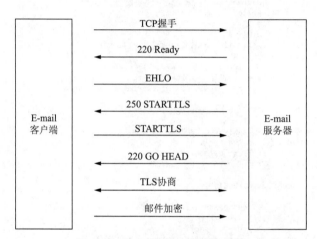

图 9-14　STARTTLS 通信示意图

STARTTLS 默认情况下使用 587 端口进行邮件通信，在 RFC 标准中，587 端口被定义为邮件提交端口。在早先 SMTP 的 25 端口被大量滥用的背景下，协议制定者先是指定了 TLS/SSL 的 465 端口作为邮件提交端口，以减轻传统 25 端口带来的邮件安全忧虑。随后，又指定 STARTTLS 端口 587 为新的标准，寄希望于更好地在商用场景下使用安全的邮件服务。

但不可避免地，SMTP 服务器依然存在一些安全问题，例如 TLS 或 SSL 证书过期以及不支持安全协议等。因此在应用场景下，邮件服务商为了更好的用户兼容性，并不会强制性地使用某一个端口或者协议进行通信，这就导致用户之间的邮件传递缺少统一性，给安全性带来一定隐患。

在传统的 SMTP 协议中，其本身是支持接收纯文本连接的。因此，即使没有与客户端建立起安全的加密连接，服务器仍然会发送邮件，这就增加了邮件被非法监听的可能。

另外，STARTTLS 在其工作机制上有着不可避免的缺陷，要完成加密升级，就必须确保通信双方都支持 STARTTLS 拓展。

通信双方为建立起加密通信，STARTTLS 客户端首先会建立 TCP 连接询问邮件服务器是否支持加密协议，而这一段通信是未加密的。

在中间人攻击场景中，如果攻击者截取了这一询问连接并且篡改其内容并返回给客户端，就可以使得原本支持加密协议的服务器，被迫接收非加密通信传输，从而造成加密降级攻击。

针对这些问题，邮件服务提供商推出了新的标准——SMTP 严格安全传输政策（MTA-STS）。

MTS-STS 的目的同样是通过 TLS 加密传输通信以保证 SMTP 服务器之间的安全，在启用了 MTA-STS 的邮件网络中，双方邮件服务器在建立有效的 SMTP 连接时，需要满足以下基本要求：

（1）利用有效证书验证身份。

（2）服务器支持 HTTPS 协议。

（3）使用 TLS1.2 或者更高版本协议加密。

如果无法达到以上要求，SMTP 连接就无法建立，以此来确保邮件往来必须经过加密，避免了被中间人攻击或者加密降级的可能。

另外，MTA-STS 协议也缓解了 DNS 欺骗攻击给 SMTP 带来的威胁。由于 DNS 查询过程未加密的特点，因此在邮件通信时，客户端在向邮件服务器发起 DNS 查询时，攻击者可以拦截 DNS 查询并且替换 DNS 查询响应中的 MX 记录，从而将邮件直接发送到攻击者的邮件服务器。

在实施了 MTA-STS 的邮件服务器上，MTA-STS 会创建一个子域，该子域服务器上会创建一个 .well-known 目录存储 MTS-STS 策略文件，记录 DNS 正确的 MX 记录，并会发布到 Web 服务上以供发件者访问。

发件人在发送邮件时，邮件服务器首先会通过 HTTPS 协议从子域的 Web 服务上读取策略文件，读取其中的 MX 记录并与 DNS 查询获得的 MX 记录对比，如果一致则正常发送，否则将异常中断，如图 9-15 所示。这样，就减轻了 DNS 欺骗攻击的危险。

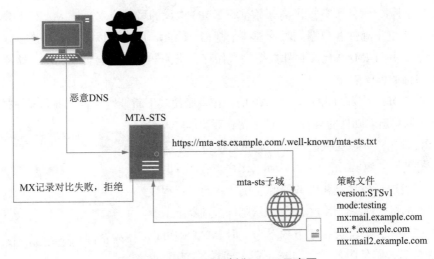

图 9-15　MTA-STS 抵御 DNS 示意图

9.3.2　POP3 安全问题

协议制定者在最初制定 POP3 协议时，没有考虑传输中的明文加密问题，缺乏加密传输措施，致使攻击者可以轻易地从明文传输中获取用户名、密码等敏感信息，造成严重的邮件安全威胁。如图 9-16 所示，利用 Wireshark 等协议分析工具就可以抓取 POP3 未加密流量。

加密传输对于 POP3 安全同样是非常重要的一个环节。除了支持较为普遍的 TLS/SSL 协议之外，POP3 同样可以搭配 STARTTLS 进行加密升级拓展。

除了加密性之外，POP3 协议本身的工作机制在实际应用中也容易出现一些安全问题。

首先，由于 POP3 离线的特性，用户在邮件下载到本地后无须任何身份验证即可在客户端查看邮件，容易造成机密邮件的泄露，从而破坏了邮件信息的机密性。

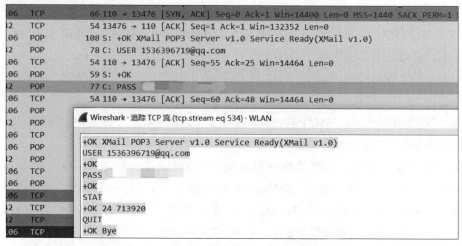

图 9-16　Wireshark 抓取 POP3 未加密流量

其次，在早期的 POP3 服务器中，如果在多个客户端上阅读邮件，上个客户端离线下载到客户端后，邮件会立即从邮件服务器中删除，使得下个客户端无法保存，从而造成重要邮件的丢失。虽然现在大多数的 POP3 服务器在邮件保存到本地后，已不再删除服务器上的邮件，但其单向性的特点，也使得其不太适应现代人多端同步的生活方式。

基于这些问题，邮件服务提供商开始推行 POP3 协议的可选协议——IMAP。IMAP 的设计目标是允许多个电子邮件客户端同时管理一个邮箱，因此，用户可以随时随地连接邮件服务器获取邮件信息，并且 IMAP 允许邮件数据一直保存在服务器上而不会自动删除，这样用户就可以按需保留自己的重要信息。

另外，与 POP3 协议不同的是，IMAP 的工作机制使其不断维持着客户端和邮件服务器的双向通信，在不断更新着邮件的查看、修改、删除等操作之外，很大程度上使得用户获取更快的邮件响应，也使得多个客户端能够有较好的同步效果，如图 9-17 所示。用户查看邮件时，也需要通过身份验证建立起和服务器的连接，从而一定程度上保证了邮件的机密性。使用 POP3，当从邮件服务器上下载带有附件的邮件时，通常会一起下载下来，但 IMAP 则可以只浏览邮件信息，邮件附件作为可选下载；同样，IMAP 也支持离线使用。

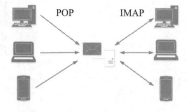

图 9-17　POP3 和 IMAP 比较图

在网易官方的邮件协议说明中，IMAP 和 POP3 之间的区别如表 9-1 所示。

表 9-1　IMAP 和 POP3 之间的区别

操作位置	操作内容	IMAP	POP3
收件箱	阅读、标记、移动、删除等	客户端与邮箱更新同步	仅客户端内
发件箱	保存到已发送	客户端与邮箱更新同步	仅客户端内
创建文件夹	新建自定义的文件夹	客户端与邮箱更新同步	仅客户端内
草稿	保存草稿	客户端与邮箱更新同步	仅客户端内
垃圾文件夹	接收误移入垃圾文件夹的邮件	支持	不支持
广告邮件	接收被移入广告邮件夹的邮件	支持	不支持

相较于 POP3，邮件服务商更加青睐 IMAP 协议的部署，许多邮件客户端默认选项即是 IMAP，但 IMAP 虽然弥补了 POP3 的一些缺点，但其协议本身也存在着一些不足。

首先是其协议本身的复杂性，IMAP 客户端需要实时与邮件服务器保持连接，以此收到新邮件时向用户发送通知，通知又涉及新旧邮件标识的问题，某种意义上增加了 IMAP 协议处理的复杂性。

其次，由于 IMAP 保存邮件信息的特点，当用户基数达到一定程度时，服务器的资源可能被大量消耗，从而增加成本。

因此，邮件架构设计者通常会同时设计 POP3 和 IMAP 协议相互结合，以综合其优点形成整体的协调性。

IMAP 协议在制定时除了支持最基本的明文传输之外，额外添加了加密机制，更加适应现代业务场景需求，并且用户在使用时，同样可以使用 SSL 和 TLS 对邮件通信执行加密措施，进一步提升其安全性。

思考：IMAP 协议在任何情况下都比 POP3 好吗？什么情况下更适合使用 POP3 协议？

答：不一定。在一些使用固定客户机接收邮件的环境下，POP3 协议可以使得用户免去网络身份验证的二次操作以及有时没有网络的尴尬。

9.4 DHCP 协议攻击与防御

DHCP 协议的设计本身存在着许多安全缺陷，使得 DHCP 系统也面临着严重的安全威胁。

9.4.1 DHCP 协议攻击

DHCP 最初的设计者并没有在安全方面做过多的考量，因此 DHCP 服务器自身存在着许多不安全的因素，例如发放 IP 地址缺失身份校验过程、有效的 IP 地址容易被恶意消耗等。这些不安全的因素给了不法分子可乘之机，在使用 DHCP 服务的局域网环境下，用户的正常网络通信容易受到影响，严重的还会造成信息泄露、病毒传播等严重后果。因此，了解一些常见的 DHCP 攻击方式有助于预防可能到来的攻击。下面简单介绍几种常见的 DHCP 攻击方式。

1. DHCP 服务器仿冒攻击

DHCP 协议一共存在八种报文类型，分别是 Discover、Offer、Request、ACK、NAK、Release、Decline、Inform，这里着重讨论 Discover 类型，它是 DHCP 客户端用来寻找 DHCP 服务器的报文。DHCP 客户端在一开始请求 IP 地址的时候并不知道 DHCP 服务器的位置，因此 Discover 报文会以广播的形式在网络中发送，这就给了攻击者可乘之机。

客户端发送 Discover 广播报文给局域网内所有连接的 DHCP 服务器，假设攻击者接入 DHCP 服务器，那么攻击者同样可以侦听到局域网中客户端广播的 Discover 报文，从而拥有了给网络造成混乱的机会，如图 9-18 所示。

使用这种仿冒 DHCP Server 的形式，攻击者能够伪造 IP、网关地址等信息，构造 Offer 报文回应给客户端，甚至把攻击者的 IP 地址作为 DNS 服务器地址，构造 Offer 报文，来引导局域网内的用户主机访问攻击者搭建的钓鱼网站，从而盗取用户的网站用户名、密码、身份证信息、银行卡密码等个人隐私信息。

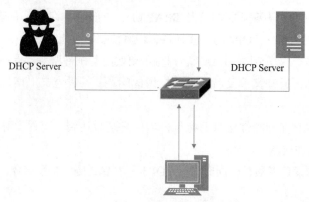

图 9-18　DHCP 服务器仿冒攻击示意图

2. DHCP 泛洪攻击

DHCP 工作机制中，服务器接收到客户端广播来的 Discover 报文之后，便会从自身地址池中选择一个 IP，构造 Offer 报文传递给客户端，在客户端没有回复 Request 报文确认分配的情况下，服务器会一直为客户端保留这个等待分配的 IP。如果攻击者蓄意构造大量的 Discover 报文，并将报文不停地发往服务器，服务器地址池中的有效 IP 将迅速被消耗，从而恶意耗尽 DHCP 服务器的地址资源，使得合法用户无法获得 IP 资源。另外，如果交换机上开启了 DHCP Snooping 功能，会将接收到的大量 DHCP 报文上送到 CPU，使 DHCP 服务器高负荷运行，甚至会导致设备瘫痪。这种攻击称为 DHCP 泛洪攻击。

相似的还有 DHCP 饥饿攻击，DHCP 机制中，服务器通过数据包报文中 CHADDR 字段中包含的 MAC 地址来确认客户的身份，因此攻击者可以向服务器发送大量 CHADDR 字段不同的 DHCP 报文，消耗地址池中有效 IP 地址，从而达到攻击目的。

3. DHCP 中间人攻击

中间人攻击是一种间接入侵攻击的模式，它是在多种技术手段的作用下，将计算机控制放置在网络连接中，并与原始计算机建立活动连接，维持信息交互运行，然后从中截取敏感的信息进行数据交换的过程。在通信双方都无法察觉到自身连接被第三方插足的情况下，中间人控制着两方会话数据的交换，进行截获、伪造等各种恶意目的。

在 DHCP 服务中，服务器与客户端之间相互确认身份的主要凭证就是双方数据包中的 MAC 地址，因此它们之间的信任关系实际上并不牢固。在 DHCP 中间人攻击中，中间人（即攻击者）首先会将自己的 MAC 地址和 IP 发送给客户端，使得客户端相信其为 DHCP 服务器，而后，伪造客户端的 IP 地址，向真正的服务器发送 DHCP 报文。这样，客户端传达给服务器以及服务器回应客户端的数据报文都将经过中间人的转发，由中间人完成他们之间的数据交换，如图 9-19 所示。

下面利用 Yersinia 工具进行 DHCP 泛洪攻击，以便读者能够了解攻击者的攻击过程。

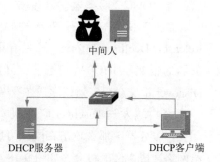

图 9-19　DHCP 中间人攻击示意图

实验环境：DHCP 服务器，Kali Linux 攻击机。

Kali Linux 中已经默认集成了 Yersinia 工具，该工具有命令行和图形两种界面，使用命令 yersinia -h 即可输出工具选项。

使用 yersinia -G 命令即可打开图形化界面，如图 9-20 所示。

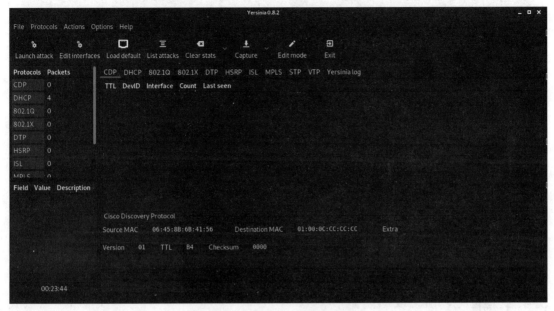

图 9-20　Yersinia 工具图形化界面

Yersinia 工具集成了针对许多不同协议的攻击，这里只关注 DHCP 协议相关的内容。

单击 Edit interfaces，选择网卡，如图 9-21 所示。网卡名称可以通过 ifconfig 命令查看。

图 9-21　Yersinia 工具选择网卡

单击 Launch attack 按钮，弹出 Choose protocol attack 选项。选择 DHCP 协议，然后选择 sending DISCOVER packet 选项，如图 9-22 所示，这代表向 DHCP 发送大量的 Discover 报文，以达到耗尽有效 IP 地址的目的。

程序运行完成后，单击 OK 按钮，Yersinia 工具就会自动向 DHCP 服务器发起攻击。这时 DHCP 服务器在局域网中的工作已经受到影响，新接入一台设备会发现无法获取到 IP。

虽然 DHCP 在很大程度上方便了网络管理，但其本身运行机制中的缺陷，也使得用户暴露在许多安全威胁之下。值得庆幸的是，日新月异的技术更新正在逐步解决这些安全隐患，应用中的现代 DHCP 服务已不再是不堪一击。

图 9-22　Yersinia 建立攻击示意图

9.4.2　DHCP 协议攻击防御

针对 DHCP 协议攻击的防护方法，各个设备厂商在其产品中提供的安全特性有所不同，但较为通用的策略是端口限制、ARP 检测、IP 过滤、报文限速等，目前应用较为广泛的技术有 DHCP Snooping、IPSG 和 DAI。

1. DHCP Snooping

DHCP Snooping 即 DHCP 监听技术，它是 DHCP 的一个安全特性，针对 DHCP 运行过程中存在的安全隐患提出解决办法，以维护网络通信的稳定性和安全性。实际应用中，各个设备厂商在其技术基础上的开发延伸有所不同，较为通用的措施有以下两种：

（1）增加信任功能，确保客户端的网络参数信息来自合法的 DHCP 服务器。

（2）监听并提取报文信息，以此建立和维护 DHCP Snooping 绑定表。

DHCP Snooping 将交换机接口分为信任接口（Trust）和非信任接口（Untrust）两类。在开启了 DHCP Snooping 的交换机上，将与合法 DHCP 服务器相连的接口设置为信任接口，其余接口都默认为非信任接口。

如图 9-23 所示，非信任接口接收到 DHCP 服务器的报文（如 Offer）后，会直接丢弃该报文而不进行转发。这样，DHCP 仿冒攻击者就无法作为 DHCP 服务器接入网络，从而确保了 DHCP 客户端获取的 IP 地址等参数信息来自于合法的 DHCP 服务器，有效地防范 DHCP 服务器仿冒攻击。

图 9-23　DHCP Snooping 信任接口配置示意图

客户端在接收合法 DHCP 服务器响应的 Offer 报文后，交换机会自动将客户端的一些信息条目例如 IP 地址、MAC 地址、交换机端口号、VLAN 号记录下来，并添加到其 DHCP 监听绑定表中，作为一个合法用户信息库。客户端与服务器的数据通信中，交换机首先会将客户端发送的请求报文中的内容与绑定表中信息对比，确认一致后，方才允许通过，以防止攻击者恶意的仿冒客户端请求。除此之外，交换机还可以利用 DHCP 监听绑定表，有效地防范资源耗尽攻击，一方面可以通过限制接口中绑定表项最大学习个数来控制用户数量，另一方面通过检测 DHCP 请求包中帧头 MAC 地址是否与数据表中已有记录的 CHADDR 字段值相同，以防范攻击者恶意改变 CHADDR 字段进行恶意的 IP 资源申请。

同时，为了避免网络管理混乱，管理员可以通过 DHCP Snooping 技术实现用户管理。例如，在交换机中，DHCP 服务器能够通过报文中增加的 Option82、Option18 和 Option37 选项来确定客户端的位置信息，以此实现对于客户端的安全管制，而对于用户私自更改客户端网络参数造成的服务冲突问题，管理员也可以通过绑定表中信息对用户 IP 地址、MAC 地址和接入交换机接口进行强行绑定，一旦任意参数被改变，交换机进行自动断网，以此强制用户默认应用动态的 IP 地址，提升网络的易管理性。

2. DAI 和 IPSG

动态 ARP 检测技术 DAI 主要应用于交换机上，在网络中建立 IP 和 MAC 地址的动态绑定关系。通过绑定表中的 MAC 地址和端口表项，DAI 可以过滤 ARP 应答中的非法报文，保证 IP 和 MAC 表项的一致性，从而阻断攻击者使用恶意工具进行中间人攻击的过程。在端口通信中，DAI 限制端口的请求速度以及请求报文数来防范恶意攻击者的 DoS 泛洪攻击，同时会对设置了静态 IP 地址的客户端的 ARP 请求保持拒绝状态，以此确保各个客户端之间的 IP 地址不会重复冲突，为网络提供更好的稳定性。

IP 源防护（IP Source Guard，IPSG）是一种基于 IP/MAC 的端口流量过滤技术，主要用于防护存在于局域网内的 IP 欺骗。在配置了 IPSG 的交换机上，每个端口和 IP 地址存在着对应关系，自己不能随意修改，并且其他主机不能占用。IPSG 对接口中通过的流量进行检查，阻塞 IP 和 MAC 地址不在 DHCP 绑定表中的流量，防护 IP 冲突以及非法攻击问题，相对于 DAI 只检测 ARP 报文的特性而言，IPSG 检测的是所有数据包。在华为公司的交换机配置指南中，IPSG 过滤方式如表 9-2 所示。

表 9-2　IPSG 过滤方式

设置的检查项	含义
基于源 IP 地址过滤	根据源 IP 地址对报文进行过滤，只有源 IP 地址和绑定表匹配，才允许报文通过
基于源 MAC 地址过滤	根据源 MAC 地址对报文进行过滤，只有源 MAC 地址和绑定表匹配，才允许报文通过
基于源 IP 地址 + 源 MAC 地址过滤	根据源 IP 和源 MAC 地址对报文进行过滤，只有源 IP 和源 MAC 地址都和绑定表匹配，才允许报文通过
基于源 IP 地址 + 源 MAC 地址 + 接口过滤	根据源 IP 地址、源 MAC 地址和接口对报文进行过滤，只有源 IP、源 MAC 地址和接口都和绑定表匹配，才允许报文通过
基于源 IP 地址 + 源 MAC 地址 + 接口 +VLAN 过滤	根据源 IP 地址、源 MAC 地址、接口和 VLAN 对报文进行过滤，只有源 IP 地址、源 MAC 地址、接口和 VLAN 都和绑定表匹配，才允许报文通过

IPSG 以及 DAI 都需要借助交换机中 Snooping 绑定表进行安全审计工作，因此通常会与 DHCP Snooping 技术一起联用来构成 DHCP 安全系统的整体结构。借助这三项技术的统一部署，DHCP 运行机制中的安全问题能够得到较好的解决，在为用户创造良好的运行环境的同时，也帮助管理员在复杂的局域网网络环境中保证各个客户端之间维持正常的网络通信。

思考：在实际应用中还存在着哪些防护技术？

答：各个厂商的设备在防护策略上有所差异，如 Port Security 就是一种在交换机上配置的安全技术，读者可以自行查看各个厂商设备的安全说明。

小　结

本章介绍了针对应用层协议常见的攻击方法，并给出了相应的防御措施。通过对本章内容的学习，读者可以更好地理解应用层协议的缺陷和漏洞，当面临攻击风险时，能够采取必要的手段进行防护。

习　题

一、选择题

1. 服务器中，能实现动态 IP 地址分配的服务是（　　）。
   A. DHCP　　　　　B. DNS　　　　　C. SMTP　　　　　D. HTTP
2. 服务器使用 DHCP 服务的好处是（　　）。
   A. 为经常变动的工作站的 TCP/IP 配置更新提供方便
   B. 为系统提供了安全可信的配置
   C. 简化配置客户机 TCP/IP 的工作
   D. 以上都是
3. 以下技术不属于 DHCP 协议防护技术的是（　　）。
   A. DAI　　　　　B. IPSG　　　　　C. DHCP Snooping　　　　　D. MTA-STS
4. 以迫使 DHCP 服务器停止工作为攻击目的的攻击类型是（　　）。
   A. DHCP 服务器仿冒攻击　　　　　B. DHCP 中间人攻击
   C. DHCP 泛洪攻击　　　　　　　　D. ARP 欺骗
5. （多选题）下列属于 DNS 组成部分的是（　　）。
   A. 域名服务器　　　B. DNSSEC　　　C. 域名空间　　　D. 地址解析器
6. 下列说法中正确的是（　　）。
   A. 客户端查询域名时首先向本地域名服务器发送 DNS 请求
   B. Transaction ID 由本地客户端生成
   C. Transaction ID 欺骗中，客户端接收攻击者伪造的 DNS 应答包后不会收到合法服务器发送的 DNS 响应包
   D. 与传统的 DNS 协议相比，DNSSEC 在其基础上并未添加数据来源验证技术

7. （多选题）下列工具可用于进行 DNS 欺骗的是（　　）。
   A. dirsearch　　　　B. Ettercap　　　　C. arpspoof　　　　D. oneforall
8. 下列措施中，能有效防御 ARP 欺骗攻击的是（　　）。
   A. 进行 MAC 地址绑定　　　　　　　　B. 修改客户端 IP 地址
   C. 重启计算机设备　　　　　　　　　　D. 断开网络连接
9. 关于会话跟踪技术 Cookie 和 Session 的相同点和不同点，说法错误的是（　　）。
   A. Cookie 和 Session 都是记录跟踪客户状态的技术
   B. 与 Session 相比，Cookie 的过期时间相对要长
   C. Cookie 对用户透明并且可以随意修改，Session 不可以被用户修改
   D. Cookie 和 Session 都是由服务器生成并保存在服务器上
10. 下列可用于截获用户 Cookie 的攻击技术是（　　）。
    A. SQL 注入　　　　B. XSS　　　　C. 目录遍历　　　　D. 命令执行
11. 服务器除了在 Cookie 中标明以及使用 URL 参数传递之外，通常还在（　　）之中隐藏会话标识。
    A. 网页标题　　　　B. 表单域　　　　C. 服务器日志　　　　D. 管理后台
12. 能有效减小会话固定危害的措施是（　　）。
    A. 使用固定不变的会话标识　　　　　　B. 定时重置会话标识
    C. 使用 Windows 自带的浏览器访问网站　　D. 对会话标识进行 base64 编码
13. SMTP 和 POP3 协议工作在（　　）端口。
    A. 25 和 22　　　　B. 23 和 110　　　　C. 25 和 110　　　　D. 25 和 443
14. MTA-STS 邮件网络中，双方邮件服务器在建立 SMTP 连接前，需满足的条件是（　　）。
    A. 必须使用谷歌 Gmail 服务
    B. 必须使用有效证书进行身份验证
    C. 双方邮件服务器必须在同一局域网
    D. 必须使用 TLS 1.3 或者更高版本协议对通信加密
15. 下列不是 IMAP 和 POP3 协议主要区别的是（　　）。
    A. 与 POP3 相比，IMAP 更好地支持了从多个不同设备中随时访问新邮件
    B. POP3 在客户端对邮件的操作（如标记已读，移动）不会同步反馈到服务器上，而 IMAP 所有对邮件的操作都将同步到服务器
    C. IMAP 提供摘要信息让用户决定是否下载邮件，而 POP3 则是将未读邮件一次性从服务器下载下来
    D. IMAP 和 POP3 协议端口不同

二、填空题
1. DHCP 协议一共存在八种报文类型，分别是_____、_____、_____、_____、_____、_____、_____、_____。
2. 针对 DHCP 协议的攻击类型有_____、_____、_____。
3. 常见的 DNS 欺骗技术是_____。
4. 常用抵御 DNS 欺骗的防御措施有_____、_____、_____。
5. 会话跟踪技术有_____、_____。

6. 针对 XSS 攻击，可以设置_____或者_____来抵御其危害。
7. 会话劫持和会话固定性质类型，都是以_____为目的。
8. SMTP 协议可以引入_____和_____来加密服务器和客户端之间的流量通信。
9. STARTTLS 拓展使得明文通信在_____的情况下直接升级为加密通信。
10. IMAP 协议维持着客户端和邮件服务器的_____，使得用户获取更快的_____。

三、简答题

1. DHCP 服务器仿冒攻击，攻击者为什么能够仿冒成 DHCP 服务器？简述其过程。
2. 常见的 DHCP 防护技术有哪些？简述其工作原理。
3. 同传统 DNS 相比，DNSSEC 在技术上什么更新？
4. 常见的会话跟踪技术有哪两种？它们有什么不同点？
5. 举例给出会话固定及会话劫持的防御措施。
6. STARTTLS 拓展解决了加密邮件场景下额外占用端口的问题，其工作原理及缺陷是什么？
7. IMAP 协议和 POP3 协议之间有什么不同点？

第 10 章

交换及路由协议

交换机和路由器是常见的网络互连设备,本章将就交换机涉及的协议 STP、LLDP 和路由技术以及路由协议进行讲解。

学习目标:
通过对本章内容的学习,学生应该能够做到:
(1)了解:交换及路由协议在网络互连中的作用,目前常用的交换及路由协议。
(2)理解:理解交换及路由协议的原理。
(3)应用:掌握本章所介绍的几种交换及路由协议,并能够在网络互连中灵活应用。

10.1 交换协议概述

目前,使用最广泛的交换机是以太网交换机,其他类型的交换机基本上已被市场淘汰。以太网交换机是一种即插即用设备,根据自学习算法建立的交换表进行数据帧的存储转发,有时为了增加网络的可靠性,会增加一些冗余的链路,这些冗余的链路可能会导致交换机自学习过程中以太网帧在环路中兜圈子,为解决这一问题,IEEE 802.1D 标准制定了生成树协议(Spanning Tree Protocol,STP)。为了使网络管理更容易,IEEE 802.1AB 标准制定了链路层发现协议(Link Layer Discovery Protocol,LLDP)。

10.1.1 STP 协议

1. STP 协议的基本原理

在一个具有物理环路的交换机组建的网络中,交换机通过运行 STP 协议,自动生成一个没有环路的树状拓扑,这个没有环路的树状拓扑称为 STP 树。

STP 树的生成过程为:选举根桥→确定根端口和指定端口→阻塞备用端口。

(1)选举根桥:根桥是整个交换网络的逻辑中心,有可能是交换网络的物理中心,如果网络的拓扑结构发生变化,根桥可能会发生变化。

交换机启动后,在发送给其他交换机的桥协议数据单元(Bridge Protocol Data Unit,BPDU)中宣告自己是根桥,每一台交换机都会收到其他交换机发送来的BPDU,收到后会比较BPDU中指定根桥的桥ID(Bridge Identifier,BID)和自己的BID,不断比较,直至选举出BID最小的交换机作为根桥。BID由桥优先级和桥MAC地址两个部分构成,桥优先级默认值为0x8000,即32 768,桥MAC地址一般为网桥端口号最小的端口的MAC地址。

(2)确定根端口:根端口保证了交换机和根桥之间工作路径的唯一性和最优性。没有成为根桥的交换机称为非根桥,为保证非根桥设备到根桥设备的路径最优且唯一,需要从非根桥设备的端口中确定出一个根端口。一台非根桥设备上最多只有一个根端口。确定根端口的依据是根路径开销(Root Path Cost,RPC),RPC为某交换机的端口到根桥的累计路径开销,端口转发速率越大,则路径开销越小,交换机会将RPC最小的端口作为自己的根端口,若RPC相同,则将所连上行设备BID较小的端口作为自己的根端口;若所连上行设备BID相同,则将上行设备端口ID(Port ID,PID)较小的端口作为自己的根端口。端口速率与路径开销的对应关系如表10-1所示。

表10-1 端口速率与路径开销的对应关系

端口速率	开销
100 kbit/s	200 000 000
1 Mbit/s	20 000 000
10 Mbit/s	2 000 000
100 Mbit/s	200 000
1 Gbit/s	20 000
10 Gbit/s	2 000
100 Gbit/s	200
1 Tbit/s	20
10 Tbit/s	2

(3)确定指定端口:为了防止环路的存在,网络中每个网段与根桥之间的工作路径必须唯一且最优,每个网段有且只有一个指定端口。指定端口也是通过比较RPC来确定的,RPC较小的端口将成为指定端口,若RPC相同,则将交换机的BID较小的端口作为指定端口;若BID相同,则将交换机的PID较小的端口作为指定端口。一般情况下,根桥的所有端口为指定端口。

(4)阻塞备用端口:在确定根端口和指定端口之后,交换机上所有剩余端口为备用端口,STP会对备用端口进行逻辑阻塞,不能转发由终端计算机产生并发送的帧,可以接收并处理STP协议帧。

桥优先级配置拓扑如图10-1所示,其他均为默认配置,LSW1的BID为0.4c1f-ccc8-2927最小,则LSW1成为根桥,LSW1的GE0/0/1和GE0/0/3端口为指定端口,LSW2的GE0/0/1端口的RPC小于GE0/0/2端口的RPC,GE0/0/1端口为根端口,LSW3的GE0/0/3端口的RPC小于GE0/0/2端口的RPC,GE0/0/3端口为根端口,对

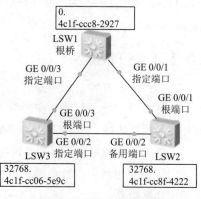

图10-1 桥优先级配置拓扑

于 LSW2 的 GE0/0/2 和 LSW3 的 GE0/0/2 之间的网段，LSW2 的 GE0/0/2 的 RPC 和 LSW3 的 GE0/0/2 的 RPC 相等，LSW3 的 BID 小于 LSW2 的 BID，LSW3 的 GE0/0/2 端口为指定端口，LSW2 的 GE0/0/2 端口为备用端口，STP 将 LSW2 的 GE0/0/2 端口逻辑阻塞，STP 树生成。

交换机上的端口在启动 STP 协议后，端口存在去能、阻塞、监听、学习和转发五种状态。

（1）去能：该状态的端口无法接收和发送任何帧，端口处于关闭状态，这种状态可能是端口的物理状态，如端口物理层没有 UP，也可能是管理员手工将端口关闭。

（2）阻塞：该状态的端口不能转发用户数据帧，不能发送 STP 协议帧，但可以接收 STP 协议帧。

（3）监听：该状态的端口不能转发用户数据帧，不进行 MAC 地址学习，但可以接收并发送 STP 协议帧。

（4）学习：该状态的端口不能转发用户数据帧，可以进行 MAC 地址学习，可以接收并发送 STP 协议帧。

（5）转发：该状态的端口可以转发用户数据帧，可以进行 MAC 地址学习，可以接收并发送 STP 协议帧。

端口状态的迁移过程如图 10-2 所示。

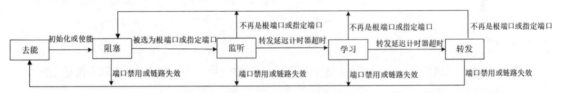

图 10-2　端口状态的迁移过程

2．STP 报文格式

交换机通过交换 STP 协议帧来建立和维护 STP 树，并在网络的物理拓扑发生变化时重新建立 STP 树。STP 协议帧由交换机产生、发送、接收和处理。STP 协议帧是一种组播帧，组播地址是 01-80-c2-00-00-00。STP 协议帧采用 IEEE 802.3 封装格式，其载荷数据被称为 BPDU。BPDU 有 Configuration（配置）BPDU 和拓扑变化通知（Topology Change Notification，TCN）BPDU 两种类型。

（1）Configuration BPDU：初始形成 STP 树的过程中，各 STP 交换机都会周期性地主动产生和发送 Configuration BPDU，一般周期为 2 s。在 STP 树生成后，只有根桥才会周期性地主动产生和发送 Configuration BPDU，非根交换机会从自己的根端口周期性地收到 Configuration BPDU，并立即被触发而产生自己的 Configuration BPDU，同时从自己的指定端口发送出去。

Configuration BPDU 的格式如表 10-2 所示。

表 10-2　Configuration BPDU 的格式

字　　段	字节数	说　　明
Protocol Identifier	2	0x0000
Protocol Version Identifier	1	0x00
BPDU Type	1	BPDU 类型： 0x00：Configuration BPDU； 0x80：TCN BPDU

续表

字　段	字节数	说　明
Flags	1	网络拓扑变化标志：仅使用最低位和最高位 最低位为 TC（Topology Change）标志； 最高位为 TCA（TC Acknowledgement）标志
Root Identifier	8	当前根桥的 BID
Root Path Cost	4	发送该 BPDU 端口的 RPC
Bridge Identifier	8	发送该 BPDU 交换机的 BID
Port Identifier	2	发送该 BPDU 端口的 PID
Message Age	2	该 BPDU 消息的年龄。 如果 Configuration BPDU 是根桥发出的，则 Message Age 为 0。否则，Message Age 是从根桥发送到当前根桥接收到 BPDU 的总时间，包括传输时延等。在实际的实现中 Configuration BPDU 每"经过"一个桥，Message Age 的值增加 1
Max Age	2	BPDU 的最大生命周期，一般为 20 s
Hello Time	2	根桥发送 Configuration BPDU 的周期，也相应地成为其他交换机发送的 Configuration BPDU 周期，一般为 2 s
Forward Delay	2	控制端口 Listening 和 Learning 状态的持续时间，一般为 15 s

Hello Time：交换机发送 Configuration BPDU 的时间间隔。当网络拓扑和 STP 树稳定后，全网使用根桥指定的 Hello Time。修改该时间参数需要在根桥上修改才有效。

Forward Delay：端口状态的延迟时间。如果新选出的根端口和指定端口立刻就开始进行用户数据帧的转发，可能会造成临时工作环路。STP 引入 Forward Delay 机制，新选出的根端口和指定端口需要经过 2 倍的转发时延后才能进入用户数据帧的转发状态，以保证此时的工作拓扑上没有环路。

Message Age：从根桥发出某个 Configuration BPDU，直到这个 Configuration BPDU 传到当前交换机所需要的总时间，包含传输时延等。Configuration BPDU 每经过一个桥，Message Age 便会增加 1。从根桥发出的 Configuration BPDU 的 Message Age 为 0。

Max Age：Configuration BPDU 的最大生命周期，该值由根桥指定，一般为 20 s。STP 交换机在收到 Configuration BPDU 后，会对其中的 Message Age 和 Max Age 进行比较。如果 Message Age 小于等于 Max Age，则 Configuration BPDU 会触发该交换机产生并发送新的 Configuration BPDU，否则 Configuration BPDU 会被丢弃，而且不会触发交换机产生和发送新的 Configuration BPDU。

（2）TCN BPDU 的结构只包含：协议标识、版本号和类型，其中类型字段的值为 0x80。

当网络中某条链路发生了故障，导致工作拓扑发生了变化，则位于故障点的交换机可以通过端口状态直接感知到这些变化，但是其他交换机不能直接感知到这样的变化。在此情况下，位于故障点的交换机会以 Hello Time 为周期通过其根端口不断地向上游交换机发送 TCN BPDU，直到接收到上游交换机发来的 TCA 标志为 1 的 Configuration BPDU。上游交换机在收到 TCN BPDU 后，一方面会通过其指定端口回复 TCA 标志为 1 的 Configuration BPDU，另一方面会以 Hello Time 为周期通过其根端口不断向它的上游交换机发送 TCN BPDU。这个过程会一直重复，直到根桥收到 TCN BPDU。根桥接收到 TCN BPDU 后，会发送 TC 标志为 1 的 Configuration BPDU，通告所有交换机网络拓扑发生了变化。

当交换机接收到 TC 标志置为 1 的 Configuration BPDU，便意识到网络拓扑发生了变化，说明自己的 MAC 地址表的表项内容可能不正确，交换机会将自己的 MAC 地址表的老化周期缩短为 Forward Delay 的时间长度，以加速老化掉原来的地址表项，老化周期一般为 300 s。

3. STP 配置实例

STP 配置实例拓扑如图 10-3 所示，配置 LSW1 为根桥，LSW3 为备份根桥。

（1）配置思路。

配置 LSW1、LSW2、LSW3 生成树模式为 STP，指定 LSW1 为根桥，指定 LSW3 为备份根桥。

（2）配置步骤。

默认情况下，华为交换机使能了 STP 功能，如果 STP 处于去使能状态，需要在系统视图下使能 STP 功能，命令为 stp enable。

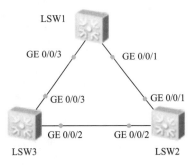

图 10-3　STP 配置实例拓扑

配置 LSW1、LSW2、LSW3 生成树模式为 STP，在系统视图下输入命令 stp mode stp，LSW1 配置命令如图 10-4 所示。

LSW2 配置命令如图 10-5 所示。

```
<Huawei>system-view
Enter system view, return user view with Ctrl+Z.
[Huawei]sysname LSW1
[LSW1]stp mode stp
```

图 10-4　配置 LSW1

```
<Huawei>system-view
Enter system view, return user view with Ctrl+Z.
[Huawei]sysname LSW2
[LSW2]stp mode stp
```

图 10-5　配置 LSW2

LSW3 配置命令如图 10-6 所示。

指定 LSW1 为根桥，在系统视图下输入命令 stp root primary，验证配置，输入命令 display stp，配置命令如图 10-7 所示。

```
<Huawei>system-view
Enter system view, return user view with Ctrl+Z.
[Huawei]sysname LSW3
[LSW3]stp mode stp
```

图 10-6　配置 LSW3

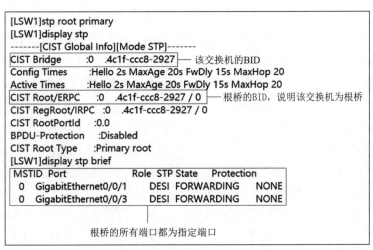

图 10-7　配置 LSW1 为根桥并验证

指定 LSW3 为备份根桥，在系统视图下输入命令 stp root secondary，验证配置，输入命令 display stp，配置命令如图 10-8 所示。

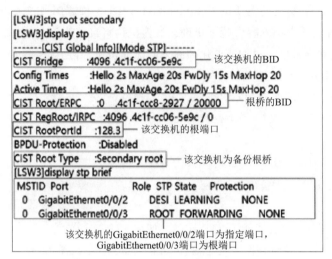

图 10-8　配置 LSW3 为备份根桥并验证

验证 LSW2 的配置，输入命令 display stp，如图 10-9 所示。

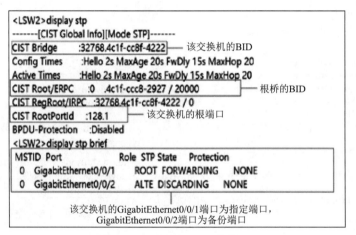

图 10-9　验证 LSW2 的配置

交换机生成树的工作模式包括 MSTP、RSTP、STP 三种模式，交换机 STP 虽然默认为使能状态，但应指定性能较好、距离网络中心较近的交换机为根桥。配置交换机为 STP 根桥后其优先级的值会被设置为 0，配置交换机为 STP 备份根桥后桥优先级的值会被设置为 4 096。交换机的桥优先级的取值范围为 0 ~ 61 440，步长为 4 096。

4. STP 协议的攻击与防御

（1）针对 STP 协议的攻击。

针对 STP 协议的攻击通常发生在 LAN 中，一台 PC 直连到 LAN 设施，使用 Yersinia 或其他类似软件，生成各种虚假的 BPDU 报文，以达到攻击的目的。

① 接管根网桥，不对收到的 TCN BPDU 的 TC-ACK 位置位，导致交换机转发表中的条目持续性的过早老化，可能引发不必要的泛洪。声明自己为根网桥，几秒后取消，导致持续性的状态切换，造成交换机的大量进程波动，CPU 占用率居高不下，可能引发拒绝服务。

② 发送大量 BPDU 报文导致交换机 CPU 占用率升高，使该交换机处于拒绝服务状态。

③ 不断生成 TCN BPDU，迫使根桥对它们进行确认，另外回溯该树直至根桥的所有交换机都会收到 TC-ACK 位置位的 BPDU，交换机在接收到 TC-BPDU 报文后，执行 MAC 地址表项和 ARP 表项的删除操作。攻击者伪造 TC-BPDU 报文恶意攻击交换机时，交换机短时间内会收到很多 TC-BPDU 报文，频繁的删除操作会给设备造成很大的负担，给网络的稳定带来很大隐患。

④ 模拟双宿主交换机，接管根网桥创建新拓扑，迫使所有流量必将经过该主机，甚至迫使交换机创建 Trunk 端口，并截取多于一个 VLAN 的流量。

（2）STP 协议攻击的防御。

上述攻击行为中 PC 必须直连到 LAN 中，针对这种情况，有以下几种防御方式。不同厂商的交换机配置不同，这里以华为交换机为例进行说明，其他厂商的设备请读者自行扩展。

① Root 保护。当配置 Root 保护的端口收到比自己优先级更高的 BPDU 报文时，会将自己置为 Discarding 状态，从而保护根桥的端口。配置 Root 保护的方法为进入接口视图，执行命令 stp root-protection。

② BPDU 保护。边缘端口是直接与终端相连的端口，如果交换机上有边缘端口，为防止网络振荡，需要在交换机上配置 BPDU 保护。在全局配置 BPDU 保护后所有边缘端口都启用此功能。配置 BPDU 保护的方法为先执行命令 stp edged-port enable，配置端口为边缘端口；然后在系统视图中执行命令 stp bpdu-protection，配置交换机的 BPDU 保护功能。

③ TC 保护。启用防 TC-BPDU 报文攻击功能后，在单位时间内，MSTP 进程处理 TC-BPDU 报文的次数可配置（默认的单位时间是 2 s，默认的处理次数是 3 次）。如果在单位时间内，MSTP 进程在收到 TC-BPDU 报文数量大于配置的阈值，那么 MSTP 进程只会处理阈值指定的次数。对于其他超出阈值的 TC-BPDU 报文，定时器到期后，MSTP 进程只对其统一处理一次。这样可以避免频繁的删除 MAC 地址表项和 ARP 表项，从而达到保护交换机的目的。配置 TC 保护的方法为在系统视图中执行命令 stp tc-protection，使能 MSTP 进程对 TC-BPDU 报文的保护功能。

④ 华为交换机环路保护功能。在启动了环路保护功能后，如果根端口收不到来自上游的 BPDU 时，根端口会被设置进入阻塞状态；而阻塞端口则会一直保持在阻塞状态，不转发报文，从而不会在网络中形成环路。

10.1.2 LLDP 协议

链路层发现协议（Link Layer Discovery Protocol，LLDP）是为了使不同厂商的设备能够在网络中相互发现并交互各自的系统及配置信息，允许网络设备在本地子网中通告自己的设备标识和性能。LLDP 协议是定义在 802.1ab 中的一个二层协议。LLDP 协议允许网络中交换机、路由器、无线局域网接入点等的管理地址、设备标识、接口标识等信息发送给接入同一个局域网的其他设备，当一个设备从网络中接收到其他设备的信息时，将这些信息以 SNMP MIB 的形式存储起来。存储起来的 MIB 信息用于发现设备的物理拓扑结构以及管理配置信息。

1. 工作原理

LLDP 定义了一个通用公告信息集、一个传输公告的协议和一种用来存储所收到的公告信息的方法。要公告自身信息的设备可以将多条公告信息放在一个局域网数据报内传输，传输的形式为类型长度值（Tag Length Value，TLV）。具有 LLDP 能力的设备将公告信息放在一个局域网数据包内每隔 30 s 传输一次，LLDP 设备在收到邻近网络设备发出的 LLDP 信息后，将 LLDP 信息存储在 SNMP 的 MIB 中，存储的 LLDP 信息在一定的时限内有效，时限为数据包 TTL 的值。

2. LLDP 工作模式

（1）TxRx：既发送也接收 LLDP 帧。

（2）Tx：只发送不接收 LLDP 帧。

（3）Rx：只接收不发送 LLDP 帧。

（4）Disable：既不发送也不接收 LLDP 帧，准确地说，这并不是一个 LLDP 的状态，这可能是 LLDP 功能被关闭了，也可能是设备不支持。

3. LLDP 配置实例

LLDP 配置实例拓扑如图 10-10 所示，网络管理员希望在 NMS1 上可以获取到 LSW1 和 LSW2 之间链路的通信情况、设备功能变化的告警信息，用于了解网络的详细拓扑和判断网络中是否有配置冲突。

图 10-10　LLDP 配置实例拓扑

（1）配置思路。

使能 LSW1 和 LSW2 的全局 LLDP 功能。

配置 LSW1 和 LSW2 的管理 IP 地址方便网管系统进行管理。

使能 LSW1 和 LSW2 告警功能，及时将告警信息传送到 NMS。

（2）配置步骤。

使能 LSW1 和 LSW2 的全局 LLDP 功能，在系统视图下输入命令 lldp enable，LSW1 配置命令如图 10-11 所示。

LSW2 配置命令如图 10-12 所示。

```
<Huawei>system-view
[Huawei]sysname LSW1
[LSW1]lldp enable
Info: Global LLDP is enabled successfully.
```

图 10-11　LSW1 配置 lldp

```
<Huawei>system-view
Enter system view, return user view with Ctrl+Z.
[Huawei]sysname LSW2
[LSW2]lldp enable
Info: Global LLDP is enabled successfully.
```

图 10-12　LSW2 配置 lldp

配置 LSW1 和 LSW2 的管理 IP 地址方便网管系统进行管理，在接口视图下配置 IP 地址，配置命令为 ip address ip-address mask|mask-length，其中 ip-address mask|mask-length 为 vlan1 接口的 IP 地址和子网掩码或子网掩码长度，在系统视图下输入命令 lldp management-address ip-address，其中，ip-address 为 vlan1 接口的 IP 地址，LSW1 配置命令如图 10-13 所示。

LSW2 配置命令如图 10-14 所示。

```
[LSW1]interface vlan 1
[LSW1-Vlanif1]ip address 10.10.10.1 255.255.255.0
[LSW1]lldp management-address 10.10.10.1
Info: Setting management address successfully.
```

图 10-13　配置 LSW1 的管理 IP 地址

```
[LSW2]interface vlan 1
[LSW2-Vlanif1]ip address 10.10.10.2 255.255.255.0
[LSW2]lldp management-address 10.10.10.2
Info: Setting management address successfully.
```

图 10-14　配置 LSW2 的管理 IP 地址

使能 LSW1 和 LSW2 告警功能，及时将告警信息传送到 NMS，在系统视图下输入命令 snmp-agent trap enable feature-name lldptrap，LSW1 配置命令如图 10-15 所示。

```
[LSW1] snmp-agent trap enable feature-name lldptrap
[LSW1]
Mar  4 2021 09:34:35-08:00 LSW1 SNMP/4/WARMSTART:OID 1.3.6.1.6.3.1.1.5.2 warmSta
rt
```

图 10-15　配置 LSW1 使能告警

LSW2 配置命令如图 10-16 所示。

```
[LSW2]snmp-agent trap enable feature-name lldptrap
[LSW2]
Mar  4 2021 09:35:35-08:00 LSW2 SNMP/4/WARMSTART:OID 1.3.6.1.6.3.1.1.5.2 warmSta
rt
```

图 10-16　配置 LSW2 使能告警

LSW1 验证配置结果，查看邻居信息，配置命令为 display lldp neighbor brief，如图 10-17 所示。

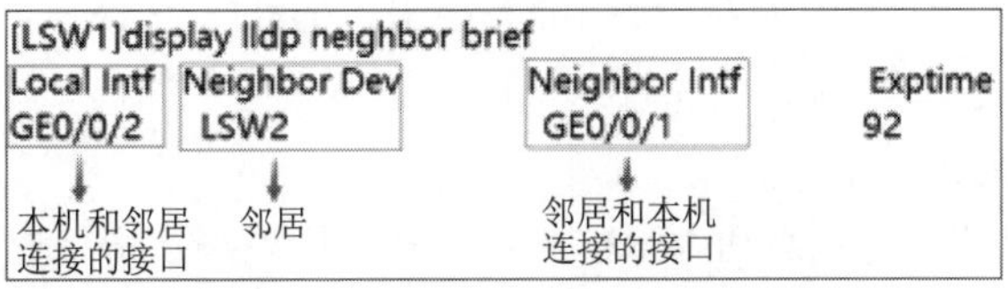

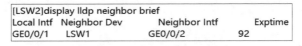

图 10-17　LSW1 查看邻居信息

LSW2 验证配置结果，查看邻居信息，配置命令为 display lldp neighbor brief，如图 10-18 所示。

```
[LSW2]display lldp neighbor brief
Local Intf   Neighbor Dev          Neighbor Intf        Exptime
GE0/0/1        LSW1              GE0/0/2           92
```

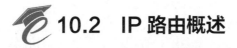

图 10-18　LSW2 查看邻居信息

10.2　IP 路由概述

10.2.1　路由器及路由基本原理

路由器是一种典型的网络互连设备，用来进行路由选择和报文转发。路由器根据收到报文的目的地址在包含一个或多个路由器的网络中选择一条合适的路径，然后将报文传送到下一个路由器，路径终端的路由器负责将报文送交目的主机。

路由就是报文从源端到目的端的路径。当报文从路由器到目的网段有多条路由可达时，路由器根据路由表中最佳路由进行转发。最佳路由的选取和发现与路由协议的优先级、路由的度量有关。当多条路由的协议优先级与路由度量都相同时，实现负载分担，缓解网络压力；当多条路由的协议优先级与路由度量不同时，构成路由备份，提高网络的可靠性。

10.2.2　路由信息的来源

路由信息的来源包括设备自动发现的直连路由、手工配置的静态路由和动态路由协议发现的路由三种方式。

直连路由不需要配置，路由器接口配置好 IP 地址、此接口的状态为 UP 时，由路由进程自动生成。特点是开销小、配置简单、不需要人工维护，但路由器只能发现本接口所属网段的路由。

由网络管理员手工配置的路由称为静态路由。通过配置静态路由可以建立一个互通的网络，但这种配置的问题在于：一个网络发生故障时，静态路由不会自动修正，必须由管理员介入。静态路由配置简单、适合拓扑结构简单、网络规模较小的网络。

当网络拓扑结构十分复杂而且网络规模较大时，手工配置的静态路由因配置工作量大且需要人工维护不能满足要求，这时就可用动态路由协议，比如 RIP、OSPF、IS-IS 等，让其通过协议计算自动发现并修正路由，避免人工维护。但动态路由协议开销大、配置复杂。

10.2.3 路由协议的优先级

对于相同的目的地，不同的路由协议，包括静态路由，可能会发现不同的路由，但这些路由并不都是最优的。事实上，在某一时刻，到某一目的地的当前路由仅能由唯一的路由协议来决定。为了判断最优路由，各路由协议，包括静态路由，都被赋予了一个优先级，当存在多个路由信息源时，具有较高优先级的路由协议发现的路由将成为最优路由，优先级较高其取值较小，并将最优路由放入本地路由表中。

路由器分别定义了外部优先级和内部优先级。外部优先级是指用户可以手工为各路由协议配置的优先级，各设备生产商定义的优先级不同，其中华为定义的默认优先级如表 10-3 所示。

表 10-3　华为定义的默认优先级

路由来源	优先级的默认值
直连	0
OSPF	10
静态路由	60
RIP	100
BGP	255

选择路由时先比较路由的外部优先级，当不同的路由协议配置了相同的优先级时，系统会通过内部优先级决定哪个路由协议发现的路由将成为最优路由。例如，到达同一目的地 10.1.1.0/24 有两条路由可供选择，一条是静态路由，另一条是 OSPF 路由，且这两条路由的外部优先级都被配置成 5。这时路由器系统将根据内部优先级的默认值进行判断。因为 OSPF 协议的内部优先级是 10，高于静态路由的内部优先级 60。所以系统选择 OSPF 协议发现的路由作为最优路由。

10.2.4 路由的开销

路由的度量标示这条路由到达指定的目的地址的代价，通常以下因素会影响路由的度量。

跳数是指数据从源端到目的端所经过的设备数量。例如，路由器到与它直接相连网络的跳数为 0，通过一台路由器可达的网络的跳数为 1，其余依此类推。

网络带宽是一个链路实际的传输能力。例如，一个 10 千兆的链路要比 1 千兆的链路更优越。虽然带宽是指一个链路能达到的最大传输速率，但这不能说明在高带宽链路上路由要比低带宽链路上更优越。例如，一个高带宽的链路正处于拥塞状态下，那报文在这条链路上转发时将会花费更多的时间。

负载是网络资源的使用程度。计算负载的方法包括 CPU 的利用率和每秒处理数据包的数量。持续监测这些参数可以及时了解网络的使用情况。

10.2.5 默认路由

默认路由（也称缺省路由）是另外一种特殊的路由。简单来说，默认路由是在路由表中没有找到匹配的路由表项时才使用的路由。如果没有默认路由且报文的目的地址不在路由表中，那么该报文将被丢弃，并向源端返回一个 ICMP 报文，报告该目的地址或网络不可达。

在路由表中，默认路由以到网络 0.0.0.0，掩码也为 0.0.0.0 的路由形式出现。可通过命令 display ip routing-table 查看当前是否设置了默认路由。通常情况下，管理员可以通过手工方式配置默认静态路由；但有些时候，也可以使动态路由协议生成默认路由，如 OSPF 和 IS-IS。

 10.3　静态路由

10.3.1 静态路由概述

静态路由不适用于大型和复杂的网络环境。一方面，网络管理员难以全面地了解整个网络的拓扑结构；另一方面，当网络的拓扑结构或链路状态发生变化时，路由器中的静态路由信息需要大范围的调整，这一工作的难度和复杂程度非常高。

手动配置默认路由，可以简化网络的配置，称为静态默认路由。

在创建静态路由时，可以同时指定出接口和下一跳。对于不同的出接口类型，也可以只指定出接口或只指定下一跳。对于点到点接口，指定出接口；对于非广播多点接入（Non Broadcast Multiple Access，NBMA）和广播接口，指定下一跳。

在创建目的地址相同的多条静态路由时，如果指定相同优先级，则可实现负载分担；如果指定不同优先级，则可实现路由备份。

在创建静态路由时，如果将目的地址与掩码配置为全零，则表示配置的是 IPv4 静态默认路由。默认情况下，没有创建 IPv4 静态默认路由。

静态路由配置需在系统视图下输入命令 ip route-static ip-address {mask|mask-length} {nexthop-address|interface-type interface-number[nexthop-address]}[preference preference]。其中下一跳所属的接口是点对点接口时，可以填入 interface-type interface-number，否则必须填入 nexthop-address。

10.3.2 静态路由配置实例

在配置静态路由之前，需配置接口的链路层协议参数和 IP 地址，使相邻节点网络层可达。静态路由配置拓扑如图 10-19 所示，AR3 是因特网服务提供商（Internet Service Provider，ISP）路由器，假设 AR3 上已经有了通往因特网的路由，通过静态路由和静态默认路由实现各个 PC 之间的互通，并且都能够访问因特网。

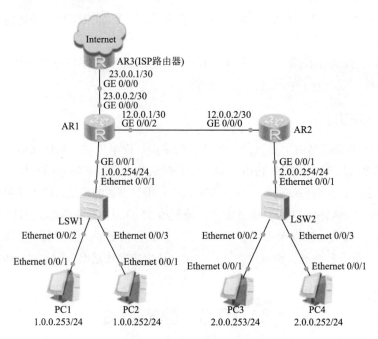

图 10-19　静态路由配置实例拓扑

1. 配置思路

AR1 上配置静态路由与 2.0.0.0 网络互通，配置静态默认路由访问因特网，AR2 上配置静态默认路由与 1.0.0.0 网络互通、访问因特网，AR3 上配置静态路由与 1.0.0.0 网络和 2.0.0.0 网络互通。

2. 操作步骤

AR1 上配置静态路由和静态默认路由，配置命令如图 10-20 所示。

AR2 上配置静态默认路由，配置命令如图 10-21 所示。

```
[AR1]ip route-static 2.0.0.0 255.255.255.0 12.0.0.2
[AR1]ip route-static 0.0.0.0 0 23.0.0.1
```

图 10-20　AR1 上静态路由配置

```
[AR2]ip route-static 1.0.0.0 255.255.255.0 12.0.0.1
[AR2]ip route-static 0.0.0.0 0.0.0.0 12.0.0.1
```

图 10-21　AR2 上静态路由配置

AR3 上配置静态路由和静态默认路由，配置命令如图 10-22 所示。

```
[AR3]ip route-static 1.0.0.0 255.0.0.0 23.0.0.2
[AR3]ip route-static 2.0.0.0 255.0.0.0 23.0.0.2
```

图 10-22　AR3 上静态路由配置

配置完成后，AR1 验证配置结果，查看路由表如图 10-23 所示。

```
<AR1>display ip routing-table
Route Flags: R - relay, D - download to fib
------------------------------------------------------------
Routing Tables: Public
         Destinations : 15       Routes : 15

Destination/Mask    Proto   Pre  Cost     Flags NextHop         Interface
     0.0.0.0/0      Static  60   0          RD  23.0.0.1        GigabitEthernet0/0/0
     1.0.0.0/24     Direct  0    0          D   1.0.0.254       GigabitEthernet0/0/1
     1.0.0.254/32   Direct  0    0          D   127.0.0.1       GigabitEthernet0/0/1
     1.0.0.255/32   Direct  0    0          D   127.0.0.1       GigabitEthernet0/0/1
     2.0.0.0/24     Static  60   0          RD  12.0.0.2        GigabitEthernet0/0/2
     12.0.0.0/24    Direct  0    0          D   12.0.0.1        GigabitEthernet0/0/2
     12.0.0.1/32    Direct  0    0          D   127.0.0.1       GigabitEthernet0/0/2
     12.0.0.255/32  Direct  0    0          D   127.0.0.1       GigabitEthernet0/0/2
     23.0.0.0/30    Direct  0    0          D   23.0.0.2        GigabitEthernet0/0/0
     23.0.0.2/32    Direct  0    0          D   127.0.0.1       GigabitEthernet0/0/0
     23.0.0.3/32    Direct  0    0          D   127.0.0.1       GigabitEthernet0/0/0
     127.0.0.0/8    Direct  0    0          D   127.0.0.1       InLoopBack0
     127.0.0.1/32   Direct  0    0          D   127.0.0.1       InLoopBack0
127.255.255.255/32  Direct  0    0          D   127.0.0.1       InLoopBack0
255.255.255.255/32  Direct  0    0          D   127.0.0.1       InLoopBack0
```

图 10-23　AR1 上查看路由表

AR2 验证配置结果，查看路由表如图 10-24 所示。

```
<AR2>display ip routing-table
Route Flags: R - relay, D - download to fib
------------------------------------------------------------
Routing Tables: Public
         Destinations : 12        Routes : 12

Destination/Mask    Proto   Pre  Cost      Flags NextHop       Interface
        0.0.0.0/0   Static  60   0          RD   12.0.0.1      GigabitEthernet0/0/0
        1.0.0.0/24  Static  60   0          RD   12.0.0.1      GigabitEthernet0/0/0
        2.0.0.0/24  Direct  0    0          D    2.0.0.254     GigabitEthernet0/0/1
        2.0.0.254/32 Direct 0    0          D    127.0.0.1     GigabitEthernet0/0/1
        2.0.0.255/32 Direct 0    0          D    127.0.0.1     GigabitEthernet0/0/1
       12.0.0.0/30  Direct  0    0          D    12.0.0.2      GigabitEthernet0/0/0
       12.0.0.2/32  Direct  0    0          D    127.0.0.1     GigabitEthernet0/0/0
       12.0.0.3/32  Direct  0    0          D    127.0.0.1     GigabitEthernet0/0/0
      127.0.0.0/8   Direct  0    0          D    127.0.0.1     InLoopBack0
      127.0.0.1/32  Direct  0    0          D    127.0.0.1     InLoopBack0
127.255.255.255/32  Direct  0    0          D    127.0.0.1     InLoopBack0
255.255.255.255/32  Direct  0    0          D    127.0.0.1     InLoopBack0
```

图 10-24　AR2 上查看路由表

AR3 验证配置结果，查看路由表如图 10-25 所示。

```
<AR3>display ip routing-table
Route Flags: R - relay, D - download to fib
------------------------------------------------------------
Routing Tables: Public
         Destinations : 9         Routes : 9

Destination/Mask    Proto   Pre  Cost      Flags NextHop       Interface
        1.0.0.0/8   Static  60   0          RD   23.0.0.2      GigabitEthernet0/0/0
        2.0.0.0/8   Static  60   0          RD   23.0.0.2      GigabitEthernet0/0/0
       23.0.0.0/30  Direct  0    0          D    23.0.0.1      GigabitEthernet0/0/0
       23.0.0.1/32  Direct  0    0          D    127.0.0.1     GigabitEthernet0/0/0
       23.0.0.3/32  Direct  0    0          D    127.0.0.1     GigabitEthernet0/0/0
      127.0.0.0/8   Direct  0    0          D    127.0.0.1     InLoopBack0
      127.0.0.1/32  Direct  0    0          D    127.0.0.1     InLoopBack0
127.255.255.255/32  Direct  0    0          D    127.0.0.1     InLoopBack0
255.255.255.255/32  Direct  0    0          D    127.0.0.1     InLoopBack0
```

图 10-25　AR3 上查看路由表

在 PC 上进行连通性测试，以 PC1 ping AR2 的 GigabitEthernet0/0/1 为例，测试效果如图 10-26 所示。

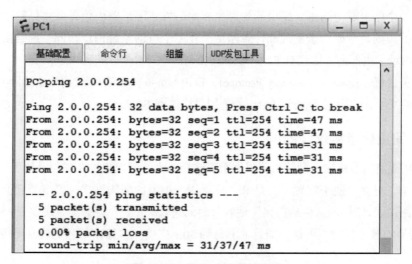

图 10-26　PC1 上连通性测试

由图 10-26 可知，PC1 和 2.0.0.254 连通，为保证配置正确且实现了配置要求，在连通性测试环节应进行各节点间的 ping 测试，未列出的测试请读者自行完成。

10.4 动态路由

动态路由协议通过交换路由信息生成并维护路由表。当网络拓扑结构改变时动态路由协议自动更新路由表。

动态路由协议可以自动适应网络状态的变化，自动维护路由信息而不需要网络管理员的参与。但是，各路由器需要相互交换路由信息，占用网络带宽与系统资源。在冗余连接的复杂网络环境中，适合采用动态路由协议。

不同的路由协议使用的底层协议不同。开放式最短路径优先（Open Shortest Path First，OSPF）将协议报文直接封装在 IP 报文中，协议号是 89，由于 IP 协议本身是不可靠传输协议，所以 OSPF 传输的可靠性需要协议本身来保证。边界网关协议（Border Gateway Protocol，BGP）使用 TCP 作为传输协议，提高了协议的可靠性，端口号是 179。路由信息协议（Routing Information Protocol，RIP）使用 UDP 作为传输协议，端口号是 520。IS-IS 协议是 OSI/RM 体系结构中的网络层协议，IS-IS 协议基础是无连接网络协议（Connectionless Network Protocol，CLNP）。

动态路由协议的分类标准主要有按使用的算法分类、按作用范围分类两种。

动态路由协议按使用的算法分为距离矢量路由协议和链路状态路由协议。

距离矢量路由协议采用距离矢量（Distance-Vector，DV）算法，相邻的路由器之间互相交换整个路由表，并进行矢量的叠加，最后学习到整个路由表。距离矢量路由协议有 RIP、BGP 等。

链路状态路由协议采用链路状态（Link State，LS）算法，把路由器分成区域，收集区域内所有路由器的链路状态信息，根据链路状态信息生成网络拓扑结构，每一个路由器再根据拓扑结构计算出路由。链路状态路由协议有 OSPF、中间系统到中间系统（Intermediate System-to-Intermediate System，IS-IS）等。

根据协议作用范围分为内部网关协议和外部网关协议。

内部网关协议（Interior Gateway Protocol，IGP）负责一个路由域内路由的路由协议，其作用是确保在一个路由域内的每个路由器均遵循相同的方式表示路由信息，并且遵循相同的发布和处理信息的规则，主要用于发现和计算路由。在一个自治系统内运行同一种路由协议的域，称为一个路由域。内部网关协议有 RIP、OSPF、IS-IS 等。

外部网关协议（Exterior Gateway Protocol，EGP）负责在自治系统之间或路由域间完成路由和可达信息的交互，主要用于传递路由。外部网关协议有 BGP。

10.4.1 路由信息协议（RIP）

RIP 采用距离向量算法，即路由器根据距离选择路由，所以也称距离矢量协议。RIP 使用非常广泛、简单、可靠、便于配置，但是 RIP 只适用于小型的同构网络，路由器交换的信息是路由器的完整路由表，"坏消息传播得慢"使收敛时间过长。RIP 允许的最大跳数为 15，任何超过 15 跳的目的地均被标记为不可达。而且 RIP 每隔 30 s 广播一次路由信息是造成网络广播风暴的重要原因之一。

RIP 有三个版本，即 RIPv1、RIPv2、RIPng。RIPv2 支持子网路由选择，支持 CIDR，支持组播来减少网络与系统资源消耗，组播地址为 224.0.0.9，并提供明文验证和 MD5 验证两种验证机制，以增强安全性。

为了解决多个网络的环路问题，IETF 提出了水平分割法，在这个接口收到的路由信息不会再从该接口转发出去，水平分割解决了两个路由器之间的路由环路问题，但不能防止因网络规模较大、主要由延迟因素产生的环路。毒性逆转，从一个接口学习的路由会发送回该接口，但是已经被毒化，跳数设置为 16 跳。毒性逆转和水平分割是存在矛盾的，如果某个接口同时开启水平分割和毒性逆转，则只有毒性逆转生效。触发更新要求路由器在链路发生变化时立即传输它的路由表。这加速了网络的聚合，但容易产生广播风暴。

1. 工作原理

RIP 初始化，会从每个参与工作的接口上发送请求数据包。该请求数据包会向所有的 RIP 路由器请求一份完整的路由表。该请求通过 LAN 以广播形式发送或者在点到点链路发送到下一跳地址来完成。

接收请求，请求数据包中的每个路由条目都会被处理，从而为路由建立度量以及路径。RIP 采用跳数作为度量，值为 1 意味着一个直连的网络，值为 16 意味着网络不可达。路由器会把整个路由表作为响应消息。

路由器接收并处理响应，对路由表项进行添加、删除或者更新。

路由器每隔 30 s 将整个路由表以应答消息地形式发送到邻居路由器。路由器收到新路由或者现有路由地更新信息时，会设置一个 180 s 的无效计时器。如果 180 s 没有收到任何更新信息，路由的跳数设为 16，无效计时器倒计时为 0 时，路由器不会立即将这个无效路由项删除，而是为该无效路由项启动垃圾收集计时器，垃圾收集计时器的默认初始值为 120 s，直到垃圾收集计时器倒计时为 0，从路由表中删除该路由。

当某个路由度量发生改变时，路由器触发路由更新，只发送与改变有关的路由，并不发送完整的路由表。

2. RIP 报文格式

RIP 有两种类型的消息，请求和响应消息。

RIPv1 报文由头部和多个路由表项部分组成。在一个 RIP 报文中，最多可以有 25 个路由表项。RIP 是基于 UDP 协议的，并且 RIPv1 的数据包不能超过 512 字节。其报文格式如图 10-27 所示。

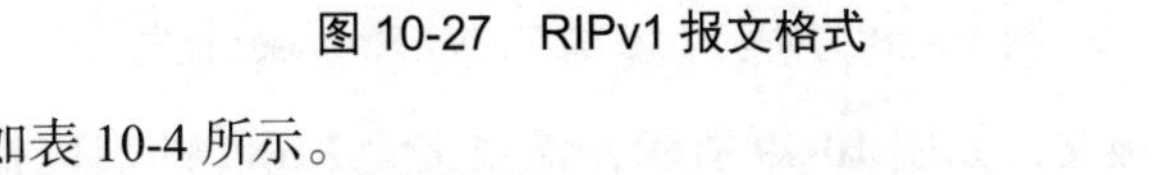

图 10-27 RIPv1 报文格式

其主要字段含义如表 10-4 所示。

表 10-4 RIPv1 报文主要字段含义

字段名	长度	含义
命令	8 比特	标识报文的类型 1：Request 报文，向邻居请求全部或部分路由信息； 2：Response 报文，发送自己全部或部分路由信息，一个 Response 报文中最多包含 25 个路由表项

续表

字 段 名	长 度	含 义
版本	8 比特	1：RIPv1 2：RIPv2
保留	16 比特	必须为零字段
协议族	16 比特	其值为 2 时表示 IP 协议。 对于 Request 报文，此字段值为 0
网络地址	32 比特	该路由的目的 IP 地址
跳数	32 比特	路由的开销值。对于 Request 报文，此字段值为 16

在配置好的 RIP 协议网络中使用 Wireshark 抓取数据包，应用 RIP 过滤器，展开序号为 16 的报文，如图 10-28 所示，应用的传输层协议为 UDP 协议，源端口和目的端口为 520，该数据报为 RIP Request 报文，版本为 RIPv1，跳数为 16。

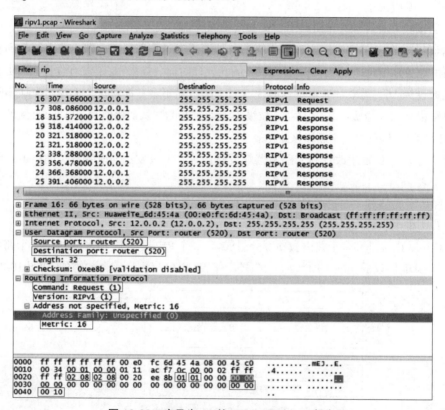

图 10-28　序号为 16 的 RIPv1 Request 报文

展开序号为 46 的报文，如图 10-29 所示，该报文为 RIPv1 的响应报文，协议簇取值为 2 表示 IP 协议，该响应消息中包含三条路由信息，网络地址为 2.0.0.0、跳数为 1，网络地址为 23.0.0.0、跳数为 1，网络地址为 192.168.0.0、跳数为 2。

第 10 章 交换及路由协议

```
No.     Time        Source         Destination      Protocol  Info
     46 700.179000 12.0.0.2         255.255.255.255   RIPv1    Response
     47 709.617000 12.0.0.1         255.255.255.255   RIPv1    Response
     48 731.099000 12.0.0.2         255.255.255.255   RIPv1    Response

⊞ Frame 46: 106 bytes on wire (848 bits), 106 bytes captured (848 bits)
⊞ Ethernet II, Src: HuaweiTe_6d:45:4a (00:e0:fc:6d:45:4a), Dst: Broadcast (ff:ff:ff:ff:ff:ff)
⊞ Internet Protocol, Src: 12.0.0.2 (12.0.0.2), Dst: 255.255.255.255 (255.255.255.255)
⊟ User Datagram Protocol, Src Port: router (520), Dst Port: router (520)
    Source port: router (520)
    Destination port: router (520)
    Length: 72
  ⊞ Checksum: 0x1399 [validation disabled]
⊟ Routing Information Protocol
    Command: Response (2)
    Version: RIPv1 (1)
  ⊟ IP Address: 2.0.0.0, Metric: 1
      Address Family: IP (2)
      IP Address: 2.0.0.0 (2.0.0.0)
      Metric: 1
  ⊟ IP Address: 23.0.0.0, Metric: 1
      Address Family: IP (2)
      IP Address: 23.0.0.0 (23.0.0.0)
      Metric: 1
  ⊟ IP Address: 192.168.0.0, Metric: 2
      Address Family: IP (2)
      IP Address: 192.168.0.0 (192.168.0.0)
      Metric: 2

0000  ff ff ff ff ff ff 00 e0 fc 6d 45 4a 08 00 45 c0   .........mEJ..E.
0010  00 5c 00 31 00 00 01 11 ac 9f 0c 00 00 02 ff ff   .\.1............
0020  ff ff 02 08 02 08 00 48 13 99 02 01 00 00 00 02   .......H........
0030  00 00 02 00 00 00 00 00 00 00 00 00 00 00 00 00   ................
0040  00 01 00 02 00 00 17 00 00 00 00 00 00 00 00 00   ................
0050  00 00 00 00 00 01 00 00 c0 a8 00 00 00 00 00 00   ................
0060  00 00 00 00 00 00 00 02                           ........
```

图 10-29　序号 46 RIPv1 Response 报文

RIPv2 报文格式如图 10-30 所示。

图 10-30　RIPv2 报文格式

其主要字段含义如表 10-5 所示。

表 10-5　RIPv2 报文主要字段含义

字 段 名	长　度	含　义
命令	8 比特	标识报文的类型 1：Request 报文，向邻居请求全部或部分路由信息； 2：Response 报文，发送自己全部或部分路由信息，一个 Response 报文中最多包含 25 个路由表项
版本	8 比特	1：RIP-1 2：RIP-2
保留	16 比特	必须为零字段
协议族	16 比特	其值为 2 时表示 IP 协议。 对于 Request 报文，此字段值为 0
路由标记	16 比特	外部路由标记

续表

字段名	长度	含义
网络地址	32 比特	该路由的目的 IP 地址，可以是自然网段的地址，也可以是子网地址或主机地址
子网掩码	32 比特	目的地址的掩码
下一跳	32 比特	提供一个更好的下一跳地址。如果为 0.0.0.0，则表示发布此路由的路由器地址就是最优下一跳地址
跳数	32 比特	路由的开销值。对于 Request 报文，此字段为 16

RIPv2 支持认证，用来对付网络中的恶意路由器发布的一些虚假或错误的路由信息。RIPv2 为了支持报文验证，使用第一个路由表项作为验证项，并将协议族字段的值设为 0xFFFF 作为标识。RIPv2 的认证报文格式如图 10-31 所示。

其主要字段含义如表 10-6 所示。

命令	版本 v2	保留
0xFFFF		认证类型
认证数据		
认证数据		
认证数据		
认证数据		

图 10-31　RIPv2 认证报文格式

表 10-6　RIPv2 认证报文主要字段含义

字段名	长度	含义
认证类型	16 比特	2：明文认证； 3：MD5 认证
认证	16 字节	认证口令，当使用明文认证时该字段才会包含密码信息

在配置好的 RIPv2 协议网络中使用 Wireshark 抓取数据包，应用 RIP 过滤器，展开序号为 2 的报文，如图 10-32 所示，应用的传输层协议为 UDP 协议，源端口和目的端口为 520，该数据报为 RIP Request 报文，版本为 RIPv2，路由标记为 0，子网掩码为 0.0.0.0，下一跳为 0.0.0.0，跳数为 16。

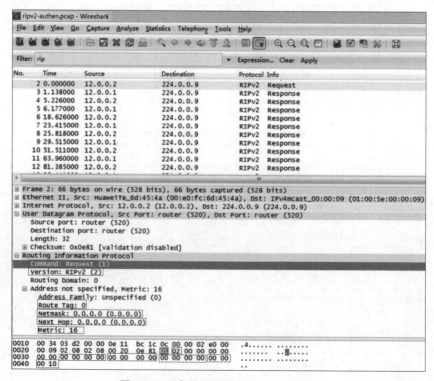

图 10-32　序号 2 RIPv2 Request 报文

第 10 章 交换及路由协议

展开序号为 26 的报文,如图 10-33 所示,该报文为 RIPv2 的响应报文,协议族取值为 2 表示 IP 协议,该响应消息中包含 3 条路由信息,网络地址为 2.0.0.0、子网掩码为 255.0.0.0、下一跳为 0.0.0.0、跳数为 1,网络地址为 23.0.0.0、子网掩码为 255.0.0.0、下一跳为 0.0.0.0、跳数为 1,网络地址为 192.168.0.0、子网掩码为 255.255.255.0、下一跳为 0.0.0.0、跳数为 2。

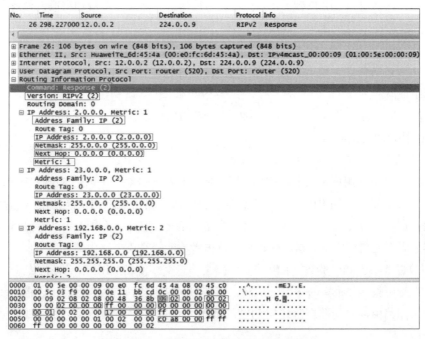

图 10-33　序号 26 RIPv2 Response 报文

在配置好的 RIPv2 认证网络中使用 Wireshark 抓取数据包,应用 RIP 过滤器,展开序号为 174 的报文,如图 10-34 所示,认证类型为明文,认证数据为 huawei-simple 的 ASCII 码值的十六进制形式,其中最后的 00 00 00 为填充部分。

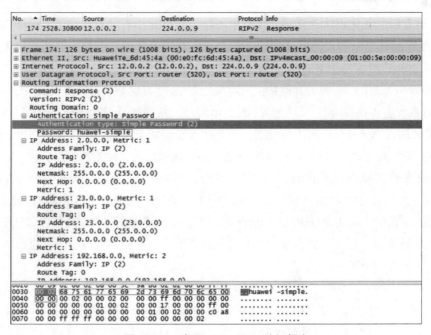

图 10-34　序号 174 RIPv2 认证报文

3. RIP 协议的攻击与防御

（1）针对 RIP 协议的攻击。

RIPv1 自身是不安全的，没有身份认证机制，报文使用不可靠的 UDP 报文进行传送，运行 RIP 协议的路由器没有发出更新请求也能够接收到更新报文，即路由器可以接收来自任何相邻设备的路由信息，容易受到 RIP 欺骗。RIP 包很容易被伪造、篡改、重放和窃取，导致大量虚假路由信息流入和扩散。

若攻击者伪装成正常的设备向路由器发送虚假的路由更新报文，路由器接收后，就会对原来正确的路由表进行修改，修改后路由器就会按照错误的路由进行报文收发，导致机密信息泄露，甚至网络崩溃。

RIPv2 认证报文可以设置 16 字节的明文密码或 MD5 签名。

（2）RIP 协议攻击的防御。

对 RIP 欺骗进行安全防范有以下几种方法：

① RIPv2 报文中使用认证机制。RIPv1 报文具有不安全因素，可采用 RIPv2 报文，RIPv2 报文中封装了认证信息。采用 RIPv2 认证信息封装报文后，路由器之间交换路由信息就必须先通过认证，只有在认证通过后，两个路由器之间才能互相交换路由，否则，说明有设备不被信任，两个路由器之间不能交换信息，这就使得恶意攻击者不能轻易攻击路由器。

② 采用数据链路层 PPP 验证。RIP 协议的路由信息交换使用 UDP 报文进行传递，UDP 报文本身无法扩充身份验证及报文时序验证机制，但是 UDP 报文封装在 IP 报文中，再封装到数据链路层报文中，采用路由器之间数据链路层 PPP 的 PAP 验证或 CHAP 验证，可以实现数据链路层的安全线路连接。

③ 被动端口的应用和配置。将路由器的某接口配置更改为被动接口后，该接口立即停止向该接口所在的网络广播路由更新消息。但是，该接口完全可以继续接收路由更新广播消息。

10.4.2 开放最短路径优先（OSPF）

OSPF 具有路由变化收敛速度快、无路由环路、支持变长子网掩码和汇总、层次区域划分等优点。OSPF 协议是一种链路状态协议。每个路由器负责发现、维护与邻居的关系，并将已知的邻居列表和链路状态更新（Link State Update，LSU）数据包通过可靠的泛洪与自治系统（Autonomous System，AS）内的其他路由器周期性交互，学习到整个自治系统的网络拓扑结构，并通过自治系统边界路由器注入其他 AS 的路由信息，从而得到整个 Internet 的路由信息。每隔一个特定时间或当链路状态发生变化时，重新生成链路状态通告（Link State Advertisement，LSA），路由器通过泛洪机制将新 LSA 通告出去，以实现路由的实时更新。

OSPF 路由器之间会将所有的 LSA 相互交换，毫不保留，当网络规模达到一定程度时，LSA 将形成一个庞大的数据库，势必会给 OSPF 计算带来巨大的压力；为了能够降低 OSPF 计算的复杂程度，缓解计算压力，OSPF 采用分区域计算，将网络中所有 OSPF 路由器划分成不同的区域，每个区域负责各自区域精确的 LSA 传递与路由计算，然后再将一个区域的 LSA 简化和汇总之后转发到另外一个区域。

每一个区域都有一个编号，称为 Area-ID。Area-ID 可以采用整数数字，如 1、2、3、4 等，也可以采用 IP 地址的形式，如 0.0.0.1、0.0.0.2 等。Area-ID 为 0 的区域称为主干区域，否则称为非主干区域。单区域 OSPF 网络只包含主干区域。多区域 OSPF 网络中，除了有一个主干区域外，还有若干非主干区域，每一个非主干区域都需要与主干区域直接相连，非主干区域之间的通信必须要通过主干区域中转才能进行。

OSPF 同时支持明文和 MD5 认证，在启用 OSPF 认证后，Hello 包中将携带密码，双方 Hello 包中的密码必须相同，才能建立 OSPF 邻居关系。需要注意，空密码也是密码的一种。

1. 工作原理

OSPF 支持广播网络、非广播多点接入网络（Non-Broadcast Multi-Access，NBMA）、点到点网络和点到多点网络。

广播网络比如以太网、Token Ring 和 FDDI 上会选举一个指定路由（Designated Router，DR）和备份指定路由器（Backup Designated Router，BDR），DR/BDR 发送的 OSPF 包的目的地址为 224.0.0.5，运载这些 OSPF 包的帧的目标 MAC 地址为 0100.5E00.0005，而除了 DR/BDR 以外的 OSPF 包的目的地址为 224.0.0.6。

NBMA 网络比如 X.25、Frame Relay 和 ATM，不具备广播的能力，在这样的网络上要选举 DR 和 BDR，邻居要人工来指定。

点到多点网络是 NBMA 网络的一个特殊配置，可以看作点到点链路的集合。

点到点网络比如 T1 线路，是连接单独的一对路由器的网络，点到点网络上的有效邻居总是可以形成邻接关系，在这种网络上 OSPF 包的目的地址使用的是 224.0.0.5，在这样的网络上不选举 DR 和 BDR。

在运行 OSPF 的多点接入网络中，包括广播网络和 NBMA 网络，存在两个问题，在一个有 n 个路由器的网络中，会形成 $(n\times(n-1))/2$ 邻居关系；邻居间 LSA 的泛洪扩散混乱，相同的 LSA 会被复制多份，导致工作效率低，消耗资源。

为解决上述问题，由 DR 负责在多点接入网络建立和维护邻接关系并负责 LSA 的同步。DR 与其他所有的路由器形成邻接关系并交换链路状态信息，其他路由器之间不直接交换链路状态信息，这样就大大减少了多点接入网络中的邻接关系数据及交换链路状态信息消耗的资源。DR 一旦出现故障，其与其他路由器之间的邻接关系将全部失效，链路状态数据库也无法同步，此时就需要重新选举 DR，再与非 DR 路由器建立邻接关系，完成 LSA 的同步，为了规避单点故障风险，通过选举备份指定路由器 BDR，在 DR 失效时快速接管 DR 的工作。

DR 和 BDR 是由同一网段中所有的路由器根据路由器优先级、Router ID，通过 HELLO 报文选举出来的，只有优先级大于 0 的路由器才具有选取资格。进行 DR/BDR 选举时每台路由器将自己选出的 DR 写入 Hello 报文中，发给网段上的每台运行 OSPF 协议的路由器。当处于同一网段的两台路由器同时宣布自己是 DR 时，路由器优先级高者胜出。如果优先级相等，则 Router ID 大者胜出。

（1）实现过程。

① 初始化形成端口初始信息。在路由器初始化或网络结构发生变化时，如链路发生变化、路由器新增或损坏，相关路由器会产生链路状态广播数据包 LSA，该数据包里包含路由器上所有相连链路，即所有端口的状态信息。

② 路由器间通过泛洪机制交换链路状态信息。各路由器一方面将其 LSA 数据包传送给所有与其相邻的 OSPF 路由器，另一方面接收其相邻的 OSPF 路由器传来的 LSA 数据包，根据其更新自己的数据库。

③ 形成稳定的区域拓扑结构数据库。OSPF 路由协议通过泛洪法逐渐收敛，形成该区域拓

扑结构的数据库,所有的路由器均保留了该数据库的一个副本。

④ 形成路由表。所有的路由器根据其区域拓扑结构数据库副本采用最短路径算法(Shortest Path First,SPF)计算形成各自的路由表。

SPF 算法有时也称 Dijkstra 算法。SPF 算法将每一个路由器作为根,来计算其到每一个目的地路由器的距离,每一个路由器根据一个统一的数据库会计算出路由域的拓扑结构图,该结构图类似于一棵树,在 SPF 算法中,称为最短路径树。在 OSPF 路由协议中,最短路径树的树干长度称为 OSPF 的开销,OSPF 的开销与链路的带宽成反比,带宽越大,开销越小。

(2)SPF 算法步骤。

① 初始时,S 只包含源点,即 $S=\{v\}$,v 的距离为 0。U 包含除 v 外的其他顶点,即 $U=\{$其余顶点$\}$,若 v 与 U 中顶点 u 有边,则 $<u,v>$ 正常有权值,若 u 不是 v 的出边邻接点,则 $<u,v>$ 权值为 ∞。

② 从 U 中选取一个距离 v 最小的顶点 k,把 k 加入 S 中(该选定的距离就是 v 到 k 的最短路径长度)。

③ 以 k 为新考虑的中间点,修改 U 中各顶点的距离;若从源点 v 经过顶点 k 到顶点 u 的距离比原来不经过顶点 k 的距离短,则修改顶点 u 的距离值,修改后的距离值为顶点 k 的距离加上 $<k,u>$ 边上的权。

重复步骤②和③直到所有顶点都包含在 S 中。

(3)SPF 算法实例。

路由器连接如图 10-35 所示,用 SPF 算法找出以 AR1 为起点的单源最短路径。

步骤如表 10-7 所示,即以 AR1 为根节点,对树进行遍历的结果是 $S=<AR1,AR3,AR2,AR4,AR5,AR6>$。

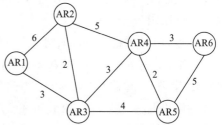

图 10-35 路由器连接

表 10-7 SPF 算法步骤

步骤	S 集合	U 集合
1	选入 AR1,S=<AR1> 最短路径 AR1 → AR1=0 以 AR1 为中间点,从 AR1 开始找	U=<AR2,AR3,AR4,AR5,AR6> AR1 → AR2=6 AR1 → AR3=3 AR1 → 其他 U 中的顶点 = ∞ 所以 AR1 → AR3=3 为最短
2	选入 AR3,S=<AR1,AR3> 最短路径 AR1 → AR1=0,AR1 → AR3=3 以 AR3 为中间点,从 AR1 → AR3=3 开始找	U=<AR2,AR4,AR5,AR6> AR1 → AR3 → AR2=5 AR1 → AR3 → AR4=6 AR1 → AR3 → AR5=7 AR1 → AR3 → 其他 U 中的顶点 = ∞ 所以 AR1 → AR3 → AR2=5 为最短
3	选入 AR2,S=<AR1,AR3,AR2> 最短路径 AR1 → AR1=0,AR1 → AR3=3 AR1 → AR3 → AR2=5 以 AR2 为中间点,从 AR1 → AR3 → AR2=5 开始找	U=<AR4,AR5,AR6> AR1 → AR3 → AR2 → AR4=10 (比 AR1 → AR3 → AR4=6 要长) AR1 → AR3 → AR2 → 其他 U 中的顶点 = ∞ 所以 AR1 → AR3 → AR4=6 为最短

续表

步骤	S 集合	U 集合
4	选入 AR4，S=<AR1, AR3, AR2, AR4> 最短路径 AR1 → AR1=0，AR1 → AR3=3 AR1 → AR3 → AR2=5，AR1 → AR3 → AR4=6 以 AR4 为中间点，从 AR1 → AR3 → AR4=6 开始找	U=<AR5, AR6> AR1 → AR3 → AR4 → AR5=8 （比 AR1 → AR3 → AR5=7 要长） AR1 → AR3 → AR4 → AR6=9 所以 AR1 → AR3 → AR5=7 为最短
5	选入 AR5，S=<AR1, AR3, AR2, AR4, AR5> 最短路径 AR1 → AR1=0，AR1 → AR3=3 AR1 → AR3 → AR2=5，AR1 → AR3 → AR4=6 AR1 → AR3 → AR5=7 以 AR5 为中间点，从 AR1 → AR3 → AR5=7 开始找	U=<AR6> AR1 → AR3 → AR5 → AR6=12 （比 AR1 → AR3 → AR4 → AR6=9 要长） 所以 AR1 → AR3 → AR4 → AR6=9 为最短
6	选入 AR6，S=<AR1, AR3, AR2, AR4, AR5, AR6> 最短路径 AR1 → AR1=0，AR1 → AR3=3 AR1 → AR3 → AR2=5，AR1 → AR3 → AR4=6 AR1 → AR3 → AR5=7， AR1 → AR3 → AR4 → AR6=9	U 集合已空，查找完毕

2. OSPF 报文格式

（1）OSPF 报文类型。

OSPF 协议依靠五种不同类型的报文来建立邻接关系、交换路由信息，即问候报文、数据库描述报文、链路状态请求报文、链路状态更新报文和链路状态确认报文。

① 问候（Hello）报文：OSPF 使用 Hello 报文建立和维护邻接关系。

② 数据库描述（Database Description，DD）报文：邻居建立之后，并不会立刻就将自己的链路状态数据库中所有的 LSA 全部发给邻居，而是将 LSA 的基本描述信息发给邻居，这就是 Database Description Packets（DBD），是 LSA 的目录信息。

③ 链路状态请求（Link State Request，LSR）报文：LSR 报文用来请求邻居发送其链路状态数据库中某些条目的详细信息。邻居在看完发来的 LSA 描述信息之后，就知道哪些 LSA 是需要邻居发送给自己的，自己就会向邻居发送 LSR，告诉邻居自己需要哪些 LSA。

④ 链路状态更新（Link State Update，LSU）报文：LSU 报文用来应答链路状态请求报文，也可以在链路状态发生变化时实现洪泛。当邻居收到其他路由器发来的 LSR 之后，就知道对方需要哪些 LSA，然后根据 LSR，将完整的 LSA 内容全部发给邻居，以供计算路由表。

⑤ 链路状态确认（Link State Acknowledgment，LSAck）报文：LSAck 报文用来应答链路状态更新报文分组，对其进行确认，从而使得链路状态更新报文采用的洪泛法变得可靠。

（2）OSPF 首部格式。

OSPF 五种报文具有相同的报文首部格式，长度为 24 字节。OSPF 报文首部格式如图 10-36 所示。其主要字段含义如表 10-8 所示。

版本	类型	总长度
路由器标识		
区域标识		
校验和		认证类型
认证数据		
认证数据		
数据		

图 10-36　OSPF 报文首部格式

表 10-8　OSPF 报文首部主要字段含义

字 段 名	长 度	含 义
版本	8 比特	2：OSPFv2；3：OSPFv3
类型	8 比特	1：hello；2：DD；3：LSR；4：LSU；5：LSAck
总长度	16 比特	包括报文首部在内的总长度，单位为字节
路由器标识	32 比特	发送该报文的路由器标识
区域标识	32 比特	发送该报文的路由器接口所属区域
校验和	16 比特	除认证字段的整个报文的校验和
认证类型	16 比特	0：不认证；1：简单口令认证；2：MD5 认证
认证数据	64 比特	数值根据认证类型而定 0：未定义；1：密码信息；2：包括 Key ID、MD5 认证数据长度和加密序列号（非递减，用于抵御重放攻击） 注意：MD5 认证数据添加在 OSPF 数据后面，并不包含在认证数据字段中
数据		Hello、DBD、LSR、LSU、LSAck 五种报文数据

（3）OSPF 产生认证数据的流程。

① 计算加密序列号添加在 OSPF 分组报文头部的"认证数据"中。

② 在 OSPF 报文的后面写入 16 字节的共享密钥，不足部分用 0 补齐，并填写 KEY ID。

③ 通过 MD5 散列函数对整个 OSPF 协议层数据做 HASH 计算，得到 16 字节摘要信息。

④ 用摘要信息替换 OSPF 报文后的共享密钥 KEY，完成加密过程。

（4）OSPF 报文分析。

在配置好的 OSPF 网络中使用 Wireshark 抓取数据包，应用 OSPF 过滤器，显示捕获的 OSPF 报文。展开序号为 1 的报文，如图 10-37 所示，OSPF 首部中，版本号为 2，报文类型为 1（Hello 报文），报文总长度为 44，发送该报文的 Router ID 为 1.1.1.1，区域 ID 为 0.0.0.0。

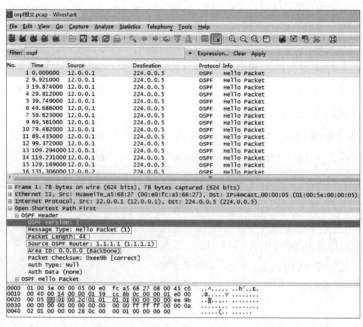

图 10-37　序号 1 OSPF Hello 报文

3. OSPF 协议的攻击与防御

（1）OSPF 协议的漏洞。

OSPF 协议报文直接封装在 IP 报文里，使用的协议类型是 89。OSPF 虽然具有验证机制、可靠的扩散机制、分层路由等自我保护能力，但仍然存在着许多漏洞。利用这些漏洞，攻击者可通过捕获、重新注入等手段发起针对 OSPF 协议的路由攻击。

① OSPF 路由协议细节上存在漏洞。OSPF 通过扩散 LSA 来广播路由信息，因此，对 LSA 的篡改会使得区域内的路由器产生错误的拓扑认识，对路由域造成很大的破坏。

② OSPF 路由协议认证上的漏洞。OSPF 协议初始定义了三种认证类型：不认证（空验证）、简单口令认证和 MD5 认证。在 OSPF 路由协议中不认证和简单口令验证都存在着明显的安全漏洞。

不认证是路由配置中的默认配置。使用这种认证方式，OSPF 协议首部中的认证数据字段里不包含任何认证信息，即在路由信息交换时不提供任何额外的身份验证，接收方只要验证校验和无误就接收该分组，并将其中的 LSA 加入到链路状态数据库中，这种认证方式安全性最低。

使用简单口令认证时，认证数据字段存放的是简单口令认证用的口令，在传输过程中分组包括其口令都是以明文形式传输的。接收方只要验证它的校验和无误并且验证数据字段的值等于规定的口令，就会接收该分组。利用嗅探程序可以捕获数据包得到这个口令，攻击者获得口令之后就可以伪造分组，发送给该接口的各路由器。

不认证和简单口令认证这两种认证方式都有可能遭受重放攻击。

MD5 认证可预防重放、修改路由消息等攻击，但外部的攻击者还可以通过发送恶意报文来耗尽路由器的资源。

在 OSPFv2 中，采用 MD5 认证时，计算摘要时并未包含 IP 首部，所以无法保证 IP 首部未被篡改，修改其中的源地址和目的地址，可以严重影响正常的协议运行。在 OSPFv3 中，协议自身没有密码验证机制，仅依靠 IPSec 来保证安全性，仍然无法避免虚假路由信息。

（2）OSPF 的常见攻击。

利用上述漏洞和潜在的危险，针对 OSPF 协议的常见攻击有重放攻击、Max Age 攻击、Sequence++ 攻击、最大序列号攻击等。

在正常的 OSPF 网络内，OSPF 协议使用的 LSA 报文中的 Sequence Number 和 Age 字段的值应严格按照网络内报文顺序递增。OSPF 的一项关键安全机制就是反击机制，即路由器一旦接收到源为自己 IP 的 LSA 报文，且比自己最近发出的 LSA 更新序列号更大，则认为该 LSA 为错误 LSA，并将重新发送序列号比当前 LSA 序列号增 1 的 LSA，以消除错误 LSA 的影响。通过人为构造并传播含有特殊序列号或 Age 字段的 LSA 报文，在 OSPF 网络内频繁引发反击机制，攻击者可以对 OSPF 网络造成抖动的恶意后果。

① 重放攻击，就是分组已经生成并在网段中传输，一段时间后当网络环境发生了变化，攻击者又重新发送该分组到网段中来扰乱路由选择，达到攻击的目的。其中针对 Hello、LSA 报文的重放攻击对协议的正常运行造成影响较大。攻击者重放一个与拓扑不符的 LSA，并泛洪出去，而且该 LSA 必须被认为比当前的新。各路由器接收到后，会触发相应的 SPF 计算。当源路由器收到重放的 LSA 时，将泛洪一个具有更高序列号的真实 LSA，各路由器收到后，更新 LSA，势必又会触发 SPF 计算，频繁的计算会导致路由器性能的下降。

② Max Age 攻击中，攻击者依据 OSPF 网络内现有 LSA 数据包，构造序列号字段相同、

Age 字段值设置为 Max Age（3 600）的伪造 LSA 报文，该报文将引发反击，目标路由器将发出 Age 字段为 0、序列号自增的更新 LSA。通过持续发送并传播伪造的 LSA 报文，OSPF 链路将变得不稳定，导致路由器拒绝服务。

③ Sequence++ 攻击中，攻击者通过 Scapy 构造序列号不断自增的伪造 LSA 并持续向目标路由器发送，以对目标路由器的路由表造成篡改。由于伪造 LSA 的序列号字段大于现有 LSA 的序列号，该伪造 LSA 最终会引发目标路由器的反击，产生并发送比当前 LSA 序列号增 1 的 LSA 报文。这个过程将导致目标路由器的路由表来回变化，并影响正常网络数据报文传输的服务质量。

④ 最大序列号攻击中，攻击者构造所允许的最大序列号（0x7FFFFFFF）的伪造 LSA 报文，此时将会出现两种可能的结果：配置得当的路由器将会先利用一条具有最大序列号、Age 字段设置为 Max Age 的更新 LSA，用于消除具有最大序列号的伪造 LSA 的影响，之后再发布一条序列号字段的值为初始序列号的更新 LSA；配置不得当的路由器将无法消除最大序列号攻击的影响，拥有最大序列号的 LSA 会在连接状态数据库中保持一小时，在到达 Age 字段最大值以后自动消除。

（3）OSPF 攻击的防御。

① 针对不认证和简单口令认证漏洞，可采用 MD5 认证方式。OSPF 协议提供了使用 MD5 算法进行加密认证的安全机制，如果自治系统中所有路由器均配置 MD5 加密认证，在未知密钥的情况下很难伪造 LSA。

② 使用 MD5 认证时，LSU 报文首部以明文方式传输，攻击者有很大机会篡改 LSU 报文，可以结合数字签名机制来确保路由交换的安全性。

③ 设计预警和检测机制。当路由器中链路状态数据库或路由表发生较大变化，或检测到其他异常时，发出预警。

10.4.3 边界网关协议（BGP）

BGP 提供一种域间路由选择，确保自治系统只能够无环地交换路由选择信息，BGP 路由器交换有关前往目标网络的路径信息。BGP 只能是力求寻找一条能够达到目的网络且比较好的路由，而并非最佳路由。

1. BGP 的基本设计思想

在配置 BGP 时，每一个自治系统的管理员要选择至少一个路由器作为该自治系统的"BGP 发言人"，发言人就是该路由器可以代表整个自治系统与其他自治系统交互路由信息。当 BGP 发言人相互交换了网络可达性信息后，各 BGP 发言人就根据所采用的策略从收到的路由信息中找出到达各自治系统较好的路由。

在 BGP 刚运行时，BGP 的边界路由器与相邻的边界路由器交换整个 BGP 路由表。但是以后只需要在发生变化时更新有变化的部分。这样做对节省网络带宽和减少路由器的处理开销都有好处。

BGP 路由选择协议使用打开报文、更新报文、保活报文和通知报文四种报文。

（1）OPEN 报文用来与相邻的另一个 BGP 发言人建立关系。

（2）BGP 发言人用 UPDATE 报文发送某一路由的信息，撤销以前通知过的路由。

（3）周期性地发送 KEEPALIVE 报文证实相邻边界路由器的存在。

（4）NOTIFICATION 报文用来发送检测到的差错。

RIP、OSPF 和 BGP 三种协议的比较如表 10-9 所示。

表 10-9 三种协议的比较

协议	RIP	OSPF	BGP	
类型	内部	内部	外部	
路由算法	距离矢量	链路状态	距离矢量	
传递协议	UDP	IP	TCP	
路径选择	跳数最少	开销最小	较好，非最佳	
交换节点	相邻路由器	网络中所有路由器	两 AS 之间相邻地路由器	
交换内容	自己的路由表	与本路由器相邻的所有路由器的链路状态	首次	整个路由表
			非首次	有变化的部分

2．BGP 协议的攻击与防御

（1）针对 BGP 协议的攻击。

BGP 路由器存在路由表更新机制的安全漏洞，由此会导致对 BGP 路由器的分布式拒绝服务攻击。BGP 协议无法对交换路由信息的真实性和完整性进行验证，由此产生前缀劫持漏洞。路由泄露也是一种 BGP 的漏洞，能够造成 BGP 路由严重错误、甚至网络中断。

另外，BGP 传输层采用 TCP 协议，TCP 协议的各种漏洞都可能威胁 BGP 的安全，TCP 会话保密性和完整性的漏洞也会严重影响 BGP 的安全。窃取 BGP 路由信息，删除、修改和重播 BGP 消息，造成 BGP 路由的撤销和振荡，结果会导致网络中断。

（2）BGP 协议攻击的防御。

① 针对 BGP 路由器的 DDoS 攻击可以采取的防御措施有：设置接收最大报文阈值，当超过此值时，路由器会返回初始状态；从邻居那里收到路由后，仅当同时满足入站前缀列表、过滤器列表和路由映射列表条件时，它才会被加入到 BGP 表；选择性能好的路由器；根据实际网络环境规定路由表的大小。

② 针对 BGP 劫持攻击可以采取的防御措施有：IP 段前缀过滤；将其 IP 前缀声明到某些网络，而不是整个 Internet；BGP 劫持检测；监控 BGP 更新，以确保其客户不会遇到延迟问题。

③ 针对 BGP 路由泄露攻击可以采取的防御措施有：BGP 路由器不把优化过的路由通告给BGP 邻居，而是将原始路由通告给邻居；接收方做路由合法性检查，拒绝优化过的路由；或者对接收到的路由，在线查询路由与 AS 号的权威映射，凡是没有查询到的映射，一律拒绝处理。

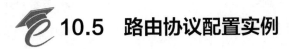

10.5 路由协议配置实例

10.5.1 RIP 的配置

RIPv1 配置实例拓扑如图 10-38 所示，AR2 为公司总部路由器，AR1 和 AR3 分别为分支机构 A 和分支机构 B 的路由器，所有路由器都需要运行 RIP 协议，以实现整个网络的互通。

1．配置思路

在各路由器上启动 RIP 进程，在 RIP 进程中发布网段信息。

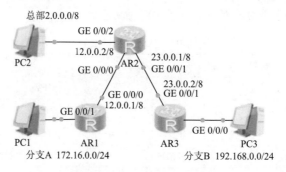

图 10-38　RIPv1 配置实例拓扑

2. 配置步骤

在配置 RIP 之前，需配置接口的链路层协议参数和 IP 参数，使相邻节点网络层可达。

在各路由器上配置 RIP，在系统视图下输入命令 rip，发布网段信息，在 RIP 视图下输入命令 network network-address，AR1 配置命令如图 10-39 所示。

AR2 配置命令如图 10-40 所示。

```
[AR1]rip
[AR1-rip-1]network 12.0.0.0
[AR1-rip-1]network 172.16.0.0
```

图 10-39　AR1 RIP 配置

```
[AR2]rip
[AR2-rip-1]network 12.0.0.0
[AR2-rip-1]network 2.0.0.0
[AR2-rip-1]network 23.0.0.0
```

图 10-40　AR2 RIP 配置

AR3 配置命令如图 10-41 所示。

对所做配置进行确认，以 AR1 为例，查看 AR1 RIP 如图 10-42 所示。

```
[AR3]rip
[AR3-rip-1]network 192.168.0.0
[AR3-rip-1]net 23.0.0.0
```

图 10-41　AR3 RIP 配置

```
<AR1>display rip
Public VPN-instance
    RIP process : 1
        RIP version        : 1
        Preference         : 100
        Checkzero          : Enabled
        Default-cost       : 0
        Summary            : Enabled
        Host-route         : Enabled
        Maximum number of balanced paths : 8
        Update time   : 30 sec          Age time : 180 sec
        Garbage-collect time : 120 sec
        Graceful restart   : Disabled
        BFD                : Disabled
        Silent-interfaces  : None
        Default-route      : Disabled
        Verify-source      : Enabled
        Networks :
        172.16.0.0          12.0.0.0
```

图 10-42　查看 AR1 RIP

查看 AR1 RIP 路由表如图 10-43 所示。

```
<AR1>display rip 1 route
Route Flags : R - RIP
              A - Aging, G - Garbage-collect

Peer 12.0.0.2 on GigabitEthernet0/0/0
   Destination/Mask    Nexthop      Cost   Tag    Flags   Sec
       2.0.0.0/8       12.0.0.2      1      0      RA      23
      23.0.0.0/8       12.0.0.2      1      0      RA      23
     192.168.0.0/24    12.0.0.2      2      0      RA       6
```

图 10-43　查看 AR1 RIP 路由表

查看 AR1 路由表如图 10-44 所示。

```
<AR1>display ip routing-table
Route Flags: R - relay, D - download to fib
------------------------------------------------------------
Routing Tables: Public
         Destinations : 13       Routes : 13
                         RIP协议更新后的路由表项
Destination/Mask      Proto  Pre  Cost      Flags NextHop        Interface

         2.0.0.0/8     RIP    100  1          D    12.0.0.2       GigabitEthernet0/0/0
        12.0.0.0/8     Direct 0    0          D    12.0.0.1       GigabitEthernet0/0/0
        12.0.0.1/32    Direct 0    0          D    127.0.0.1      GigabitEthernet0/0/0
     12.255.255.255/32 Direct 0    0          D    127.0.0.1      GigabitEthernet0/0/0
        23.0.0.0/8     RIP    100  1          D    12.0.0.2       GigabitEthernet0/0/0
       127.0.0.0/8     Direct 0    0          D    127.0.0.1      InLoopBack0
       127.0.0.1/32    Direct 0    0          D    127.0.0.1      InLoopBack0
     127.255.255.255/32 Direct 0   0          D    127.0.0.1      InLoopBack0
       172.16.0.0/24   Direct 0    0          D    172.16.0.254   GigabitEthernet0/0/1
       172.16.0.254/32 Direct 0    0          D    127.0.0.1      GigabitEthernet0/0/1
     172.16.0.255/32   Direct 0    0          D    127.0.0.1      GigabitEthernet0/0/1
      192.168.0.0/24   RIP    100  2          D    12.0.0.2       GigabitEthernet0/0/0
     255.255.255.255/32 Direct 0   0          D    127.0.0.1      InLoopBack0
```

图 10-44　查看 AR1 路由表

RIPv2 的配置和 RIPv1 的配置类似，只需在启动 RIP 进程后，执行命令 version 2，请读者自行在上述配置基础上完成 RIPv2 的配置。

10.5.2　OSPF 的配置

OSPF 配置实例拓扑如图 10-45 所示，AR2 为公司总部路由器，AR1 和 AR3 分别为分支机构 1 和分支机构 2 的路由器，所有路由器都需要运行单区域 OSPF 协议，以实现整个网络的互通。

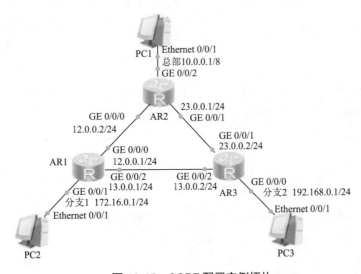

图 10-45　OSPF 配置实例拓扑

1. 配置思路

在各路由器上启动 OSPF 进程，在 OSPF 进程中发布网段信息。

2. 配置步骤

在配置 OSPF 之前，需配置接口的链路层协议参数和 IP 参数，使相邻节点网络层可达。

在各路由器上配置 OSPF，同时配置 router-id，在系统视图下输入命令 ospf router-id router-id，配置区域，在 OSPF 视图下输入命令 area area-id，发布网段信息，在 OSPF 视图下输入 network address wildcard-mask，AR1 配置命令如图 10-46 所示。

```
[AR1]ospf router-id 1.1.1.1
[AR1-ospf-1]area 0
[AR1-ospf-1-area-0.0.0.0]network 12.0.0.0 0.0.0.255
[AR1-ospf-1-area-0.0.0.0]network 13.0.0.0 0.0.0.255
[AR1-ospf-1-area-0.0.0.0]network 172.16.0.0 0.0.0.255
```

图 10-46　AR1 配置 OSPF

AR2 配置命令如图 10-47 所示。

```
[AR2]ospf router 2.2.2.2
[AR2-ospf-1]area 0
[AR2-ospf-1-area-0.0.0.0]network 12.0.0.0 0.0.0.255
[AR2-ospf-1-area-0.0.0.0]network 23.0.0.0 0.0.0.255
[AR2-ospf-1-area-0.0.0.0]network 10.0.0.0 0.255.255.255
```

图 10-47　AR2 配置 OSPF

AR3 配置命令如图 10-48 所示。

```
[AR3]ospf router-id 3.3.3.3
[AR3-ospf-1]area 0
[AR3-ospf-1-area-0.0.0.0]network 192.168.0.0 0.0.0.255
[AR3-ospf-1-area-0.0.0.0]network 23.0.0.0 0.0.0.255
[AR3-ospf-1-area-0.0.0.0]network 13.0.0.0 0.0.0.255
```

图 10-48　AR3 配置 OSPF

对所做配置进行确认，以 AR1 为例，查看邻居信息，如图 10-49 所示。

```
[AR1]display ospf peer
         OSPF Process 1 with Router ID 1.1.1.1
                 Neighbors

Area 0.0.0.0 interface 12.0.0.1(GigabitEthernet0/0/0)'s neighbors
Router ID: 2.2.2.2        Address: 12.0.0.2
  State: Full  Mode:Nbr is Master  Priority: 1
  DR: 12.0.0.1  BDR: 12.0.0.2  MTU: 0
  Dead timer due in 40 sec
  Retrans timer interval: 5
  Neighbor is up for 00:06:17
  Authentication Sequence: [ 0 ]

                 Neighbors

Area 0.0.0.0 interface 13.0.0.1(GigabitEthernet0/0/2)'s neighbors
Router ID: 3.3.3.3        Address: 13.0.0.2
  State: Full  Mode:Nbr is Master  Priority: 1
  DR: 13.0.0.1  BDR: 13.0.0.2  MTU: 0
  Dead timer due in 33 sec
  Retrans timer interval: 5
  Neighbor is up for 00:02:52
  Authentication Sequence: [ 0 ]
```

图 10-49　查看 AR1 的邻居信息

回显信息中"State: Full"表明 AR1 和 AR2 成功建立了邻接关系，AR1 和 AR3 成功建立了邻接关系，路由器 AR1 有两个邻居，Router-ID 为 2.2.2.2 和 3.3.3.3，对于 AR1 和 AR2 之间的以太网，AR1 被选举成了 DR，AR2 被选举成了 BDR，对于 AR1 和 AR3 之间的以太网，AR1 被选举成了 DR，AR3 被选举成了 BDR。

查看 AR1 的 OSPF 路由表，如图 10-50 所示。

```
[AR1]display ospf routing
        OSPF Process 1 with Router ID 1.1.1.1
                Routing Tables

Routing for Network
Destination      Cost   Type      NextHop        AdvRouter    Area
12.0.0.0/24      1      Transit   12.0.0.1       1.1.1.1      0.0.0.0
13.0.0.0/24      1      Transit   13.0.0.1       1.1.1.1      0.0.0.0
172.16.0.0/24    1      Stub      172.16.0.1     1.1.1.1      0.0.0.0
10.0.0.0/8       2      Stub      12.0.0.2       2.2.2.2      0.0.0.0
23.0.0.0/24      2      Transit   12.0.0.2       2.2.2.2      0.0.0.0
23.0.0.0/24      2      Transit   13.0.0.2       2.2.2.2      0.0.0.0
192.168.0.0/24   2      Stub      13.0.0.2       3.3.3.3      0.0.0.0

Total Nets: 7
Intra Area: 7  Inter Area: 0  ASE: 0  NSSA: 0
```

图 10-50　查看 AR1 的 OSPF 路由表

查看 AR1 的路由表，如图 10-51 所示。

```
[AR1]display ip routing-table
Route Flags: R - relay, D - download to fib
------------------------------------------------------------------
Routing Tables: Public
        Destinations : 16     Routes : 17       OSPF协议生成的路由表项

Destination/Mask      Proto    Pre  Cost   Flags  NextHop      Interface
    10.0.0.0/8        OSPF     10   2        D    12.0.0.2     GigabitEthernet0/0/0
   12.0.0.0/24        Direct   0    0        D    12.0.0.1     GigabitEthernet0/0/0
   12.0.0.1/32        Direct   0    0        D    127.0.0.1    GigabitEthernet0/0/0
   12.0.0.255/32      Direct   0    0        D    127.0.0.1    GigabitEthernet0/0/0
   13.0.0.0/24        Direct   0    0        D    13.0.0.1     GigabitEthernet0/0/2
   13.0.0.1/32        Direct   0    0        D    127.0.0.1    GigabitEthernet0/0/2
   13.0.0.255/32      Direct   0    0        D    127.0.0.1    GigabitEthernet0/0/2
   23.0.0.0/24        OSPF     10   2        D    12.0.0.2     GigabitEthernet0/0/0
                      OSPF     10   2        D    13.0.0.2     GigabitEthernet0/0/2
   127.0.0.0/8        Direct   0    0        D    127.0.0.1    InLoopBack0
   127.0.0.1/32       Direct   0    0        D    127.0.0.1    InLoopBack0
   127.255.255.255/32 Direct   0    0        D    127.0.0.1    InLoopBack0
   172.16.0.0/24      Direct   0    0        D    172.16.0.1   GigabitEthernet0/0/1
   172.16.0.1/32      Direct   0    0        D    127.0.0.1    GigabitEthernet0/0/1
   172.16.0.255/32    Direct   0    0        D    127.0.0.1    GigabitEthernet0/0/1
   192.168.0.0/24     OSPF     10   2        D    13.0.0.2     GigabitEthernet0/0/2
   255.255.255.255/32 Direct   0    0        D    127.0.0.1    InLoopBack0
```

图 10-51　查看 AR1 路由表

图 10-52 所示部分表明到达 23.0.0.0 网络有两条等值路由，可进行负载均衡。

```
23.0.0.0/24    OSPF    10    2         D    12.0.0.2    GigabitEthernet0/0/0
               OSPF    10    2         D    13.0.0.2    GigabitEthernet0/0/2
```

图 10-52　负载均衡路由表项

10.5.3　OSPF 路由项欺骗攻击防御实例

本例中，由三台路由器互连四个 LAN 组成互联网，所有路由器都运行单区域 OSPF 协议，以实现整个网络的互通，实现 IP 分组在 PC1 和 PC2 之间传输，拓扑图如图 10-53 所示。

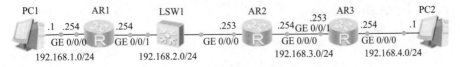

图 10-53　未入侵前网络互连拓扑图

进行 OSPF 路由项欺骗攻击，在网络地址为 192.168.2.0/24 的 LAN 上接入入侵路由器 AR4，由 AR4 伪造与网络 192.168.4.0/24 直连的 LSA，用伪造的 LSA 改变 PC1 至 PC2 的 IP 路由，使得 PC1 传输给 PC2 的 IP 分组被路由器 AR1 错误的转发给入侵路由器 AR4，如图 10-54 所示。

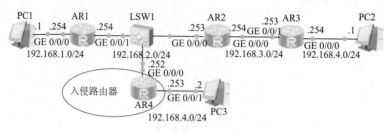

图 10-54　入侵后的网络互连拓扑图

进行 OSPF 路由项欺骗攻击的防御，启动路由器 AR1 和 AR2 的 OSPF 报文源端鉴别功能，要求路由器 AR1 和 AR2 发送的 OSPF 报文携带消息鉴别码，配置相应路由器接口之间的共享密钥，使得路由器 AR1 不再接收和处理入侵路由器发送的 LSA 报文，从而使路由器 AR1 的路由表恢复正常。

1. 配置思路

在路由器 AR1、AR2 和 AR3 上启动 OSPF 进程，在 OSPF 进程中通告网段信息，在路由器 AR1 和 AR2 连接网络 192.168.2.0/24 的接口上启动 OSPF 报文源端鉴别功能。

2. 配置步骤

（1）配置 OSPF。

在 AR1、AR2 和 AR3 配置 OSPF 之前，需配置接口的数据链路层协议参数和 IP 参数，使相邻节点间网络层可达。

在路由器 AR1、AR2 和 AR3 上配置 OSPF，同时配置 router-id，配置主干区域，通告网段信息，OSPF 的配置在 10.5.2 节中已详细说明，本例 OSPF 配置请读者自行完成，AR1 的路由表如图 10-55 所示，路由器 AR1 到达网络 192.168.4.0/24 的下一跳是 192.168.2.253，即路由器 AR2。PC1 和 PC2 之间具有连通性，如图 10-56 所示。

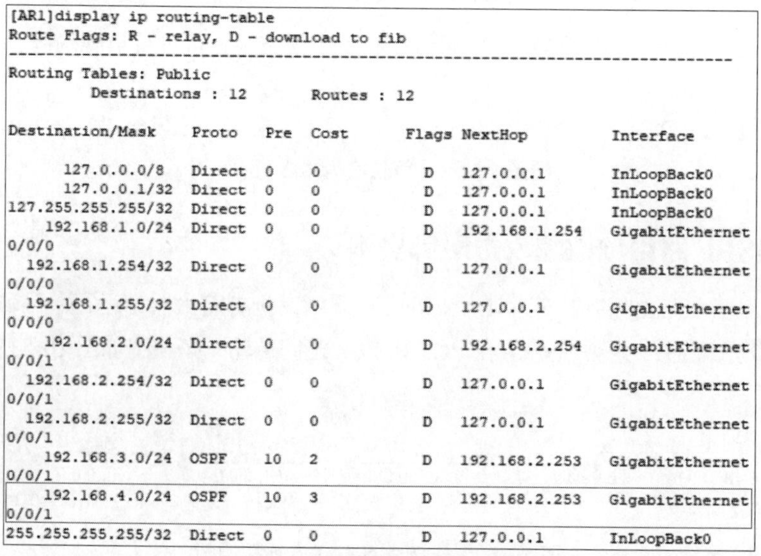

```
[AR1]display ip routing-table
Route Flags: R - relay, D - download to fib
------------------------------------------------------------
Routing Tables: Public
        Destinations : 12       Routes : 12

Destination/Mask    Proto   Pre  Cost      Flags NextHop         Interface
        127.0.0.0/8  Direct  0    0          D   127.0.0.1       InLoopBack0
        127.0.0.1/32 Direct  0    0          D   127.0.0.1       InLoopBack0
127.255.255.255/32   Direct  0    0          D   127.0.0.1       InLoopBack0
      192.168.1.0/24 Direct  0    0          D   192.168.1.254   GigabitEthernet
0/0/0
    192.168.1.254/32 Direct  0    0          D   127.0.0.1       GigabitEthernet
0/0/0
    192.168.1.255/32 Direct  0    0          D   127.0.0.1       GigabitEthernet
0/0/0
      192.168.2.0/24 Direct  0    0          D   192.168.2.254   GigabitEthernet
0/0/1
    192.168.2.254/32 Direct  0    0          D   127.0.0.1       GigabitEthernet
0/0/1
    192.168.2.255/32 Direct  0    0          D   127.0.0.1       GigabitEthernet
0/0/1
      192.168.3.0/24 OSPF    10   2          D   192.168.2.253   GigabitEthernet
0/0/1
      192.168.4.0/24 OSPF    10   3          D   192.168.2.253   GigabitEthernet
0/0/1
255.255.255.255/32   Direct  0    0          D   127.0.0.1       InLoopBack0
```

图 10-55　未入侵前 AR1 的路由表

第 10 章 交换及路由协议

```
PC>ping 192.168.4.1

Ping 192.168.4.1: 32 data bytes, Press Ctrl_C to break
From 192.168.4.1: bytes=32 seq=1 ttl=125 time=31 ms
From 192.168.4.1: bytes=32 seq=2 ttl=125 time=31 ms
From 192.168.4.1: bytes=32 seq=3 ttl=125 time=47 ms
From 192.168.4.1: bytes=32 seq=4 ttl=125 time=31 ms
From 192.168.4.1: bytes=32 seq=5 ttl=125 time=47 ms

--- 192.168.4.1 ping statistics ---
  5 packet(s) transmitted
  5 packet(s) received
  0.00% packet loss
  round-trip min/avg/max = 31/37/47 ms
```

图 10-56　未入侵前 PC1 和 PC2 间通信

（2）进行 OSPF 路由项欺骗攻击。

接入入侵路由器 AR4，为入侵路由器的 GE 0/0/0 接口配置属于 192.168.2.0/24 网络的 IP 地址 192.168.2.252，为入侵路由器的 GE 0/0/1 接口配置属于 192.168.4.0/24 网络的 IP 地址 192.168.4.253，以此来伪造与网络 192.168.4.0/24 的直连路由项。

进行 OSPF 路由项欺骗攻击，在本例中简单写出配置命令，在实际配置过程中，请读者注意具体视图，各配置命令视图请参考 10.5.2 节。在 AR4 上配置 OSPF，同时配置 router-id，配置命令为

```
ospf 1 router-id 4.4.4.4
```

配置主干区域，配置命令为：

```
area 0
```

通告网段信息，配置命令为：

```
network 192.168.2.0 0.0.0.255
network 192.168.4.0 0.0.0.255
```

在入侵路由器 AR4 通告了伪造的 LSA 后，路由器 AR1、AR4 更新自己的路由表。AR4 的路由表如图 10-57 所示，AR4 伪造路由表项，造成 AR4 直连网络 192.168.4.0 的假象。AR1 的路由表如图 10-58 所示，路由器 AR1 到达网络 192.168.4.0/24 的下一跳变为 192.168.2.252，即入侵路由器 AR4。

```
<AR4>display ip routing-table
Route Flags: R - relay, D - download to fib
------------------------------------------------------------
Routing Tables: Public
         Destinations : 12       Routes : 12

Destination/Mask    Proto   Pre  Cost     Flags NextHop         Interface

       127.0.0.0/8  Direct  0    0          D   127.0.0.1       InLoopBack0
       127.0.0.1/32 Direct  0    0          D   127.0.0.1       InLoopBack0
 127.255.255.255/32 Direct  0    0          D   127.0.0.1       InLoopBack0
     192.168.1.0/24 OSPF    10   2          D   192.168.2.254   GigabitEthernet
0/0/0
     192.168.2.0/24 Direct  0    0          D   192.168.2.252   GigabitEthernet
0/0/0
   192.168.2.252/32 Direct  0    0          D   127.0.0.1       GigabitEthernet
0/0/0
   192.168.2.255/32 Direct  0    0          D   127.0.0.1       GigabitEthernet
0/0/0
     192.168.3.0/24 OSPF    10   2          D   192.168.2.253   GigabitEthernet
0/0/0
     192.168.4.0/24 Direct  0    0          D   192.168.4.253   GigabitEthernet
0/0/1
   192.168.4.253/32 Direct  0    0          D   127.0.0.1       GigabitEthernet
0/0/1
   192.168.4.255/32 Direct  0    0          D   127.0.0.1       GigabitEthernet
0/0/1
 255.255.255.255/32 Direct  0    0          D   127.0.0.1       InLoopBack0
```

图 10-57　AR4 的路由表

```
<AR1>display ip routing-table
Route Flags: R - relay, D - download to fib

Routing Tables: Public
         Destinations : 12      Routes : 12

Destination/Mask    Proto   Pre  Cost   Flags  NextHop         Interface
       127.0.0.0/8  Direct  0    0        D    127.0.0.1       InLoopBack0
      127.0.0.1/32  Direct  0    0        D    127.0.0.1       InLoopBack0
127.255.255.255/32  Direct  0    0        D    127.0.0.1       InLoopBack0
    192.168.1.0/24  Direct  0    0        D    192.168.1.254   GigabitEthernet
0/0/0
  192.168.1.254/32  Direct  0    0        D    127.0.0.1       GigabitEthernet
0/0/0
  192.168.1.255/32  Direct  0    0        D    127.0.0.1       GigabitEthernet
0/0/0
    192.168.2.0/24  Direct  0    0        D    192.168.2.254   GigabitEthernet
0/0/1
  192.168.2.254/32  Direct  0    0        D    127.0.0.1       GigabitEthernet
0/0/1
  192.168.2.255/32  Direct  0    0        D    127.0.0.1       GigabitEthernet
0/0/1
    192.168.3.0/24  OSPF    10   2        D    192.168.2.253   GigabitEthernet
0/0/1
    192.168.4.0/24  OSPF    10   2        D    192.168.2.252   GigabitEthernet
0/0/1
255.255.255.255/32  Direct  0    0        D    127.0.0.1       InLoopBack0
```

图 10-58　入侵后 AR1 的路由表

PC1 到 PC2 的 IP 分组被入侵路由器 AR4 拦截，无法成功到达 PC2，如图 10-59 所示。

```
PC>ping 192.168.4.1

Ping 192.168.4.1: 32 data bytes, Press Ctrl_C to break
Request timeout!
Request timeout!
Request timeout!
Request timeout!
Request timeout!

--- 192.168.4.1 ping statistics ---
  5 packet(s) transmitted
  0 packet(s) received
  100.00% packet loss
```

图 10-59　入侵后 PC1 和 PC2 间通信

（3）进行 OSPF 路由项欺骗攻击的防御。

在路由器 AR1 和 AR2 连接网络 192.168.2.0/24 的接口上启动 OSPF 报文源端鉴别功能，配置相同的鉴别算法和鉴别密钥，配置命令格式为 ospf authentication-mode {simple [plain plain-text |[cipher]cipher-text] |null}，其中，simple 表示简单验证模式，plain 表示明文口令，cipher 表示密文口令。

ospf authentication-mode {md5 |hmac-md5 |hmac-sha256} [key-id {plain plain-text |[cipher] cipher-text}]，其中，md5 表示 MD5 验证模式，hmac-md5 表示 HMAC-MD5 验证模式，hmac-sha256 表示 HMAC-SHA256 验证模式，key-id 表示接口密文验证的验证字标识符，必须与对端的验证字标识符一致，取值为 1 ～ 255 的整数。

ospf authentication-mode keychain keychain-name，其中，keychain 表示 Keychain 验证模式。

以上命令只需使用其中一条命令即可，本例中使用 HMAC-MD5 验证模式，AR1 和 AR2 的配置方式如图 10-60 所示。

```
AR1连接网络192.168.2.0/24的接口上启动OSPF报文源端鉴别功能
[AR1-GigabitEthernet0/0/1]ospf authentication-mode hmac-md5 1 cipher 360universi
ty
AR2连接网络192.168.2.0/24的接口上启动OSPF报文源端鉴别功能
[AR2-GigabitEthernet0/0/0]ospf authentication-mode hmac-md5 1 cipher 360universi
ty
```

图 10-60　AR1 和 AR2 连接接口上启动 OSPF 报文源端鉴别功能

入侵路由器发送的 OSPF 报文由于无法通过路由器 AR1 的源端鉴别，无法对路由器 AR1 生成路由项的过程产生影响，路由器 AR1 的路由表恢复到入侵路由器 AR4 接入之前的状态，到达网络 192.168.4.0/24 的下一跳重新变为路由器 AR2，PC1 和 PC2 之间的通信恢复正常。

注意： 本章实例使用华为路由器交换机在 ENSP 软件中进行配置，如有需要，本章实例还可以使用其他厂商设备，如思科，在 Cisco Packet Tracer 软件中进行实验。

小　　结

本章首先介绍了交换协议 STP 和 LLDP 的原理，介绍了 STP 协议的防御，讨论了报文格式，以华为交换机为例说明了 STP 和 LLDP 的配置步骤；然后介绍了路由的基本原理和 RIP、OSPF、BGP 的工作原理，讨论了 RIPv1 报文、RIPv2 报文、RIPv2 认证报文、OSPF 报文格式；介绍了 RIP、OSPF、BGP 协议防御，使用 Wireshark 捕获 RIPv1 报文、RIPv2 报文、RIPv2 认证报文、OSPF 报文，以华为路由器为例说明了静态路由、RIPv1、OSPF 和针对 OSPF 路由项欺骗防御的配置步骤。通过对本章内容的学习，读者能够加深对交换和路由协议防御的理解，提高配置路由器和交换机时的网络安全意识。

习　　题

一、选择题

1. STP 在选举根网桥时，比较的参数是（　　）。
    A. STP 优先级　　　　　　　　　　　　B. MAC 地址
    C. 网桥 ID　　　　　　　　　　　　　　D. 上行链路带宽
2. 以下针对路由优先级和路由度量值的说法中错误的是（　　）。
    A. 路由优先级用来从多种不同路由协议之间选择最终使用的路由
    B. 路由度量值用来从同一种路由协议获得的多条路由中选择最终使用的路由
    C. 默认的路由优先级和路由度量值都可以由管理员手动修改
    D. 路由优先级和路由度量值都是选择路由的参数，但适用于不同的场合
3. 下列（　　）是静态路由。
    A. 路由器为本地接口生成的路由　　　　B. 路由器上静态配置的路由
    C. 路由器通过路由协议学来的路由　　　D. 路由器从多条路由中选出的最优路由
4. 当路由器分别通过下列方式获取到了去往同一个子网的路由，那么这台路由器默认情况下会选择通过（　　）方式获得的路由。
    A. 静态配置的路由
    B. 静态配置的路由（优先级的值修改为 50）
    C. RIP 路由
    D. OSPF 路由

5. 在华为路由器上查看 IP 路由表的命令是（　　）。
   A. display routing-table　　　　　　B. display ip route table
   C. display route table　　　　　　　D. display ip routing-table

6. 下列属于链路状态型的路由协议是（　　）。
   A. IGP　　　　B. EGP　　　　C. RIP　　　　D. OSPF

7. OSPF 协议号 89 是携带在（　　）中的。
   A. 数据链路层头部　　B. IP 头部　　C. TCP 头部　　D. UDP 头部

8. 在使用 network 命令把接口（IP 地址为 10.0.8.10/24）加入 OSPF 进程 100 的区域 0 时，以下（　　）命令是正确的。
   A. [AR1-ospf-100] network 10.0.8.10 255.255.255.0
   B. [AR1-ospf-100] network 10.0.8.10 0.0.0.0
   C. [AR1-ospf-100-area-0.0.0.0]network 10.0.8.10 255.255.255.0
   D. [AR1-ospf-100-area-0.0.0.0]network 10.0.8.10 0.0.0.0

9. 在选举 DR/BDR 时，如果 DR 优先级相等，那么设备之间就会相互比较它们的（　　）来决定 DR 选举的结果。
   A. 路由器 ID　　　　　　　　　　　B. 接口 IP 地址
   C. 接口 MAC 地址　　　　　　　　　D. OSPF 进程号

10. 下列有关静态路由的说法中，不正确的是（　　）。
    A. 静态路由是指管理员手动配置在路由器上的路由
    B. 静态路由的路由优先级值为 60，管理员可以调整这个默认值
    C. 路由器可以同时使用路由优先级相同的静态路由
    D. 路由器可以同时使用路由优先级不同的静态路由

二、填空题

1. 默认路由的掩码为_____。

2. 默认路由既可以由管理员手动配置，又可以通过路由协议学到，其中管理员手动配置的默认路由为_____默认路由，通过路由协议学到的默认路由为_____默认路由。

3. 动态路由协议按寻址算法的不同，可以分为距离矢量路由协议和链路状态路由协议，RIP 是_____路由协议。

4. 如果某个接口同时开启水平分割和毒性逆转，则只有_____生效。

5. 当路由表中有多个来自相同路由协议的、去往相同目的地的路由时，路由器根据路由_____来选择最终使用哪条路由。

6. LLDP 定义了一个_____、一个传输公告的_____和一种用来存储所收到的公告信息的方法。

7. RIP 允许的最大跳数为_____，任何超过 15 跳的目的地均被标记为不可达。

三、判断题

1. STP 的指定端口处于转发状态。　　　　　　　　　　　　　　　　　　（　　）
2. STP 的指定端口是每台交换机上距离根网桥最近的端口。　　　　　　（　　）
3. STP 的备份端口会接收并转发 BPDU。　　　　　　　　　　　　　　　（　　）
4. 在静态路由的配置中，下一跳参数可以配置为对端路由器接口 IP 地址。（　　）

5. RIPv1 使用组播更新。　　　　　　　　　　　　　　　　　　　　　　（　　）
6. OSPF 使用跳数作为路由的开销值。　　　　　　　　　　　　　　　　（　　）
7. 根网桥上的端口都是根端口，因为到达根网桥的距离最短为 0。　　　（　　）
8. 在 STP 中，根端口需要经过侦听状态和学习状态后，才会进入转发状态。（　　）
9. 静态路由无法感知网络拓扑的变化，需要管理员手动干预。　　　　　（　　）
10. 路由表中去往同一目的地的路由条目可以有多个。　　　　　　　　　（　　）

四、简答题

1. STP 的工作流程是什么？
2. OSPF 的报文类型有哪些？
3. 如图 10-61 网络，假设所有交换机的优先级都是 32 768，所有端口优先级都是 127，四台交换机的 MAC 地址分别是 A、B、C、D，如果使用 IEEE 802.1D 的标准计算路径开销，请在图中指出交换机的根端口 RP、指定端口 DP 和预备端口 AP。每个交换机的端口都要指出最终的角色，请直接画在图中（或另附纸）。
4. 如图 10-62 所示，所有路由器都需要运行 RIPv2 协议，以实现整个网络的互通。以 AR1 为例写出 RIPv2 的配置。

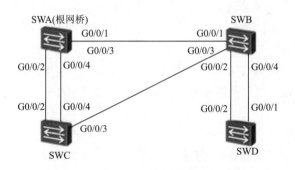

图 10-61　STP 习题拓扑

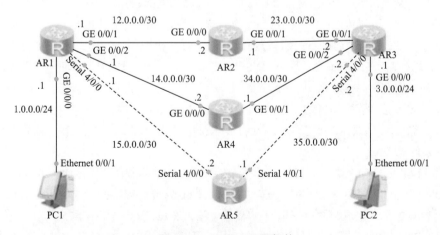

图 10-62　RIPv2 习题拓扑

5. 在 4 题基础上，所有路由器都需要运行单区域 OSPF 协议，以实现整个网络的互通。以 AR1 为例写出单区域 OSPF 的配置。
6. 在 4 题和 5 题路由器 AR1 的路由表有什么区别？造成这个区别的原因是什么？

参 考 文 献

[1] 谢希仁. 计算机网络 [M]. 8 版. 北京：电子工业出版社，2021.

[2] 林成浴. TCP/IP 协议及应用 [M]. 北京：人民邮电出版社，2013.

[3] 兰少华，杨余旺，吕建勇. TCP/IP 网络与协议 [M]. 2 版. 北京：清华大学出版社，2017.

[4] 吴功宜，吴英. 计算机网络 [M]. 4 版. 北京：清华大学出版社，2017.

[5] 杨云江，魏节敏，罗淑英，等. 计算机网络管理技术 [M]. 北京：清华大学出版社，2017.

[6] 戚文静. 网络安全与管理 [M]. 2 版. 北京：中国水利水电出版社，2008.

[7] 华为技术有限公司. HCNA 网络技术学习指南 [M]. 北京：人民邮电出版社，2015.

[8] 徐书欣，赵景. ARP 欺骗攻击与防御策略探究 [J]. 现代电子技术，2018，41（8）：78-82.

[9] 秦丰林，段海新，郭汝廷. ARP 欺骗的监测与防范技术综述 [J]. 计算机应用研究，2009，26（1）：30-33.

[10] 边浩江. ARP 欺骗的侦测及防御方法的研究与实现 [D]. 昆明：昆明理工大学，2015.

[11] 拜路. 分布式欺骗空间中实施多重欺骗的网络主动防御技术分析 [J]. 信息与电脑（理论版），2012（8）：7-8.

[12] 欧贤，胡燕. IP 地址欺骗与防范技术研究 [J]. 数字技术与应用，2015（11）：203.

[13] 金双民，郑辉，段海新. 僵尸网络研究系列文章之一：僵尸网络研究概述 [J]. 中国教育网络，2006（6）：51-54.

[14] 贺星河. 基于中间人攻击的 HTTPS 协议安全性分析 [J]. 网络安全技术与应用，2015（1）：105-108.

[15] 张韬. 关于 DHCP 服务攻击的安全防护策略部署 [J]. 计算机安全，2014（12）：29-32.

[16] 刘京. 基于思科 DHCP Snooping 技术的网络安全管理方案 [J]. 中国新通信，2020，22（3）：68-71.

[17] 王达. 华为交换机学习指南 [M]. 2 版. 北京：人民邮电出版社，2019.

[18] 董新科，邢雨，高维银. DNS 网络安全系统分析与设计 [J]. 计算机安全，2010（6）：16-18.

[19] 孔政，姜秀柱. DNS 欺骗原理及其防御方案 [J]. 计算机工程，2010，36（3）：125-127.

[20] 江魁，吴思维，王飞. 校园网环境下 DNSSEC 系统的设计与实现 [J]. 深圳大学学报理工版，2020，37（增刊 1）：50-54.

[21] 张道银. Web 会话安全研究 [J]. 中国科技信息，2010（3）：142-144.

[22] 谢品章，曾德生，庞双龙. 基于 Web 会话管理漏洞检测技术的研究 [J]. 智能计算机与应用，2019（6）：322-326.

[23] 谢冬青. SMTP、POP3 协议及 PEM 标准安全性分析 [J]. 计算机工程与设计，2000（5）：1-5.

[24] 360 安全人才能力发展中心. 网络协议安全 [DB/OL]. https://admin.college.360.cn/user/student/course/.

[25] 郭振勇，袁志军. 生成树协议安全 [J]. 福建电脑，2012，28（1）：74-75.

[26] 李建新. RIP 路由协议漏洞利用及防范措施 [J]. 常州信息职业技术学院学报，2019，18（3）：31-34.

[27] 蔡昭权. OSPF 路由协议的攻击分析与安全防范 [J]. 计算机工程与设计，2007，28（23）：5618-5620.

[28] 崔寅，郑康锋. OSPF 协议安全性分析及改进 [C]// 第十三届中国科协年会第 11 分会场：中国智慧城市论坛论文集，中国科协，2011.

[29] 李南. OSPF 协议脆弱性分析与检测技术研究 [D]. 长沙：国防科技大学，2018.